A. Brandt   J. Beudt   R. Bousonville (Hrsg.)   *Rüstungsaltlasten*

# Springer

*Berlin*
*Heidelberg*
*New York*
*Barcelona*
*Budapest*
*Hongkong*
*London*
*Mailand*
*Paris*
*Santa Clara*
*Singapur*
*Tokio*

A. Brandt   J. Beudt   R. Bousonville (Hrsg.)

# Rüstungsaltlasten

## Untersuchung, Probenahme und Sanierung

Mit 65 Abbildungen

Springer

ANSGAR BRANDT
JÜRGEN BEUDT
REINER BOUSONVILLE

Umweltinstitut Offenbach GmbH
Nordring 82 b
63067 Offenbach

ISBN-13:978-3-540-61187-5

Die Deutsche Bibliothek - CIP-Einheitsaufnahme

**Rüstungsaltlasten** : Untersuchung, Probenahme und Sanierung
/ Ansgar Brandt ... (Hrsg.). - Heidelberg : Springer, 1996
  ISBN-13:978-3-540-61187-5      e-ISBN-13:978-3-642-60431-7
  DOI: 10.1007/978-3-642-60431-7

NE: Brandt, Ansgar [Hrsg.]



Einbandgestaltung: E. Kirchner, Heidelberg
SPIN 10537847    30/3137- 5 4 3 2 1 0 - Gedruckt auf säurefreiem Papier

# Vorwort

Der Bericht der Bundesregierung zur 45. Umweltministerkonferenz, die Ende 1995 in Magdeburg stattfand, definiert Rüstungsaltlasten als Boden-, Wasser- und Luftverunreinigungen, die durch Chemikalien von konventionellen und chemischen Kampfstoffen bei deren Herstellung, Verarbeitung, Lagerung, Transport und Vernichtung hervorgerufen wurden.

Diese Definition faßt die Problematik begrifflich zu eng. Im Bereich der durch militärische Aktivitäten zur Verteidigung bzw. zur Vorbereitung und Durchführung von Kriegen entstandenen Altlasten wird eine Vielzahl von Begriffen verwendet, wobei die Vielfalt leider nicht der Eindeutigkeit dient.

Begriffe wie „Rüstungsaltlasten", „Militärische Altlasten", „Militärisch genutzte Flächen" usw. sind nach wie vor weder gesetzlich definiert noch in einer Verordnung oder Richtlinie festgelegt.

Kompliziert wird die Situation dadurch, daß unter denselben Begriffen oftmals verschiedene Dinge zusammengefaßt werden. Dies ist vor allem historisch zu verstehen bzw. in den unterschiedlichen Definitionen des Terminus „Altlasten" durch die Länder begründet.

Rüstungs- bzw. Militärische Altlasten sind grundsätzlich, genau wie andere Altlasten, nach den bestehenden gesetzlichen Regelungen zu behandeln. Durch verschiedene Besonderheiten und Eigenschaften können sie sich jedoch erheblich von anderen gewerblichen oder industriellen Altstandorten unterscheiden.

Zur Aufarbeitung dieser Problematik lud das Umweltinstitut Offenbach vom 8.-9. Februar 1996 zur Fachtagung „Rüstungsaltlasten 1996" ein. Im Vordergrund standen Probenahmeverfahren, Untersuchungs- und Sanierungsmethoden.

Der vorliegende Band gibt die Textfassungen der Vorträge der beiden Tage in teilweise ergänzter und überarbeiteter Form wieder.

Das Umweltinstitut Offenbach bietet seit 1988 seine Dienstleistungen in den Bereichen Erfassung, Untersuchung und Gefährdungsabschätzung von Altlasten an. Daneben werden Fachtagungen und Seminare zu aktuellen Umweltthemen durchgeführt.

Die Fachtagungsreihe „Rüstungsaltlasten" wird regelmäßig fortgeführt.

Offenbach am Main, im Juni 1996

Ansgar Brandt
Jürgen Beudt
Reiner Bousonville

# Inhalt

# Autorenverzeichnis

Adelmann, K.-D.
>Oberfinanzdirektion Nürnberg
>Landesbauabteilung
>Referat LB 1
>90332 Nürnberg

Bauer, D.
>Institut Fresenius GmbH
>Umwelt Consult
>Im Maisel 14
>65232 Taunusstein

Backsen, J.
>ABB Umwelttechnik GmbH
>Sandweg 10
>25566 Lägerdorf

Bodack, R., Dipl.-Ing.
>Regierungspräsidium Kassel
>Steinweg 6
>34117 Kassel

Bojsen, T.S.
>Hedeselskabet
>Environment and Energy Division
>Klopstermarken 12, PO Box 110
>DK-8899 Viborg
>Dänemark

Cerar, R.J.
>United States Environment Center
>Umweltzentrum der US Army

Dietz, O., Dipl.-Wirtsch.-Ing
Vallon GmbH
Postfach 1252
72795 Eningen

Dremel, B., Dr.
E. Merck
LPRO UBA/V
Frankfurter Str. 250
64293 Darmstadt

Franke, T., Dr.
IABG mbH Niederlassung Leipzig
Geithainer Str. 60
04328 Leipzig

Görge, E., Dr.
Landesamt für Umwelt und Natur
Mecklenburg Vorpommern
Boldebucker Weg 3
18276 Gülzow

Hempfling, R., Prof. Dr.
Institut Fresenius GmbH
Umwelt Consult
Am Weichselgarten 19A
92058 Erlangen

Katzung, W., Dr. Dr.
Dr. Koehler GmbH
In der alten Kaserne 10
39288 Burg

Kerpen, H.U., Dipl.-Ing.
HYDRODATA GmbH
Gattenhöferweg 29
61440 Oberursel

Kiefer, K.-W.
Umweltinstitut Offenbach
Nordring 82 B
63067 Offenbach

Klare, H., Dr.
uve Institut für technische Chemie
und Umweltschutz GmbH
Rudower Chaussee 5
12489 Berlin

Koehler, P., Dr.
Analytisches Zentrum Berlin-Adlershof
FORGENTA GmbH
Rudower Chaussee 6
12489 Berlin

Martens, J., Dr.
Ingenieurbüro Oppermann
Adalbert Stifter Str. 19
34246 Vellmar

May, T.W., Dr.
GEO Gesellschaft für Organisation und Entscheidung
Apfelstr. 119
33611 Bielefeld

Miska, H., Dr.
Ministerium des Innern und für Sport
Rheinland Pfalz
Schillerplatz 3-5
55116 Mainz

Ningelgen, W.
EUR ING (P.E.)
HQ USAFE/CEV
Im Meisenweg 1
67663 Kaiserslautern

Nothbaum, N.
GEO Gesellschaft für Organisation und Entscheidung
Apfelstr. 119
33611 Bielefeld

Okusu, N.
ICF Kaiser International, Inc.
9300 Lee Highway
Faifax, VA 22031-1207, USA

Prescott, J.M., Major JA
US Army Claims Service; Europa
Gebäude 488-M
Friedrich-Ebert-Str. 89
68167 Mannheim

Rapsch, H.J., MR
Umweltministerium Niedersachsen
Archivstr. 2
30169 Hannover

Riesbeck, F., Dr.
Humboldt-Universität zu Berlin
Institut für Grundlagen der Pflanzenbauwissenschaft
FG Ökologie der Ressourcennutzung
Postfach 1118
12167 Berlin

Scholz, R.W., Prof. Dr.
GEO Gesellschaft für Organisation und Entscheidung
Apfelstr. 119
33611 Bielefeld

Stoffel, M.
Bezirksregierung Trier
Willy-Brandt-Platz 3
54290 Trier

Stubenrauch, S.
Institut Fresenius GmbH
Umwelt Consult
Im Maisel 14
65232 Taunusstein

# Rüstungsaltlasten als Verwaltungsaufgabe

Reinhard Bodack

## 1      Einleitung

Wie jedes Verwaltungshandeln basiert auch der behördliche Umgang mit Altlasten – dies schließt Rüstungsaltlasten ein – auf den entsprechenden rechtlichen Regelungen. Bekanntermaßen ist das Altlastenrecht Ländersache. Das schon lange angekündigte Bodenschutzgesetz des Bundes als Rahmenregelung liegt (noch) nicht vor.

In Hessen fand das Altlastenproblem mit der 5. Novelle zum Hessischen Abfallgesetz vom 6. Juni 1989 erstmals Eingang in die Gesetzgebung. Das Hessische Abfallgesetz erhielt damit Regelungen zur Erfassung, Untersuchung und Sanierung von Altlasten und hieß fortan Hessisches Abfallwirtschafts- und Altlastengesetz (HAbfAG). Eine Novellierung des HAbfAG erfolgte am 26. Februar 1991. Seit dem 20. Dezember 1994 sind die Altlastenverfahren mit dem eigenständigen Gesetz über die Erkundung, Sicherung und Sanierung von Altlasten (Hessisches Altlastengesetz – HAltlastG) geregelt.

## 2      Allgemeines

### 2.1    Zuständigkeiten

Mit Einführung dieses noch jungen Rechtes wurde in Hessen die Wahrnehmung der Aufgaben nach dem Gesetz analog dem Abfallrecht den Regierungspräsidien übertragen. Technische Fachbehörde war anfänglich die Hessische Landesanstalt für Umwelt, diese Aufgabe wurde jedoch bald dezentralisiert und den Wasserwirtschaftsämtern zugeordnet.

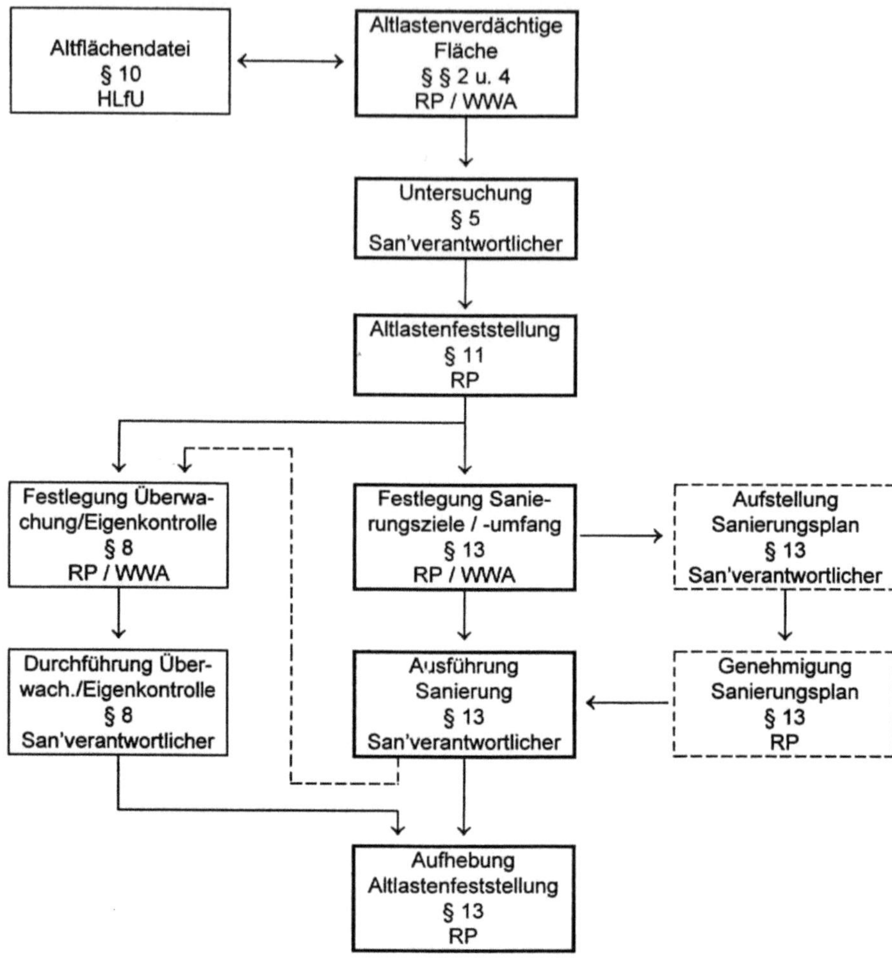


**Abb. 1.** Ablauf eines Altlastenverfahrens nach dem Hessischen Altlastengesetz vom 20. Dezember 1994

## 2.2    Aufgaben

Der Ablauf eines Altlastenverfahrens ist in Abb. 1 in idealisierter Form dargestellt. Die Abbildung beschränkt sich auf die wesentlichen Schritte, die von den vorrangig am Verfahren Beteiligten – Behörde und Sanierungsverantwortlicher – auszuführen sind. Der behördliche Anteil umfaßt dabei die Eckpunkte:

- Erkennen des Altlastenverdachts,
- Feststellen der Altlast,
- Festlegen von Sanierungszielen und -maßnahmen,
- Aufheben der Altlastenfeststellung nach Erreichen der Sanierungsziele.

Hinter dieser trockenen Aufzählung verbergen sich jedoch eine Fülle verschiedenster Aufgaben, die den Tätigkeitsfeldern Wahrnehmung von Aufsicht und Überwachung, Formulierung und Durchsetzung von Anordnungen und Abwicklung von Zustimmungs- und Genehmigungsverfahren zuzuordnen sind.

Da im HAltlastG das Verursacherprinzip verankert ist, kommt der Ermittlung und Feststellung des Sanierungsverantwortlichen erhebliche Bedeutung zu. Hiermit ist gelegentlich so viel Konfliktpotential verbunden, daß im Einzelfall ein erheblicher Teil der behördlichen Tätigkeit in der (versuchten) Durchsetzung von Anordnungen bestehen kann.

## 2.3    Instrumente

Bei der Wahrnehmung der Aufgaben sind neben dem Spezialgesetz eine Reihe weiterer Regelungsinstrumente zu beachten. Als solche rechtlicher Art sind besonders zu nennen Abfall-, Wasser-, Bau-, Naturschutz- und Forstrecht. Die Verwaltungsakte sind nach dem Verwaltungsverfahrensgesetz durchzuführen.

Die technischen Regelwerke, die beim Verwaltungshandeln zu beachten sind, bzw. auf die es sich stützen kann, sind bekanntermaßen noch sehr jung, häufig noch vorläufiger Art und weisen noch manche Lücke auf. Für die Wissenschaft besteht hier ein weites Betätigungsfeld. Den offenen Fragen bei den technischen Regelwerken kommt bei den Rüstungsaltlasten besondere Bedeutung zu.

Um Gefahrenabwehr oder besonders dringliche Sanierungen durchführen zu können, wenn kein Sanierungsverantwortlicher vorhanden oder nicht rechtzeitig heranziehbar ist, wurde im hessischen Altlastenrecht ein vom Land beauftragter Sanierungsträger eingeführt. Dieser wird nach Aufforderung durch die Behörde fallbezogen tätig.

Bei der Abwicklung der Altlastenverfahren an den hessischen Rüstungsaltlasten hat der Träger der Altlastensanierung eine zentrale Rolle inne.

Ein wichtiges Regelungsinstrument innerhalb des HAltlastG ist das Genehmigungsverfahren für den Sanierungsplan als Kann-Bestimmung. Entsprechend der jeweiligen Bedeutung des Altlastenverfahrens nehmen Aufstellung und Genehmigung des Sanierungsplans besonderen Raum ein. Für Rüstungsaltlasten gilt dies in besonderem Maße.


## 3     Besonderheiten bei Rüstungsaltlasten


Rüstungsaltlasten sind – nach hessischer Lesart – als Altflächen den Altstandorten zuzurechnen. Es handelt sich um Grundstücke mit stillgelegten Anlagen, die wirtschaftlichen Unternehmen dienten und auf denen mit umweltgefährdenden Stoffen umgegangen wurde. Sie sind nicht zu verwechseln mit militärischen Altlasten. Hiermit werden Flächen bezeichnet, deren militärische Nutzung aufgegeben wurde.

Insofern sollten sich Rüstungsaltlasten beim behördlichen Handeln in Form von Gesetzesanwendung nicht von anderen Altstandorten mit Altlastenstatus unterscheiden. Soweit man die behördlichen Aufgaben generell betrachtet, ist dies auch nicht der Fall. Befaßt man sich jedoch näher mit einem solchen Standort, so stellt man fest, daß einzelne Bearbeitungsschritte sowohl in Qualität als auch Quantität erheblich von der Bearbeitung eines „normalen" Altlastenverfahrens abweichen können.

Als Beispiel soll der Rüstungsaltstandort Hessisch Lichtenau – Hirschhagen dienen. Hieran soll aufgezeigt werden, welche Eigenschaften und Besonderheiten eines solchen Standorts die behördliche Bearbeitung entscheidend beeinflussen können.

Die Hirschhagener Sprengstoffabrik wurde ab 1936 gebaut und von 1938-1945 betrieben. In der Anlage – eine der drei größten des Deutschen Reiches – wurden ca. 135 000 t Sprengstoff (TNT) und 7000 t Geschoßtreibmittel (Pikrinsäure) produziert und abgefüllt. Nach Ende des Krieges wurden die Anlagen auf Veranlassung der alliierten Truppen demontiert und eine Vielzahl der Gebäude gesprengt.

Durch die kriegsmäßigen Produktionsbedingungen, mangelnde Vorsorge und die Sprengung der Produktionsanlagen gelangten erhebliche Mengen von Schadstoffen in Boden und Grundwasser.

Nach der Freigabe durch die Besatzungsmacht wurde das Gelände vom Rechtsnachfolger des früheren Eigentümers durch anfängliche Verpachtung und späteren Verkauf nach und nach einer „zivilen" Nutzung zugeführt.

**Abb. 2.** Rüstungsaltlaststandort Hirschhagen

## 3.1    Größe und Nutzungsvielfalt

Das erste Merkmal, mit dem man bei näherer Berührung mit dem Standort konfrontiert wird, ist die Größe und die aktuelle Nutzungsvielfalt. Auf dem Gelände findet sich ein Nebeneinander von ca. 80 Gewerbebetrieben mit etwa 800 Arbeitsplätzen, ca. 50 Wohnhäusern mit ca. 280 Einwohnern und größeren brachliegenden Arealen. Die Bausubstanz setzt sich zusammen aus ungenutzten Ruinen, umgebauten und umgenutzten Gebäuden sowie aus Neubauten.

Der ehemalige Betrieb umfaßt eine Gesamtfläche von ca. 250 ha. Durch Parzellierung besteht das Gelände heute aus ziemlich genau 300 einzelnen Flurstücken mit 125 verschiedenen Eigentümern.

Die Abb. 2 zeigt den Standort mit seinen Flurstücksgrenzen. Weitere Informationen sind bei diesem Maßstab nicht darstellbar. Vermittelt werden soll der Charakter des Geländes in Aufteilung und Ausdehnung. Mit einer durch Straßennetz erschlossenen Ausdehnung in Ost-West-Richtung von ca. 2,5 km und in Nord-Süd-Richtung von ca. 1 km und der überall vorhandenen Besiedelung handelt es sich hier quasi um eine komplette Ortschaft.

Die große Zahl der Grundstücke und Eigentümer hat unmittelbare Auswirkungen auf den Umfang bei der behördlichen Bearbeitung. Denn das abzuwickelnde Altlastenverfahren ist kein einzelnes für den Standort, sondern ein vielfaches, dessen Zahl sich nach der Anzahl der betroffenen Grundstücke bzw. Eigentümer richtet. Auch müssen eine Reihe verfahrensnotwendiger Bearbeitungsschritte (wie z.B. Ermittlung der Eigentümer durch Einholen und Auswerten von Grundbuchauszügen, Recherche nach sonstigen Nutzungsberechtigten, Abwicklung förmlicher Verwaltungsakte mit vorheriger Anhörung, Bescheiderteilung und ggf. Widerspruchsbearbeitung) für Gruppen gleichartiger Fälle bzw. Grundstücke oder auch für alle Eigentümer zeitgleich abgewickelt werden.

## 3.2    Sanierungsverantwortlichkeit

Die Fragen um die Sanierungsverantwortlichkeit und das hiervon beeinflußte behördliche Handeln sind am Rüstungsaltstandort Hirschhagen völlig anders geartet als bei „normalen" Altlastenverfahren. Durch einen Vergleich zwischen dem Land Hessen und dem Rechtsnachfolger des früheren Eigentümers ist geregelt, daß das Land die erforderlichen Maßnahmen zur Untersuchung und Sanierung selbst durchführt.

Diese Aufgaben wurden gemäß HAltlastG dem Sanierungsträger des Landes, der Hessischen Industriemüll GmbH, Bereich Altlastensanierung (HIM-ASG) übertragen. Zwar entfällt für die Behörde dadurch die Abwicklung verschiedener Verfahrensschritte (Feststellung der Sanierungsverantwortlichkeit und Durchsetzung der dem Sanierungsverantwortlichen obliegenden Maßnahmen), behördliche Ressourcen sind damit jedoch nicht verfügbar geworden, sondern anderweitig gebunden.

Die HIM-ASG wird zur Wahrnehmung der ihr übertragenen Aufgaben mit Landesmitteln ausgestattet. Die Behörde hat die bestimmungsgemäße und sparsame Verwendung der Mittel von bisher jährlich $\geq 10$ Mio. DM zu überwachen. Bei einem solchen Finanzvolumen kann die Prüfung nicht erst im Nachhinein ansetzen, vielmehr muß damit entsprechend den haushaltsrechtlichen Vorgaben und orientiert an der Aufgabendefinition der HIM-ASG bei der Aufstellung der Maßnahmen- und Jahrespläne begonnen werden. Die Prüfungstiefe nimmt dabei von reiner Plausibilitätsbetrachtung bei den Jahresprogrammen bis hin zur qualifizierten Verwendungsnachweisprüfung nach Erreichen entsprechender Zeit- oder Projektabschnitte zu.

Die beträchtliche Bindung von personeller Kapazität bei den Behörden für die Überwachung der Mittelverwendung aller HIM-ASG-Maßnahmen hat das Land veranlaßt, hierfür eine andere Lösung zu entwickeln. Die Entscheidung über eine Neuregelung steht bevor.

## 3.3    Festlegung von Sanierungszielen

Regelungsinstrumente in Form der allseits bekannten »Werte-Listen« stehen für Vorgaben dieser Art an „normalen" Standorten mittlerweile zur Verfügung. Obwohl in Hessen noch kein verbindliches Regelwerk eingeführt ist, werden die gebräuchlichen Daten zum Abgleich von Umweltgefährdungen und zu Festlegung von Eingreif- und Sanierungsgrößen allgemein anerkannt und herangezogen.

Bei einer Sprengstoffabrik mit dem Hauptkontaminanten TNT und einer ganzen Palette verwandter Stoffe mußte bei der Gefährdungsabschätzung und der Definition von Sanierungszielen Neuland betreten werden. Möglich war dieses nur durch wissenschaftliche Bearbeitung.

Mit Hilfe von Toxizitätsbetrachtungen und Expositionsberechnungen wurden für die Stoffpalette nutzungsbezogene Toxizitätsäquivalente abgeleitet und Empfehlungen für Größenordnungen abgegeben.

Auf dieser Basis waren dann von der Behörde Festlegungen zu treffen. Im Gegensatz zu den Gutachtern ist sie jedoch gezwungen, die Vorgaben für das Besorgnis- und Eingreifniveau sowie zu erreichende Sanierungsergebnisse als Zahlengrößen genau zu definieren. Im Rahmen der intensiven Betroffenenbeteiligung, aber auch mangels allgemeiner Erfahrungen zur relevanten Stoffgruppe, fand über die Wertefindung eine intensive Diskussion unter Einbeziehung weiterer Gutachter statt.

Das Ergebnis dieses Wertefindungsprozesses findet sich als Richtwerte- und Strategiepapier der zuständigen Behörde im Anhang 1. Auf Werte und Größen soll hier nicht eingegangen werden, hinzuweisen ist jedoch darauf, daß die Festlegungen – zur Anpassung an neue Erkenntnisse und Lernergebnisse bei der Umsetzung vor Ort – nach Bedarf fortgeschrieben werden.

### 3.4    Sanierungsplan

Nach dem HAltlastG soll die Behörde einen Sanierungsplan dann vom Sanierungsverantwortlichen verlangen, wenn die Verunreinigungen großflächig und sehr stark, die Sanierungsverfahren technisch aufwendig oder Dritte besonders betroffen sind.

Dies alles trifft für den Rüstungsaltstandort Hirschhagen zu. Daher sind hier vom Träger der Sanierung (HIM-ASG) Sanierungspläne aufzustellen und von der Behörde zu genehmigen. Das Genehmigungsverfahren schließt Zulassungen und Genehmigungen nach anderen Rechtsvorschriften (ausgenommen Planfeststellung und BImSchG-Verfahren) ein.

Damit kommen die Vorgehensweise und der Umfang des Verfahrens mit Beteiligung einer Reihe weiterer Stellen und Behörden und mit öffentlicher Auslegung und Erörterungstermin (soweit Einwendungen vorgebracht werden) einem Genehmigungsverfahren nach BImSchG gleich.

Die Behörde, die das Verfahren durchzuführen hat, ist gehalten, alle in Betracht kommenden Stellen von Beginn an zu beteiligen (Bündelungseffekt), um Verzögerungen oder gar ein Scheitern der Genehmigung zu vermeiden. Dementsprechend muß der Umfang der Genehmigungsunterlagen und aller zu berücksichtigenden Belange vorher definiert und dem Antragsteller bekanntgegeben werden. Ergebnis dessen ist ein Anforderungskatalog, der von der Beschreibung allgemeiner Angaben zum Standort über Erläuterungsbericht, Arbeitssicherheitsplan, Unterlagen für inbegriffene Genehmigungen und Kostenplan bis zur Betroffenenbeteiligung reicht.

Die Angaben, die ein Sanierungsplan im Maximum enthalten sollte, sind im Anhang 2 aufgelistet.

Der Sanierungsplan ist zwar kein ausschließliches Instrument für Rüstungsaltlastenverfahren, wegen der Größe und Bedeutung von solchen jedoch fester Bestandteil der Abwicklung.

### 3.5     Betroffenenbeteiligung

Eine frühzeitige Beteiligung der Betroffenen ist im HAltlastG vorgesehen. Bei entsprechender Größe und Bedeutung des Falls können Beiräte als Beteiligungsgremium gebildet werden.

Am Rüstungsaltstandort Hirschhagen ist ein Projektbeirat eingerichtet, in dem Vorgehensweisen, Regelungen (vgl. Ziffer 3.3) und Maßnahmen beraten werden. In dem unabhängigen Gremium sind Bewohner, Gewerbetreibende, anerkannte Verbände und örtliche Bürgerinitiativen vertreten. Die Genehmigungs- und Fachbehörden, die Kommune, der Sanierungsträger und weitere Stellen haben Berichts- und Beratungsfunktion, jedoch keine Stimmberechtigung. Der Beirat kann gegenüber der zuständigen Behörde für deren Entscheidungen Empfehlungen abgeben.

Eine über den Beirat hinausgehende Beteiligung ist durch die Mitarbeit von Beiratsmitgliedern in verschiedenen Arbeitskreisen (z.B. für Sanierungsziele) gegeben. Weitere Betroffenenbeteiligung kann neben den eingerichteten Gremien durch gesonderte Informationsveranstaltungen der Behörde oder des Sanierungsträgers fallweise angeboten werden.

Ähnlich dem Sanierungsplan ist auch die Betroffenenbeteiligung kein originäres Instrument für Rüstungsaltlastenverfahren, deren Abwicklung ist jedoch ohne die Einbeziehung der Bewohner, Gewerbetreibenden und sonstiger Interessenvertreter unter Ausnutzung und Erweiterung der vom Gesetz hierfür vorgesehenen Instrumente nicht denkbar.

## 4     Zusammenfassung

Rüstungsaltlasten sind genau wie andere Altlasten nach den gesetzlichen Regelungen zu behandeln. Durch verschiedene Besonderheiten und Eigenschaften können sie sich jedoch erheblich von anderen gewerblichen oder industriellen Altstandorten unterscheiden. Dies trifft besonders für Größe, Schadstoffinventar und heutige Nutzungsvielfalt zu. Ein weiteres besonderes Merkmal ist die Durchführung aller Maßnahmen mit öffentlichen Mitteln in außergewöhnlicher Höhe.

Gefordert ist die Anwendung des gesamten rechtlichen und technischen Regelungsinstrumentariums auf höchstem Niveau, wobei die Schaffung weiterer Instrumente im Zuge der Bearbeitung notwendig sein kann. Für die Fachleute auf Behördenseite stellt die anspruchsvolle Aufgabe eine ebenso große Herausforderung dar, wie für jene auf der Seite der Untersuchenden, Planenden und Ausführenden.

# Anhang 1

**Sanierungsrichtwerte und -strategien für den Rüstungsaltstandort
Hessisch Lichtenau-Hirschhagen
Regierungspräsidium Kassel, Kassel, den 17. März 1995
Dezernat 39 b – Altlasten 2. Fortschreibung: 18. September 1995**

**Teil 1: Sprengstofftypische Schadstoffe
I.      Vorbemerkung**

1. Das Regierungspräsidium Kassel als die nach § 21 HAltlastG zuständige Behörde läßt sich bei der Vorbereitung und Durchführung der Sanierung des Rüstungsaltstandortes Hirschhagen von dem Ziel leiten, Gefahren für Leib und Gesundheit der Menschen, Gefährdungen der Umwelt, Beeinträchtigungen des Wohls der Allgemeinheit zu vermeiden, vorhandene Nutzungen zu sichern und geplante Nutzungen zu ermöglichen (§ 1 HAltlastG).

2. Aufgrund der bisher nachgewiesenen flächenhaften Kontaminationen mit z.T. kanzerogen wirkenden Nitrotoluolverbindungen haben die zuständigen Behörden wegen möglicher gesundheitlicher Gefahren vor dem Verzehr von Obst und Gemüse, das auf dem Standort geerntet wird, gewarnt.

**II.      Geländesanierung**

1. Unter Berücksichtigung der Verzehrempfehlung werden folgende Sanierungsrichtwerte den weiteren Sanierungsplanungen zugrunde gelegt:

**Tabelle 1.** Toxikologisch begründete Sanierungsrichtwerte

| Handlungsschwellen | | Derzeitige und zukünftige Nutzungen (Werte in mg TNT-TE/kg Boden) | | |
|---|---|---|---|---|
| | | Wohnen | Gewerbe-/ Industrienutzung | Wald/Brache |
| A | Toleranzbereich | < 20 | < 40 | < 80 |
| B | Eingreifwert | ≥ 20 | ≥ 40 | ≥ 80 |
| C | Gefahrenwert | ≥ 300 | | |

**Anmerkung:** TNT-TE   =     Toxizitätsäquivalente bezogen auf TNT
=     Umrechnung der artverwandten Stoffe auf die Toxizität (Giftigkeit) von TNT
Schwellen A und B: Berechnung der TNT-TE für langfristige Exposition (Gefährdung durch Ausgesetztsein)
Schwelle C:   Berechnung der TNT-TE für kurzfristige Exposition

2. Die Anwendung der in Tabelle 1 genannten Werte wird auf eine Tiefe bis zu 1 m unter Geländeniveau beschränkt.

3. Erhöhter Handlungsbedarf besteht, wenn oberflächennah NT-Kontaminationen die in Tabelle 1 als Gefahrenwert angegebene Konzentration überschreiten. Das Regierungspräsidium wird auf diesen Flächen unverzüglich weitergehende Maßnahmen zur Gefahrenabwehr anordnen und die Altlast nach § 11 HAltlastG feststellen.

4. Bei anstehendem Fels in einer Tiefe von weniger als 1 m erstreckt sich die Bodensanierung bis zu dessen Oberfläche .

5. Die im Boden einlagernden Schadstoffe können durch einsickerndes Niederschlagswasser gelöst werden und das Grundwasser gefährden.
   Die Eingreifwerte zum Schutz des Grundwassers liegen z.T. erheblich niedriger als die in Tabelle 1 genannten Konzentrationswerte. Deshalb wird in jedem Einzelfall geprüft, ob zum Zwecke des Grundwasserschutzes eine Sanierung anzuordnen ist, auch wenn die Werte der Tabelle 1 (Bereich B) noch nicht erreicht werden.

6. Verschiedene Kontaminationsschwerpunkte stellen eine besondere Gefahr für das Grundwasser dar. Diese Schwerpunkte (sog. „hot spots") genießen hohe Sanierungspriorität. Über die Art und Weise einer möglichen Sanierung bzw. dauerhaften Sicherung wird im Jahre 1995 entschieden.

**III.    Bodenreinigung und -verwertung**

**Tabelle 2.** Sanierungszielwerte

| Medium | Sanierungsziel |
|---|---|
| Boden | < 5 mg TNT-TE/kg |
| Gewässer | < 0,005 mg/l<br>als Summenwert der<br>10er-Liste nach UBA |

1. Ziel aller schadensfallbezogenen Sanierungsmaßnahmen ist die nach dem Stand der Technik bestmögliche und ökonomisch vertretbare Dekontamination der Böden. In einem 1995 festzulegenden Behandlungsverfahren sind die Böden bis unter den in Tabelle 2 genannten Zielwert zu reinigen.

2. Dekontaminierter Boden wird zur Wiederverfüllung von ausgehobenen Sanierungsflächen verwandt. Auf Wohngrundstücken wird dieser Bereich ab 0,50 m bis zum Geländeniveau mit schadstofffreiem Material aufgefüllt. Der oberste Bereich wird mit Mutterboden abgedeckt.
   Es wird – abhängig von der Finanzierbarkeit – angestrebt, daß auf den Wohngrundstücken ein Bereich verbleibt oder hergerichtet wird, der bis in 1 m Tiefe keine NT-Kontaminationen enthält.

3. In Anlehnung an die VwV des HMUB zur Entsorgung von belasteten Böden
   vom 21.12.92 wird Bodenaushub, der auf dem Standort anfällt, nach den in
   Tabelle 3 aufgeführten Belastungskriterien hinsichtlich seiner Verwertbarkeit
   auf dem Standort eingestuft.
   Beim Wiedereinbau gilt ein striktes Verschlechterungsverbot für die einzelnen
   Grundstücke. Grundsätzlich soll die Wiederverwertung auf dem Grundstück
   bzw. im Bereich des Altstandorts erfolgen. Zu prüfen ist auch die Verwertung
   in geeigneten Deponien.

**Tabelle 3.** Einstufung von Böden zur ausschließlichen Verwertung auf dem Standort

| Einstufung | Belastungsbereiche (mg TNT-TE/kg Boden) | Handhabung |
|---|---|---|
| 1  unbelastet | 0 bis < 5 | kann auf dem Standort verwertet werden |
| 2  belastet | 5 bis < 20 | nur unter bestimmten Lagerungs- bzw. Einbaubedingungen verwertbar |
| 3  verunreinigt | $\geq 20$ | nur nach Behandlung verwertbar |

## IV.    Kanalsanierung

Kontaminierte Kanäle werden gereinigt und – soweit sie nicht zur Erschließung
des Gewerbegebiets benötigt werden – verfüllt. Wenn aufgrund von Leckagen
auch das umgebende Erdreich in einer Weise kontaminiert ist, daß dadurch das
Grundwasser verunreinigt werden kann, wird in jedem Einzelfall über geeignete
Sanierungsmaßnahmen entschieden.

## V.    Gewässerschutz

Bei Einleitungen in Oberflächengewässer und in das Grundwasser darf der in Tabelle 2 genannte Sanierungszielwert nicht überschritten werden. Stärker kontaminiertes Wasser ist nach dem Stand der Technik aufzubereiten. Es ist mit geeigneten
hydraulischen Maßnahmen anzustreben, daß kein NT-kontaminiertes Grundwasser
aus dem Einflußbereich des Rüstungsaltstandorts Hirschhagen unkontrolliert abfließen kann.

Im Sinne einer umweltverträglichen Bewirtschaftung des Grundwasservorkom-
mens ist eine Nutzung von gereinigtem Grundwasser als Brauchwasser oder eine
Reinfiltration in den Grundwasserleiter anzustreben. Eine dauerhafte Ableitung in
Fließgewässer soll nur ausnahmsweise, eine Ableitung in die Kanalisation allen-
falls vorübergehend erfolgen.

## VI.    Nichtsprengstofftypische Schadstoffe

Die Sanierungsanforderungen an nichtsprengstofftypische Schadstoffe orientieren sich an den im Entwurf der „Leitlinien für die Feststellung und Sanierung von Altlasten auf der Grundlage des HAbfAG" (ab 21.12.94 HAltlastG) vom 04.10.94 genannten Prüf-, Eingreif- und Sanierungszielwerten.

Sanierungsrichtwerte für die Stoffgruppen PAK und PCB sind im „Teil 2: Nichtsprengstofftypische Schadstoffe" angegeben.

**Anmerkung:**
Die bestehende Verzehrempfehlung der Gesundheitsbehörde muß nach heutigem Kenntnisstand auch auf sanierten Flächen aufrechterhalten werden, weil Neukontaminationen nicht ausgeschlossen werden können. Die vorstehenden Sanierungsrichtwerte und Grundsätze der Sanierungsstrategie können jederzeit neuen Erkenntnissen angepaßt werden.

# Anhang 2

**Sanierungsplan**

## I.    Allgemeine Anforderungen

Der Sanierungsplan muß alle zum Erreichen des Sanierungszieles erforderlichen bautechnischen und Überwachungsmaßnahmen sowie ggf. erforderliche Maßnahmen zur Wiedereingliederung der Altlast in das Stadtbild, Landschaftsbild, den Naturhaushalt sowie zur Wahrung der öffentlichen Sicherheit und Ordnung berücksichtigen.

## II.    Gliederung

1.    Grunddaten
      Angaben über Standort, Sanierungsverantwortliche, Planverfasser, Projektleitung/Bauleitung, Betreiber/n der Sanierung und zeichnerische Unterlagen

2.    Erläuterungsbericht
2.1    Beschreibung des Sicherungs-/Sanierungsvorhabens
2.2    Darstellung der sanierungsrelevanten Parameter und Medien
2.3    Ermittlung der zu sanierenden Materialmengen
2.4    Auswahl des/der Sicherungs- und/oder Sanierungsverfahren
2.5    Bauablaufplan
2.6    Bauüberwachung und Erfolgskontrolle
2.7    Überwachung und Folgemaßnahmen

# Anforderungen an die Altlastenbearbeitung und Erfahrungen aus der Verwaltungspraxis

Klaus-Dieter Adelmann

## 1 Einführung

Spätestens seit der Wiedervereinigung im Jahr 1990 hat die Problematik der Altlastenerhebung und -sanierung nochmals an Bedeutung gewonnen.

Zeitgleich hat aber ein ganz anderer Prozeß in Wirtschaft und Verwaltung stattgefunden: Der Einzug der EDV. Altlastenerhebungen ohne EDV-Unterstützung sind heute nicht mehr denkbar. Beide Entwicklungen müssen also im Zusammenhang gesehen werden.

In weiten Bereichen sind noch keine allgemein verbindlichen Vorgaben geschaffen worden:

- Hinsichtlich der gesetzlichen Vorgaben fehlen wesentliche Bereiche, das Bodenschutzgesetz liegt z.B. immer noch erst im Entwurf vor.
- Es existiert eine verwirrende Vielfalt sogenannter Schadstofflisten mit einer Vielzahl differierender Angaben.
- Hinsichtlich der Vertragsgestaltung bei Altlastenuntersuchungen liegen keine allgemein gültigen Regelwerke vor – die HOAI i.d.F vom 1.1.1996 kennt keine Altlastenuntersuchungen, bzw. es läßt sich auch nichts Adäquates ableiten.

Überall in diesen Bereichen ist die Verwaltung gefordert – immer mit Hinblick auf und unter der Prämisse des § 24 der Bundeshaushaltsordnung (Prinzip der Wirtschaftlichkeit und Sparsamkeit) –, möglichst allgemeingültige Vorgaben zu entwickeln und diese umzusetzen. Genau hier sind die Aufgabenschwerpunkte der Bauverwaltung zu sehen.

## 2    Kostenrahmen bei Altlastsanierungen, neue Schätzungen

Nach einer Veröffentlichung in der *Korrespondenz Abwasser* 3/90 (Abb. 1) wurden im Bereich Abfall/Altlasten für die alten Bundesländer insgesamt 64-77 Mrd. DM Sanierungsbedarf geschätzt.

**Abb. 1.** Bedarfsschätzung (aus: Korrespondenz Abwasser 3/90)

Das Altlastengutachten II des SRU von 2/95 kommt zu folgenden Zahlen (Tz 166-Tz 167): Unter der Annahme von rund 23 600 zu sanierenden Altlasten, die, je nach Wahl des Sanierungsverfahrens, in drei Größenklassen unterteilt werden, ermittelt Jessberger einen Kostenrahmen von 184-925 Mrd. DM.

## 3    Grundlagen für Erhebungen von kontaminationsverdächtigen Standorten (KVS) durch die Bauverwaltung, Erlaßlage

Das „Vorläufige Handlungskonzept zur Erfassung und Erkundung von Altlastenverdachtsflächen auf Liegenschaften der Bundeswehr", herausgegeben vom Bundesministerium der Verteidigung, wurde den Oberfinanzdirektionen 1992 zur Verfügung gestellt und im Bereich der OFD Nürnberg als Arbeitsgrundlage eingeführt.

Parallel hierzu wurde vom BMBau Ende 1992 die „Richtlinie für die Planung und Ausführung der Sicherung und Sanierung belasteter Böden" erlassen. Diese Richtlinie des BMBau ist ganz allgemein in der Bauverwaltung zu beachten und ergänzt sinnvollerweise das vom BMVg erarbeitete „Vorläufige Handlungskonzept der Bundeswehr":

Während das „Vorläufige Handlungskonzept der Bundeswehr" sich ausschließlich auf Altlasten im Sinn der juristischen Definition beschränkt, regelt die BMBau-Richtlinie weitergehend die Erkundung von Bodenbelastungen, die auch von in Betrieb befindlichen Anlagen ausgehen. Neben Altstandorten und Altablagerungen sind also entsprechend der BMBau-Richtlinie zusätzlich auch Bodenbelastungen zu erfassen, die z.B. durch Leckagen in Bauwerken und Rohrleitungen, unsachgemäßen Umgang umweltgefährdender Stoffe etc. verursacht werden.

Ende 1995 wurde in Ergänzung der baufachlichen „Richtlinien für die Planung und Ausführung der Sicherung und Sanierung belasteter Böden" die Schadstoffinformationen eingeführt. Darin wird kontaminationsverursachenden Nutzungen ein typisches Schadstoffinventar zugeordnet. Für zur Zeit 468 Schadstoffe sind wichtige Stoffdaten enthalten – diese sind abgestimmt auf die Programme zur Erfassung kontaminierter Flächen (EFA I/II) und das Informationssystem Altlasten (INSA).

Weiterhin wurde mit Erlaß BMBau B II 5-B 1011-26/1-2 vom 7.11.1995 festgelegt, daß künftig Aufträge zur Analyse von Boden- und Wasserproben bei Altlastenerkundungen nur noch an solche Labors vergeben werden dürfen, die nach Maßgabe einer Verwaltungsvereinbarung zwischen der BAM (Bundesanstalt für Materialforschung und -prüfung) und der OFD Hannover von der BAM anerkannt sind.

BMBau und BMVg erarbeiten zur Zeit eine „Arbeitshilfe Altlasten". Die Bauverwaltung kann somit in Kürze eine klare Regelung erwarten.

Mit der Untersuchung von Altlasten hat die ehemalige Finanzbauverwaltung und heutige Bayer. Staatsbauverwaltung absolutes Neuland betreten. Seitens der OFD Nürnberg wurde von Anfang an großer Wert auf eine einheitliche Vorgehensweise der Altlastenerfassung gemäß der BMBau-Richtlinie gelegt.

## Besonderheiten bei Konversionsliegenschaften

Bei den geräumten Liegenschaften sowohl bei den Westgruppetruppen der Sowjet-
streitkräfte (WGT) als auch bei den Konversionsliegenschaften der US-Armee
wurden sämtliche Anlagen und Einrichtungen stillgelegt. Diese nicht mehr genutzten Anlagen sind somit im Sinn der juristischen Definition Altstandorte, auf denen
Altlasten vorliegen können.

Bei der Ermitlung von Kosten muß laut Erlaß zwischen „entschädigungsfähigen
Kosten" und „nichtentschädigungsfähigen Kosten" unterschieden werden:

### Entschädigungsfähige Kosten
Nach derzeitigem Recht werden Sanierungsschwellenwerte überschritten, und von
den Fachbehörden wird eine Sanierung für erforderlich gehalten.

### Nichtentschädigungsfähige Kosten
Sanierungsschwellenwerte werden nicht überschritten, es ist jedoch eine nachweis-
bare Belastung festzustellen. Nach der jetzigen Gesetzeslage und einer angenommenen weiteren militärischen Nutzung ist jedoch momentan keine weitere Sanierung erforderlich.

Rüstungsaltlasten vor 1945 sollen gemäß Erlaßlage des BMF und BMBau nicht
erfaßt werden. Die Bauverwaltung ist für Phase I/II/III fachlich verantwortlich.

## Besonderheiten bei Bundeswehrliegenschaften

Auf den Liegenschaften der Bundeswehr werden laut Auftrag die in Betrieb befindlichen Anlagen aus der Betrachtungsweise herausgenommen und momentan
nicht untersucht. Allerdings werden bei der Bundeswehr die Rüstungsaltlasten
miterfaßt.

Die fachliche Verantwortung und Durchführung der Phase I ist den Wehrgeologischen Dienststellen übertragen worden, ab Phase II jedoch wieder voll bei der
Bauverwaltung.


## 4    Konkrete Aufträge durch die BV-Abteilung, Zusammenarbeit


Bei der Rückgabe von Liegenschaften durch die US-Streitkräfte müssen Restwerte
ermittelt werden. Des weiteren sind aber auch Schäden, verursacht durch Altlasten,
qualitativ und quantitativ zu erfassen und zu bewerten.

**Abb. 2.** Altlastenuntersuchungen im Bereich der OFD Nürnberg (Nordbayern) – Konversionsliegenschaften (Stand: Januar 1996)

**Tabelle 1.** Gesamtübersicht der Altlastenuntersuchungen für ehemalige US-Liegenschaften, bisherige Kosten aus den Ingenieurverträgen (Stand: 30. Oktober 1995)

Stand: 30. Oktober 1995

| Finanzbauamt / Untersuchte Liegenschaften | | Phase I | | Phase II | | | |
|---|---|---|---|---|---|---|---|
| | | Phase I Untersuchte Liegenschaften Anzahl | Kosten Ing.-Vertrag [DM] | Phase IIa Untersuchte Liegenschaften Anzahl | Kosten Ing.-Vertrag [DM] | Phase IIb Untersuchte Liegenschaften Anzahl | Kosten Ing.-Vertrag [DM] |
| Staatliches Hochbauamt Amberg | 3 | 3 | 44.522,10 | 2 | 60.946,56 | 2 | 42.794,95 |
| Finanzbauamt Bad Kissingen | 5 | 2 | 19.309,94 | 2 | 100.495,03 | 2 | 270.167,15 |
| Finanzbauamt Bayreuth | 8 | 8 | 108.518,71 | 3 | 127.659,63 | | |
| Finanzbauamt Nürnberg | 23 | 15 | 280.586,28 | 12 | 263.146,31 | 11 | 337.449,28 |
| Staatl. Hochbauamt Regensburg | 1 | | | | | 1 | 375.487,79 |
| Finanzbauamt Würzburg | 10 | 10 | 101.830,50 | 10 | 343.770,50 | 7 | 362.155,00 |
| Summe | 50 | 38 | 554.767,53 | 29 | 896.018,03 | 23 | 1.388.054,17 |

Gesamtsumme: 2.838.839,73

Im Zuge der Rückgabe diesbezüglicher Liegenschaften sind der OFD Nürnberg im Jahresrhythmus 1992, 1993 und 1994 drei Sammelaufträge für die Erhebung von Altlasten auf Liegenschaften des Bundes erteilt worden. Da die internen Verhandlungen mit den US-Streitkräften noch nicht abgeschlossen sind, können bereits vorliegende Kostenschätzungen noch nicht veröffentlicht werden. Die Aufträge für die Bauämter wurden in Tabelle 1 (Stand Oktober 1995) zusammengefaßt. Weitere Aufträge für Untersuchungen sind bereits erteilt, vertragsmäßig aber noch nicht abgewickelt. In Abb. 2 sind die Liegenschaften, nach Bauämtern geordnet, im Bereich der OFD Nürnberg dargestellt.

## 4.1 Durchführung der Altlastenerhebungen auf Konversionsliegenschaften innerhalb der Bauverwaltung

Es wurde weiterhin die Notwendigkeit erkannt, daß zwischen der BV-Abteilung und der Landesabteilung der OFD eine interne „Ad-hoc-Projektgruppe" zu terminlichen, haushaltmäßigen und projektspezifischen Abstimmung eingerichtet werden mußte. Dabei wurde gemeinsam ein modifiziertes Ablaufschema für den Umgang mit altlastenverdächtigen Flächen und Altlasten aufgestellt (s. unten).

Die Bundesvermögensverwaltung als Auftraggeber hat in der Vergangenheit großen Wert darauf gelegt, schnell Ergebnisse in Form von voraussichtlichen Gesamtsanierungskosten zu bekommen. Mit dem Berechnungsprogramm KOSAL des Bundesministeriums für Umweltschutz und Reaktorsicherheit wurde für jeden einzelnen KVS eine Kostenberechnung durchgeführt (durch das von der zuständigen Leit-OFD Hannover beauftragte Ingenieurbüro Mull & Partner).

Es hat sich gezeigt, daß brauchbare Kostenschätzungen frühestens mit der Abarbeitung der Phase IIb „Detailuntersuchungen" erstellt werden können. Man muß sich jedoch bewußt sein, daß die Genauigkeit der abgegebenen Kostenschätzung mit einer erheblichen Bandbreite behaftet ist. Grundsätzlich haben die Bundesministerien die Aufträge für Altlastenuntersuchungen bis zur Phase IIb „Detailuntersuchungen" beauftragt.

Die in Nordbayern bisher untersuchten Konversionsliegenschaften weisen eine Gesamtgröße von ca. 12 km² auf (ohne den von US aufgegeben Truppenübungsplatz Wildflecken, den die Bundesehr übernommen hat und der im Auftrag des BMVg untersucht wird).

In Nordbayern sind Liegenschaften in der Größenordnung von über 400 km² der Verwaltung der US-Streitkräfte unterstellt. Für diese Liegenschaften ist der Bayer. Staatsbauverwaltung noch kein Auftrag zur systematischen Erfassung auf Altlasten und kontaminationsverdächtigen Standorten erteilt worden.

**Modifiziertes Ablaufschema für den Umgang mit altlastverdächtigen Flächen und Altlasten**

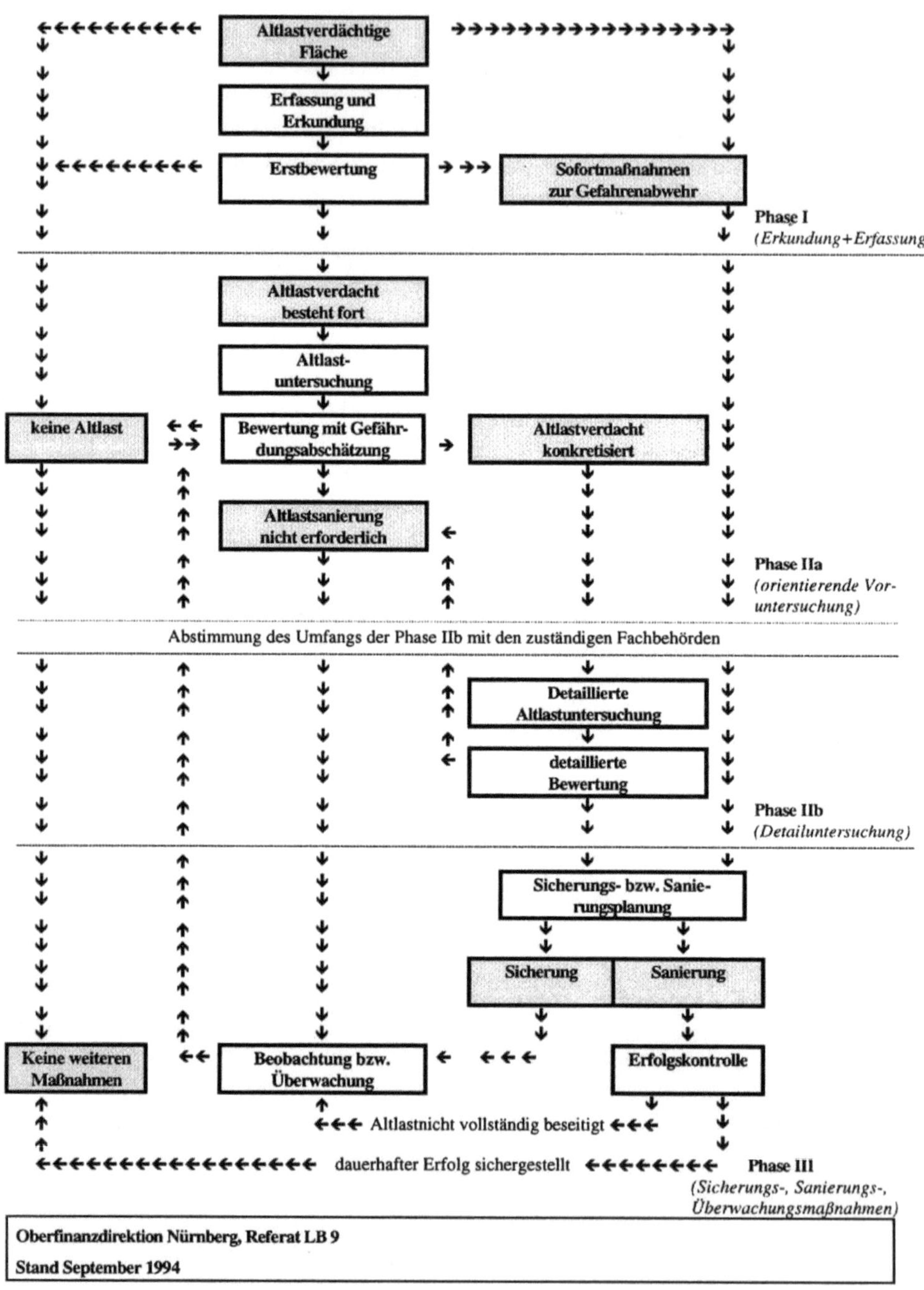

| Leistung | Zuständigkeit | veranlassende Behörde |
|---|---|---|
| Beauftragung: | BV-Abt. in Abstimmung mit LB 9 | OFD |
| Ausführung: | Ingenieurbau-SG/beauftragtes Ing.Büro | FBA |
| Einschaltung: | Fachbehörden des Landes | FBA |
| Überprüfung: | Ingenieurbau-SG | FBA |
| Fachtechnische Stellungnahme | Referat LB 9 | OFD |
| Überprüfung und weitere Veranlassung: | BV-Abt. mit LB 9 | OFD |
| Beauftragung: | BV-Abt. in Abstimmung mit LB 9 | OFD |
| Ausführung: | Ingenieurbau-SG/beauftragtes Ing.Büro | FBA |
| Einschaltung: | Fachbehörden des Landes | FBA |
| Überprüfung: | Ingenieurbau-SG | FBA |
| Überprüfung und weitere Veranlassung: | BV-Abt. mit LB 9 | OFD |
| Abstimmung: | Ingenieurbau-SG in Abstimmung mit LB 9 | FBA |
| Beauftragung: | BV-Abt. in Abstimmung mit LB 9 | OFD |
| Ausführung: | beauftragtes Ingenieurbüro | FBA |
| Einschaltung: | Fachbehörden des Landes | FBA |
| Überprüfung: | Ingenieurbau-SG | FBA |
| Überprüfung und weitere Veranlassung: | BV-Abt. mit LB 9 | OFD |
| Ausführung: | Ingenieurbau-SG/beauftragtes Ing.Büro | FBA |
| Ausführung: | beauftragte Firma | FBA |
| Überwachung: | BV-Abt. als Liegenschaftsverwalter | OFD |
| | LB 9 als vorgesetzte techn. Behörde | OFD |
| | FBA als Beauftragte | FBA |
| | evtl. Fachbehörden/Fachfirmen | FBA/OFD |
| Erfolgskontrolle: | LB 9 mit BV-Abt. | OFD |
| | FBA mit Ing.Büro | FBA |
| | Fachbehörden des Landes | FBA/OFD |

**Umgang mit altlastverdächtigen Flächen und Altlasten auf Liegenschaften**

**im Zuständigkeitsbereich der Bundesvermögensverwaltung**

### 4.2    Deponien auf US-Liegenschaften

Eine Deponiesanierung in Grafenwöhr wurde von den US-Streitkräften selbst durchgeführt. Der Neubau einer weiteren Deponiefläche durch die Bauverwaltung ist geplant, Bausumme ca.10 Mio. DM.

In Wildflecken ist die Sanierung einer Deponie mit einem Bauvolumen von 3 Mio. DM durch das Bauamt abgeschlossen.

In Hohenfels,Vilseck und Bamberg sind entsprechende Studien durchgeführt worden. Der geschätzte Sanierungsbedarf bewegt sich in einer Größenordnung von insgesamt ca. 50 Mio. DM.

## 5    Durchführung der Altlastenerkundungen auf Bundeswehr-/Nato-Liegenschaften, Zusammenarbeit mit WBV VI

Mit der Wehrbereichsverwaltung (WBV) VI als liegenschaftsverwaltende Dienststelle für Bundeswehr-/Nato-Liegenschaften wurde – wie mit der Bundesvermögensabteilung – Ende 1992 eine „Arbeitsgruppe Altlasten" gebildet. Obwohl das Bundesverteidigungsministerium für die neuen Bundesländer das „Vorläufige Handlungskonzept zur Erfassung und Erkundung von Altlastenverdachtsflächen auf Liegenschaften der Bundeswehr" eingeführt hatte, wurde diese Richtlinie in den alten Bundesländern nicht angewandt. Vielmehr wurden seitens BMVg spezifische Erfassungsblätter entwickelt, die zwar für die Wehrbereichsverwaltung, aber nicht für die Bauverwaltung eingeführt wurden. Diese Erfassungsblätter wurden in diesem Jahr vollständig der Bauverwaltung übergeben und sollen hier bewertet werden.

Die Phase-I-Erkundung und Erfassung wurde weitestgehend selbständig von der Wehrbereichsverwaltung VI in Zusammenarbeit mit der Wehrgeologischen Dienststelle durchgeführt. Nur vereinzelt wurde die Bauverwaltung für die Erhebung der Phase I für Teilbereiche einiger Liegenschaften eingeschaltet.

Nach Aussage der Wehrbereichsverwaltung VI ist die Phase I „Erkundung und Erfassung" vollständig abgeschlossen. Die erkannten kontaminationsverdächtigen Standorte sollen jetzt in der Phase II durch die Bauverwaltung näher untersucht werden.

Allein in Nordbayern beträgt die Gesamtfläche der von der Bundeswehr und Nato belegten Liegenschaften ca. 59,8 km² (der Truppenübungsplatz Wildflecken wurde erst kürzlich von den Amerikanern zurückgegeben und ist hier nicht erfaßt).

Von der Wehrgeologischen Dienststelle wurden 82 kontaminationsverdächtigen Standorte gemeldet, wobei die Hälfte (41) noch nicht abschließend bewertet worden ist.

**Hinweis:** An dieser Stelle ist nochmals festzustellen, daß Kontaminationen von in Betrieb befindlichen Anlagen in der Phase I nicht erfaßt wurden. Insofern lassen sich also auch die Ergebnisse dieser Phase I Altlastenuntersuchung der Bundewehr nicht mit der Phase I Altlastenuntersuchung auf Konversionsliegenschaften der US-Streitkräfte vergleichen.

Bauverwaltung einerseits und Wehrbereichsverwaltung andererseits vertreten gerade in der Phase-I-Erkundung völlig verschiedene Standpunkte:

Nach Meinung der Bauverwaltung ist eine sorgfältige Erkundung einschließlich historischer Recherche elementare Grundlage für das weitere Vorgehen, da immer von einer Gesamtschau auszugehen ist. In dieser Gesamtschau müssen Einflüsse von außerhalb der Liegenschaft einfließen und selbstverständlich auch Belastungen von in Betrieb befindlichen Anlagen erfaßt werden, um dann in den Phasen II und III auf fundierten Grundlagen aufbauen zu können. Dies ist auch deshalb notwendig, um einheitliche Erfassungsgrundlagen für eine DV-Bearbeitung zu haben und um aufbauend auf einheitlichen Datenbanken statistisch abgesicherte Aussagen treffen zu können.

Die von der WBV VI zur Verfügung gestellten Unterlagen genügen m. A. dieser Anforderung nicht.

Im Altlastengutachten II heißt es unter 4.Schlußfolgerungen und Empfehlungen: „426. .... Im übrigen wiederholt der Umweltrat seine Mahnung, auch die Belastungen durch andauernde Aktivitäten flächendeckend zu erfassen."

# 6    Schadstoffinventar und Verdachtsflächentypen auf ehemaligen US-Liegenschaften im Bereich der OFD Nürnberg

Seitens BMBau und BMVg wurde die Notwendigkeit erkannt, eine bundeseinheitliche Strategie für die systematische Erfassung und Bewertung vorzugeben. Hierzu wurden Datenblätter eingeführt, die es erlauben, Daten in allernächster Zukunft in einem sog. graphischen Liegenschaftsinformationssystem (GIS) abzulegen und weiterzuverarbeiten. Dieses GIS ist für das künftig von der Bauverwaltung zu praktizierende Projektmanagement unbedingt erforderlich. Auch für die WBVen sind diese Datenblätter ab 3.3.95 verbindlich vorgeschrieben.

Der OFD Hannover kommt als sog. Leit-OFD dabei zentrale Bedeutung zu: Im Auftrag des BMBau soll sie vor allem die zentrale Datenbank für Altlasten aufbauen und führen. Für das Führen dieser Datenbank hat die OFD Hannover wiederum das Ing.-Büro Mull & Partner beauftragt.

Für die drei Sammelaufträge der Bundesvermögensabteilung wurden die Ergebnisse der Untersuchungen in diese Datenbank übertragen, und es liegen folgende interessante Ergebnisse vor (Hinweis: Der OFD Nürnberg steht das Auswertungsprogramm INSA noch nicht zur Verfügung, die Auswertung wurde von Mull & Partner vorgenommen):

Es wurden insgesamt 38 Liegenschaften mit einer Fläche von ca. 11,5 km² in der Datenbank erfaßt und untersucht, wobei die Struktur vergleichbar mit einer städtischen Mischbebauung ist. Nach dem „Vorläufigen Handlungskonzept der BW" wurden hier (soweit Ergebnisse vorliegen) 380 KVS ermittelt. Die Daten, soweit vorhanden, sind in Tabelle 2 zusammengefaßt.

Für 19 Liegenschaften wurden zumindest Untersuchungen bis zur Phase IIa durchgeführt, und dabei läßt sich folgende Aussage treffen: Die Anzahl der kontaminationsverdächtigen Standorte liegt in der Größenordnung von 77 KVS pro km² untersuchter Fläche. Auf den 19 betrachteten Liegenschaften der Tabelle 3 mit einer Gesamtfläche von 2,9 km² wurden insgesamt 226 kontaminationsverdächtige Standorte (KVS) ermittelt. Durch weitergehende Untersuchungen wurde festgestellt, daß an 94 kontaminierten Standorten (KS) nachgewiesenermaßen Untergrundverunreinigungen existieren. Das entspricht 41,6% bzw. etwas weniger als der Hälfte der in Phase I erfaßten KVS.

Diese Aussage wird dann interessant, wenn die Anzahl der KS ermittelt wird, die eine Überschreitung von Sanierungsschwellenwerten aufzeigen: Von anfänglich 226 in der Phase I festgelegten KVS müssen in der Phase III insgesamt 7 KS (7,45%) saniert werden.

Ein weiteres interessantes Ergebnis ist Tabelle 3 zu entnehmen, wo die nachgewiesenen Schadstoffe in bezug auf die Anzahl der KVS ermittelt wurden: An vielen kontaminationsverdächtigen Standorten sind Schadstoffvergesellschaftungen zu beobachten, d.h., daß an einem KVS mehrere verschiedene Schadstoffe auftreten.

In 63,9% der Fälle waren Mineralkohlenwasserstoffe die Hauptschadensursache, gefolgt von den BTEX. Inwieweit sich die Ergebnisse verallgemeinern lassen, kann hier noch nicht ausgesagt werden.

In Tabelle 4 schließlich ist eine Verteilung der vorgefundenen Schadensfälle auf die Verdachtsflächenarten vorgenommen worden.

**Tabelle 2.** Ehemalige US-Liegenschaften im Bereich der FD Nürnberg – Kurzsachstand 02.06.1995

| | Lieg.-Nr. | Fläche in ha | Anzahl KVS n. Phase I | Anzahl KS mit Kostenschätzg. | | KS mit entschädigungsfähigen Kosten | KS mit nicht entschädigungsfähigen Kosten | KS mit abfallrechtlichen Gesichtspunkten |
|---|---|---|---|---|---|---|---|---|
| | | | | 8/94 | bis 5/95 | | | |
| II | 117NU01 | 0,4 | 4 | | | | | |
| II | 117NU02 | 0,2 | 4 | | | | | |
| x | 117NU03 | 8,9 | 12 | 2 | 2 | 0 | 0 | 2 |
| x | 117NU04 | 4,5 | 9 | 8 | 8 | 0 | 2 | 6 |
| 0 | 117NU05 | k. Angaben | 1 | 0 | - | - | - | - |
| 0 | 117NU06 | 4 | 3 | 0 | - | - | - | - |
| 0 | 117NU07 | k. Angaben | 0 | - | - | - | - | - |
| x | 117NU08 | 40 | 9 | 3 | 2 | 0 | 0 | 2 |
| II | 117NU09 | 1,8 | 5 | | | | | |
| 0 | 117NU10 | k. Angaben | 0 | - | - | - | - | - |
| II | 117NU11 | 8,4 | 9 | | | | | |
| 0 | 117NU12 | 8,4 | 0 | - | - | - | - | - |
| 0 | 117NU13 | 92 | 0 | - | - | - | - | - |
| x | 117NU14 | 6 | 2 | 2 | 2 | 0 | 1 | 1 |
| x | 117NU15 | 22 | 3 | 3 | 3 | 0 | 2 | 1 |
| 0 | 117NU16 | k. Angaben | 0 | - | - | - | - | - |
| x | 117NU17 | 6,6 | 13 | 3 | 3 | 0 | 2 | 1 |
| II | 117NU18 | 2 | n. durchgeführt | | | | | |
| 0 | 117NU19 | k. Angaben | 0 | - | - | - | - | - |
| 0 | 117NU20 | k. Angaben | 0 | - | - | - | - | - |
| 0 | 117NU21 | k. Angaben | 0 | - | - | - | - | - |
| 0 | 117NU22 | 1,5 | 7 | 0 | - | - | - | - |
| II | 117NU23 | 15 | 11 | | | | | |
| II | 117NU24 | 185 | 21 | | | | | |
| II | 117NU25 | 100 | 23 | | | | | |
| x | 117NU26 | k. Angaben | 14 | 7 | 3 | 2 | 1 | 0 |
| x | 117NU27 | 16 | 13 | 9 | 10 | 2 | 6 | 2 |
| x | 117NU28 | 6,4 | 7 | 7 | 6 | 0 | 1 | 5 |
| x | 117NU29 | 8,5 | 13 | 13 | 12 | 0 | 0 | 12 |
| x | 117NU30 | 0,2 | 4 | 5 | 2 | 0 | 0 | 2 |
| x | 117NU31 | 0,2 | 3 | 1 | 1 | 0 | 0 | 1 |
| 0 | 117NU32 | 11 | 12 | | 0 | - | - | - |
| x | 117NU33 | 12,5 | 25 | 7 | 8 | 0 | 3 | 5 |
| II | 117NU34 | 28,4 | 14 | | | | | |
| x | 117NU35 | 16 | 22 | 4 | 3 | 0 | 1 | 2 |
| x | 117NU36 | 100 | 17 | | 4 | 0 | 0 | 4 |
| x | 142NU105 | 6,2 | 14 | | 4 | 0 | 2 | 2 |
| II | 142NU106 | 354 | 35 | | | | | |
| | 142NU107 | wird unter 142NU106 geführt | | | | | | |
| | 142NU108 | wird unter 142NU106 geführt | | | | | | |
| 0 | 142NU109 | k. Angaben | 0 | - | - | - | - | - |
| x | 142NU110 | 12 | 24 | | 11 | 2 | 2 | 7 |
| x | 142NU111 | 6 | 16 | | 6 | 1 | 2 | 3 |
| x | 142NU112 | k. Angaben | 6 | | 4 | 0 | 4 | 0 |
| II | 142NU113 | 10,36 | 5 | | | | | |
| 0 | 142NU114 | k. Angaben | 0 | - | - | - | - | - |
| 0 | 142NU115 | k. Angaben | 0 | - | - | - | - | - |
| 0 | 142NU116 | k. Angaben | 0 | - | - | - | - | - |
| | Summe | | 380 | 74 | 94 | 7 | 29 | 58 |
| | %-Anteil | | | | 100 | 7,45 | 30,85 | 61,70 |

**x)** 19 Liegenschaften für statistische Auswertung (Standorte mit Kostenschätzung auf Basis der Phase II)

**II)** Phase liegt noch nicht abschließend vor

**0)** Liegenschaften ohne Verunreinigungen

**Tabelle 3.** Nachgewiesene Schadstoffe in bezug auf die Anzahl der KVS (die Summe überstiegt 94, da Schadstoffvergesellschaftungen häufig sind)

| Schad-stoff | MKW | BTEX | LHKW | Schwer-metalle | PAK | andere | Summe |
|---|---|---|---|---|---|---|---|
| Anzahl KVS | 76 | 27 | 3 | 2 | 11 | 0 | 119 |
| Schaden (%) | 63,87 | 22,69 | 2,52 | 1,68 | 9,24 | 0 | 100 |
| KVS (%) | 80,85 | 28,72 | 3,19 | 2,13 | 11,70 | 0 | |

Basis:   19 Liegenschaften mit insgesamt 226 KVS; 11,9 KVS pro Liegenschaft (insgesamt 2,9 km$^2$; 77 KVS/km$^2$); 94 KVS mit nachgewiesenen Bodenverunreinigungen (41,6%)
(Kostenschätzungen vom 08.03.1994, 15.02 1995 und 15.03. 1995; die Kostenschätzungen des laufenden Jahres werden permanent fortgeschrieben)
Stand:   02.06. 1995

**Tabelle 4.** Verteilung der Schadensfälle auf Verdachtsflächenarten

| Umweltgefährdende Einrichtungen | Anzahl | % |
|---|---|---|
| Militärchemische Einrichtungen der Rüstungsindustrie | 1 | 1,06 |
| Übungs- Manöver- und Versuchseinrichtungen | 2 | 2,13 |
| Betriebstechnische Einrichtungen | | |
| – Fahrzeugstellplätze und -flächen | 31 | 32,98 |
| – Garagen | 0 | 0 |
| – Instandsetzungs- und Wartungseinrichtungen | 20 | 21,28 |
| – Betankungsanlagen | 10 | 10,64 |
| – Reinigungseinrichtungen | 3 | 3,19 |
| – Abscheider | 5 | 5,32 |
| – Lager und Abstellflächen | 17 | 18,9 |
| – Gebäude | 1 | 1,06 |
| – sonstige betriebstechnische Einrichtungen | 2 | 2,13 |
| – betriebstechnische Einrichtungen Flughafen | 0 | 0 |
| – betriebstechnische Einrichtungen Hafen | 0 | 0 |
| – betriebstechnische Einrichtungen Raketendepot | 0 | 0 |
| Entsorgungseinrichtungen | 1 | 1,06 |
| Deponie und Ablagerung | 0 | 0 |
| Sonstiges | 1 | 1,06 |
| Summe | 94 | 100 |

Naturgemäß weisen die Fahrzeugstellplätze und -flächen, Instandsetzungs- und Wartungseinrichtungen, Betankungsanlagen und Lager- und Abstellflächen die häufigsten Schadensfälle auf.

Mit einer Größe von ca. 11,5 km² ist das untersuchte Gebiet relativ klein. Die künftige Altlastendatenbank wird hier sicherlich wesentlich genauere statistische Aussagen erlauben. Nichtsdestoweniger können aus den bisher durchgeführten Untersuchungen Schlußfolgerungen gezogen werden.


## 7    Fachliche Erkenntnisse aus den bisher durchgeführten Altlastenerhebungen

Grundlage für ein fundiertes Gutachten ist eine sehr sorgfältige historische Recherche in der Phase I „Erkundung und Erfassung". Dies bedeutet, daß sämtliche verfügbaren Quellen genutzt und vor allem auch Luftbildauswertungen durchgeführt werden. Weiterhin sind selbstverständlich auch im Betrieb befindliche Anlagen zu erfassen, wie es im Altlastengutachten II empfohlen und in der BMBau-Richtlinie vorgeschrieben ist, um vor allem sämtliche KVS zu erfassen.

Für Auswertungen fachlicher Art unter den Gesichtspunkten des Einsatzes einer modernen Datenverarbeitungsanlage und auch im Hinblick auf Einführung eines künftigen Liegenschaftsinformationssystems auf graphischer Basis (GIS) müssen einheitliche Erhebungen auf gleicher Grundlage durchgeführt werden

Es muß auch Wert darauf gelegt werden, daß ggf. das Umfeld um die zu untersuchende Liegenschaft in die Betrachtung mit einbezogen wird. Es kommt vor, daß außerhalb der Liegenschaft vorhandene Kontaminationen, beispielsweise durch in Betrieb befindliche Anlagen, durch Ausbreitung im Grundwasserpfad die bundeseigene Liegenschaft kontaminieren. Zur Beurteilung solcher Fälle sind auf jedem Fall Detailuntersuchungen notwendig, und ggf. sind auch vorliegende Ergebnisse aus Untersuchungen und Sanierungen der angrenzenden Grundstücke in die Beurteilung mit aufzunehmen.

Das Leistungsbild der Phasen I und II ist momentan in der HOAI nicht enthalten. Wie aus dem Ablaufschema ersichtlich, wechseln bei dem Vorgang des schrittweisen Vorgehens für die Erfassung und Erkundung von Altlasten abwechselnd Handlungsfälle mit Entscheidungsprozessen ab, wobei immer wieder erneut Verdachtsflächen aus der Bearbeitung ausgeschieden bzw. weitere Handlungsschritte festgelegt werden müssen. Dieser Ablauf stellt einen abgestuften Prozeß mit Regelkreisen in Abhängigkeit vom jeweils erreichten Informationsgrad dar, wobei festgehalten werden muß, daß Ingenieurleistungen dieser Art nicht im Sinne einer Planungsaufgabe mit eindeutig definiertem Leistungsbild beschrieben werden können. Aus diesen Gründen werden vom Bauamt anhand von Leistungsverzeichnissen bei mehreren Ing.-Büros Honoraranfragen durchgeführt. Dieses Vorgehen wird auch im vorläufigen Handlungskonzept der Bundeswehr vorgeschlagen.

**Hinweis:** Üblicherweise ist für jede Phase der Altlastenerkundung eine Honoraranfrage durchzuführen.

Für die Festlegung der Sanierungsziele in Phase IIb ist es unbedingt erforderlich, daß die künftige Nutzung der Bundesliegenschaft bekannt ist. Hier muß die Bundesvermögensverwaltung und die Wehrbereichsverwaltung von der Bauverwaltung fachlich beraten werden, welche künftige Nutzung nach einer wirtschaftlich vertretbaren Altlastensanierung möglich ist.

Mit dem Berechnungsprogramm KOSAL des Bundesministeriums für Umweltschutz und Reaktorsicherheit wurde mit den Ergebnissen der Phase-I-Untersuchung für jeden einzelnen kontaminationsverdächtigen Standort eine Kostenberechnung durchgeführt. Es hat sich herausgestellt, daß diese Ergebnisse nicht für eine Beurteilung hinsichtlich einer Kostenschätzung ausreichen und einigermaßen gesicherte Angaben erst nach Vorliegen der Phase-IIb-Untersuchungen möglich sind.

Die geologischen Erkundungen und die durchgeführten Analysen können von der Bauverwaltung selbst nicht auf ihren Wahrheitsgehalt hin überprüft werden. Hier ist anzudenken, ob nicht, ähnlich wie bei Materialprüfungen, Fremdkontrollen durchgeführt werden sollen (z.B. Überprüfung der wichtigsten Parameter durch ein zweites unabhängiges Labor).

# 8   Schlußbemerkung

Die Aufgaben der Bauverwaltung bei Altlastenerhebungen und -sanierungen sind wie folgt zu definieren:

Als Auftragsbauverwaltung sind wir Sachverwalter des Bauherrn und nehmen dessen Belange war. Es muß überprüft werden, ob entsprechend den Ing.-Verträgen eine adäquate Leistung seitens des Ing.-Büros erbracht wird, außerdem müssen die Gutachten aus fachlicher Sicht entsprechend beurteilt und kommentiert werden. Diese nicht ganz einfache Aufgabe erfordert entsprechend qualifiziertes Personal, das bei der Bauverwaltung vorhanden ist.

Bei den verschiedenen Handlungsschritten der Altlastenerhebung müssen immer wieder Kosten-Nutzen-Analysen für die Festlegung der weiteren Vorgehensweise vorgenommen werden.

Mit den Umweltfachbehörden, Kommunen oder Kreisverwaltungsbehörden muß eine enge Zusammenarbeit erfolgen, bei der die Bauverwaltung die Interessen des Bauherrn wahrnimmt.

In der Phase I und II der Altlastenerhebungen sind als Experten zunächst Hydrogeologen, Chemiker und Biologen gefragt. Spätestens in der Sanierungsphase aber – und hier werden die großen Summen umgesetzt – ist das Fachwissen des Bauingenieurs gerade bei der Erstellung von Leistungsbeschreibungen und Bauverträgen unverzichtbar.

# Untersuchung und Beurteilung der Umweltrisiken von Rüstungsaltlasten

Reinhold Hempfling, Dirk Bauer, Steffen Stubenrauch

## 1    Einleitung

Der ständige Kontakt des Menschen mit seiner Umwelt bringt zahlreiche gesundheitliche Risiken mit sich, die nicht immer nur dort auftreten, wo sie unmittelbar erwartet werden. Da die damit verknüpften Prozesse der Freisetzung und Ausbreitung von Umweltchemikalien häufig nicht unmittelbar zu erfassen sind, bedarf es im Falle eines vorliegenden Risikoverdachts und somit auch bei der Untersuchung und Beurteilung von Rüstungsaltlasten umfassender Betrachtungen im Rahmen einer Risikoanalyse. Eine solche Analyse umfaßt die Teilschritte:

- Risikowahrnehmung zur Bestimmung der Art der Gefährdung und der relevanten Expositionspfade,
- Risikoabschätzung mit der Expositions- und Toxizitätsabschätzung,
- Risikocharakterisierung basierend auf den Ergebnissen der Expositionsabschätzung und Toxizitätsabschätzung sowie
- Risikobewertung durch den Vergleich mit Risikogrenzen.

Anschließend werden im Rahmen des Risikomanagements Risikominderungsstrategien erarbeitet (Hempfling 1994).

Im folgenden werden diese Teilschritte der Risikoanalyse bzw. des Risikomanagements mit den Teilschritten der Bearbeitung „historische Recherche", „Gefährdungsabschätzung" und „Sanierung" von Rüstungsaltlast(verdachtsfläch)en (im folgenden kurz Rüstungsaltlasten) anhand einer beispielhaften Beurteilungssystematik in Beziehung gesetzt. Die steigende Anforderung an die Risikoanalyse, bedingt durch den zunehmenden Kenntnisstand im Rahmen der Bearbeitung, steht dabei im Vordergrund. Aufgrund der unterschiedlichsten Nutzungsmöglichkeiten sowie der Heterogenität des möglichen Schadstoffinventars erweisen sich die Bestimmung relevanter Expositionspfade und die Abschätzung der Exposition – im folgenden als „Quantitative Expositionsabschätzung (QEA)" bezeichnet – als von besonderer Bedeutung für die Ermittlung und Minderung von Risiken im Rahmen der Gefahrenermittlung und der Gefahrenabwehr bei Rüstungsaltlasten.

Die Verwendung des Risikobegriffs im Zusammenhang mit Gesundheitsgefahren durch Altlasten lassen Risiken als objektive, in Beziehung gesetzte Aussagen über die Eintrittswahrscheinlichkeit und das Ausmaß (Umfang) der von einer Altlastverdachtsfläche nach konkreter Untersuchung und sachkundiger Beurteilung zu erwartenden Einwirkungen auf die Gesundheit des Menschen und weiterer Schutzgüter verstehen (MURL 1992). Die Exposition beschreibt allgemein die Art und Weise des Kontakts eines Organismus mit einem Schadstoff, welcher über verschiedene Expostionspfade, auf denen der Stoff in den Organismus gelangt, erfolgt.

Grundsätzlich sind bei der Abschätzung von Risiken bei Rüstungsaltlasten die spezifischen Eigenschaften der wahrscheinlich vorzufindenden oder nachgewiesenen Schadstoffe sowie die individuellen Standorteigenschaften von Relevanz. Die Bewertung des Gefährdungspotentials berücksichtigt in der Regel die Teilaspekte Stoffgefährlichkeit, Schadstoffaustrag aus der Altlast, Schadstoffeintrag in das Schutzgut, Schadstofftransport sowie Wirkung im Schutzgut und Bedeutung des Schutzgutes. Dabei werden die Bedingungen der Schadstofffreisetzung und -ausbreitung über die Standortcharakteristik erfaßt. Expositionsabschätzungen ermitteln letzlich die Wechselbeziehungen von Standort- und Stoffeigenschaften (Wollin 1994). Je nach Stand der Bearbeitung verdichten sich erhobene Informationen und stellen damit unterschiedliche Ansprüche an die Risikoanalyse. Die Risikoanalyse geht dabei von einer relativen Zielsetzung mit dem Schwerpunkt „Prioritätensetzung" schrittweise zu einer absoluten Zielsetzung mit dem Schwerpunkt „Ermittlung von konkreten und latenten Gefahren" über.

## 2    Historische Recherche

Die historische Recherche rekonstruiert die ehemaligen Nutzungsverhältnisse und liefert so eine Zusammenstellung möglicher relevanter Schadstoffe sowie Aussagen, wo diese verwendet oder entsorgt wurden. Daneben werden erste Hinweise zu Standorteigenschaften auf der Basis von Kartenwerken erhoben. Diese Informationen werden für eine Bewertung des Standorts herangezogen, welche u.a. Vorgaben zur Beprobungsstrategie für die umwelttechnische Erkundung zum Ziel hat. Dabei finden insbesondere die Schutzgüter Grundwasser, Oberflächenwasser und menschliche Gesundheit Berücksichtigung. Da es aus finanziellen Gründen nicht durchführbar ist, im Rahmen der Gefährdungsabschätzung alle möglichen Umwelt- bzw. Kontaktmedien und relevanten Expositionspfade mit einer entsprechenden Flächenrepräsentanz zu untersuchen, ist die Ausweisung potentieller Kontaminationsschwerpunkte auf Grundlage der Kenntnis zum Umweltverhalten relevanter Stoffe unter Berücksichtigung der geoökologischen Standortsituation erforderlich.

Die Beurteilung der Umweltrisiken von Rüstungsaltlasten erfolgt deshalb in dieser Bearbeitungsphase auf den Ebenen Schadstoffpotential und Standortpotential mit dem Schwerpunkt der Prioritätensetzung.


## 2.1    Schadstoffpotential

Ausgehend von relevanten physikalisch-chemischen Eigenschaften sowie von dokumentierten Labor- und Feldstudien wird für die betrachteten Stoffe auf der Grundlage von Datenrecherchen zunächst das Ausbreitungs-, Akkumulations- und Transformationsverhalten der Verbindungen unter umweltrelevanten Bedingungen zusammenfassend dargestellt. Weiterhin ist die Ermittlung toxikologischer Kenndaten erforderlich. Um die Gefährlichkeit eines Stoffs standortunabhängig zu beurteilen, sind die Parameter maligne und nichtmaligne Wirkungen, Mobilität (v.a. in bezug auf das Grundwasser) und das Abbauverhalten bzw. die Persistenz in der Umwelt zu berücksichtigen. Eine formalisierte Umsetzung dieser Bewertungsvorgaben erfordert die Definition von Beurteilungsgrundlagen für die vorhandenen Stoffeigenschaften, welche eine Kategorienbildung ermöglichen.

Der nachfolgend beschriebene Bewertungsvorschlag geht von einer zunehmenden Gefährlichkeit eines Schadstoffs mit steigendem Wirkungspotential, steigender Mobilität und sinkender Abbaufähigkeit aus und führt Einteilungen in Gefährlichkeitsstufen auf der Grundlage einer dreistufigen Skala durch. Die Auswahl geeigneter Schadstoffparameter zur Charakterisierung der Stoffgefährlichkeit wird in der Reihenfolge ihrer Aussagequalität vorgegeben. Sollten für einen Schadstoff keine verwendbaren Parameter zur Verfügung stehen, so kann eine Bewertung in dieser Phase der Bearbeitung anhand von Analogieschlüssen zu vergleichbaren Stoffen versucht werden.

Die Beurteilung nichtmaligner Wirkungen erfolgt in der Regel über die Bestimmung von $LD_{50}$-, $LC_{50}$- oder über LOAEL(lowest observed adverse effect level)- oder NOAEL(no observed adverse effect level)-Werten. Aus diesen Werten können akzeptierbare tägliche Dosisraten (z.B. ADI, TRD, RfD) für den Menschen errechnet werden. Für alle Werte gilt, daß der Stoff um so toxischer ist, je geringer die Dosis ist, die zu einer Beeinträchtigung von Organismen führen kann. Die weitere Einteilung der Gefährlichkeitsklassen erfolgt soweit wie möglich in Anlehnung an Daten des Beratungsgremiums umweltrelevanter Altstoffe (BUA). Die Vorgaben zur Auswahl verwendeter Parameter sind dahingehend ausgerichtet, daß primär solche Werte verwendet werden sollen, die soweit als möglich Wirkungen auf den menschlichen Organismus beschreiben. Eine andere Bewertungssystematik gilt für maligne Stoffe (kanzerogene, teratogene, mutagene Wirkungen). Hierfür sind keine Dosisraten festzulegen, unterhalb derer Auswirkungen auf den Organismus ausgeschlossen werden können. Für sicher oder wahrscheinlich maligne Substanzen wird daher die höchste Gefährlichkeitsklasse vorgesehen (Tabelle 1).

**Tabelle 1.** Bewertung unterschiedlicher Wirkungsparameter in der Reihenfolge ihrer Priorität

| | Gefährlichkeitsstufe | | |
| --- | --- | --- | --- |
| | **1**<br>(geringe Wirkung) | **2**<br>(mittlere Wirkung) | **3**<br>(hohe Wirkung) |
| 1. Stoff besitzt maligne Wirkung | - | - | ja |
| 2. tol. tägl. Dosisrate [mg/kg d] | >0,1 | 0,1 - 0,005 | <0,005 |
| 3. NOAEL Mensch [mg/kg d] | >0,5 | 0,5 - 0,025 | <0,025 |
| 4. LOAEL Mensch [mg/kg d] | >1 | 1 - 0,05 | <0,05 |
| 5. LD50 Mensch [mg/kg d] | >10 | 10 - 0,5 | <0,5 |
| 6. MAK-Wert [mg/m$^3$] | >100 | 100 - 5 | < 5 |
| 7. NOAEL Säuger [mg/kg d] | >10 | 10 - 0,5 | <0,5 |
| 8. LOAEL Säuger [mg/kg d] | >20 | 20 - 1 | <1 |
| 9. LD50 oral Säuger [mg/kg] | >200 | 200 - 25 | <25 |
| 10. LD50 inh.[1] Säuger [mg/m$^3$] | >5 | 5 - 0,5 | <0,5 |
| 11. LD50 iv.[2] Säuger [mg/kg] | >200 | 200 - 25 | <25 |
| 12. LD50 subc.[3] Säuger [mg/kg] | >200 | 200 - 25 | 25 |
| 13. LC50 Fisch [mg/L] | >500 | 500 - 10 | <10 |
| 14. LC50 Daphnie [mg/L] | >600 | 600 - 15 | <15 |
| 15. EC50 Alge [mg/L] | >150 | 150 - 5 | <5 |
| 16. Bewertung durch Analogie-<br>schluß zu vergleichbarem Stoff | nicht möglich | möglich | möglich |
| 17. keine verwendbaren Daten | - | - | ja |

*1* inhalativ, *2* intravenös, *3* subkutan

Die Mobilität eines Schadstoffs beschreibt dessen Freisetzungs- und Ausbreitungsverhalten. In Abhängigkeit von Schadstoff- und Standorteigenschaften ist mit unterschiedlichem Verhalten der Substanzen zu rechnen. Eine Stoffbewertung ist dabei weitgehend auf das Schutzgut Grundwasser ausgerichtet, d.h., je höher die Mobilität, desto höher ist die Belastung des Grundwassers. Zur spezifischen Bewertung der Mobilität eines Schadstoffs ist in erster Linie der $K_d$-Wert von Bedeutung, welcher in Abhängigkeit von den Bodeneigenschaften ein Verhältnis der Schadstoffkonzentration im Boden zur Schadstoffkonzentration in der Bodenlösung bestimmt. Daneben sind auch $K_{ow}$- und $K_{oc}$-Werte sowie Angaben zur Löslichkeit in Wasser für Aussagen zur Schadstoffmobilität heranzuziehen (Tabelle 2).

**Tabelle 2.** Bewertung unterschiedlicher Mobilitätsparameter in der Reihenfolge ihrer Priorität

|  | Gefährlichkeitsstufe Mobilität | | |
| --- | --- | --- | --- |
|  | 1<br>(geringe Mobilität) | 2<br>(mittlere Mobilität) | 3<br>(hohe Mobilität) |
| 1. $K_d$-Wert | > 5 | 5 - 1 | < 1 |
| 2. $K_{OC}$.Wert | > 400 | 400 - 100 | < 100 |
| 3. $K_{OW}$-Wert | > 10.000 | 10.000 - 100 | < 100 |
| 4. Löslichkeit in Wasser [mg/L] | < 10 | 10 - 100 | > 100 |
| 5. Bewertung durch Analogie-<br>schluß zu vergleichbarem Stoff | nicht möglich | möglich | möglich |
| 6. keine verwendbaren Daten | - | - | ja |

Die Abbaubarkeit eines Stoffs bestimmt dessen Persistenz in der Umwelt. Kennparameter zur Bestimmung des Abbauverhaltens sind primär Angaben zur Halbwertszeit $t_{1/2}$ in den Umweltmedien. Liegen solche Angaben nicht vor, so kann über Aussagen zur photo- und hydrolytischen sowie zur mikrobiellen Abbaufähigkeit ebenfalls eine Beurteilung vorgenommen werden. Zu beachten ist hierbei, daß im Boden der hydrolytische Abbau (hierbei können organische Chemikalien aufgrund bestimmter struktureller Voraussetzungen mit Hilfe von Wasser zu hydrophilen Zwischenprodukten metabolisiert werden) am effektivsten ist, während der photolytische Abbau lediglich für die obersten Zentimeter des Bodens relevant ist und der mikrobielle Abbau i.d.R. nur sehr langsam vonstatten geht. Grundsätzlich können sich nur persistente Schadstoffe maßgeblich in der Umwelt anreichern, so daß für die Bewertung mit zunehmender Persistenz eine höhere Bewertungszahl vergeben werden muß.

Problematisch wird die Beurteilung des Abbauverhaltens, wenn die Bildung von Metaboliten berücksichtigt wird. So können bestimmte Abbauprodukte (z.B. des TNT) toxischer sein als ihre Ausgangssubstanzen. Der aktuelle Informationsstand ist in dieser Hinsicht jedoch so gering, daß eine umfassende Berücksichtigung dieses Faktors in dieser Phase der Bearbeitung nur schwer möglich ist und später bei Einzelfallbetrachtungen Eingang finden sollte.

Eine Gesamtbewertung für jeden Schadstoff basiert auf den jeweiligen Stoffeigenschaften hinsichtlich maligner und nichtmaligner Wirkungen, der Schadstoffmobilität und der Abbaubarkeit. Liegen noch keine detaillierten analytischen Untersuchungen vor, so ist im frühen Beurteilungsstadium eine Reduzierung der Schadstoffgefährlichkeitseinstufung auf dem spezifischen Standort über die Berücksichtigung der Schadstoffmenge möglich. Die auf dem jeweiligen Standort zu erwartende Schadstoffmenge ist dabei in erster Linie davon abhängig, in welchen Größenordnungen der Stoff bei der Produktion eingesetzt bzw. gelagert wurde. Gleiches gilt für Zwischen- und Abfallprodukte, die bei der Produktion anfielen.

**Tabelle 3.** Bewertung unterschiedlicher Abbauparameter in der Reihenfolge ihrer Priorität

| | 1 (hoher Abbau) | 2 (mittlerer Abbau) | 3 (geringer Abbau) |
|---|---|---|---|
| 1. Halbwertszeit $t_{1/2}$ [a] | < 1 | 1 - 5 | > 5 |
| 2a. hydrolytischer oder mikrobieller Abbau ohne maßgebliche Abbauprodukte | ja | - | - |
| 2b. photolytischer Abbau ohne maßgebliche Abbauprodukte | - | ja | - |
| 2c. photo-, hydro- oder mikrobieller Abbau mit maßgeblichen Abbauprodukten* | - | ja | - |
| 2d. kein photo- oder hydrolytischer Abbau möglich | - | - | ja |
| 3. Bewertung durch Analogieschluß zu vergleichbarem Stoff | nicht möglich | möglich | möglich |
| 4. keine verwendbaren Daten | - | - | ja |

*    Eine Bewertung der Abbauprodukte erfolgt gesondert.


## 2.2    Standortpotential

Die Beurteilung des Standortpotentials umfaßt verschiedene Parameter, welche die Expositionsmöglichkeiten relevanter Schutzgüter charakterisieren.

**Tabelle 4.** Bewertung sprengstofftypischer Schadstoffe

| Substanz | toxische und maligne Wirkung | Mobilität | Abbau | Bewertungsziffer $[= \Sigma : 3]$ |
|---|---|---|---|---|
| 2,4-Dinitrotoluol | 3 | 3 | 2 | 2,7 |
| 2,4,6-Trinitrotoluol | 3 | 3 | 2 | 2,7 |
| 2,6-Dinitrotoluol | 3 | 3 | 3 | 3 |
| Diethyldiphenylharnstoff (Stabilisator, Centralit I) | 1 | 1 | 3[2] | 1,7 |
| Diethylenglycoldinitrat | 3[2] | 3 | 2 | 2,7 |
| Diphenylamin (Stabilisator) | 3[2] | 2 | 3[2] | 2,7 |
| Ethylenglycoldinitrat | 1 | 3 | 3[2] | 2,3 |
| Mono-Nitronaphthalin | 3[2,1] | 1 | 3[2] | 2,3 |
| Nitrocellulose (Mono-; Di- und Trinitro-cellulose) | 1 | 1 | 3[2] | 1,7 |
| Nitroguanidin | 1 | 3[2] | 2 | 2 |
| Pentaerythrittetranitrat | 2[1] | 1 | 2 | 1,7 |
| Trinitroglycerin | 1 | 2 | 1 | 1,3 |
| Trinitronaphthaline | 3[2] | 3[2] | 3[2] | 3 |

*1* Wert beruht auf Analogieschluß, *2* keine Datengrundlage vorhanden, *3* maligne Wirkungen sicher oder wahrscheinlich, *4* maligne Wirkungen vermutet

Die Durchlässigkeit der Deckschichten beeinflußt den möglichen Schadstoffeintrag ins Grundwasser. Dieser Wert bestimmt eine Durchflußmenge pro Flächeneinheit des durchströmten Querschnitts bei einem definierten hydraulischen Gefälle. Der Durchlässigkeitsbeiwert (Kf-Wert) beschreibt dabei die Durchlässigkeit von Böden, Lockersedimenten und Festgesteinen und kann somit als Größe für das Retardationsverhalten der Deckschichten angesehen werden.

Der Grundwasserflurabstand bezeichnet den Abstand des Grundwasserleiters zur Bodenoberfläche; je größer der Flurabstand und damit die Mächtigkeit der ungesättigten Zone ist, desto geringer ist eine Gefährdung des Grundwasserleiters.

Die Mächtigkeit des Grundwasserleiters oder die Durchflußmenge des Grundwasserleiters bestimmt die Größe bzw. die gefährdete Menge des Schutzgutes Grund-/Trinkwasser. Da die Mächtigkeit, des Grundwasserleiters nicht für jeden Standort unmittelbar erfaßt werden kann, besteht alternativ die Möglichkeit die Durchflußmenge des Grundwasserleiters aus hydrogeologischen Karten zu übernehmen.

Die Erfassung der Entfernung zum nächsten Trinkwasserschutzgebiet dient der Bewertung der Wahrscheinlichkeit einer Trinkwasserbelastung. Bei Entfernungen > 10 000 m ist nicht mehr von relevanten Beeinträchtigungen auszugehen.

Die Erfassung der Entfernung zum nächsten Oberflächengewässer dient der Bewertung der Wahrscheinlichkeit einer Belastung von Oberflächengewässern. Bei Entfernungen > 2000 m wird nicht mehr mit einer relevanten Beeinträchtigung gerechnet.

Mit Hilfe von Nutzungskartierungen sowie der Auswertung von Luftbildern und topographischen Karten kann der Abstand zur nächsten Fläche mit Nahrungsmittelanbau ermittelt werden. Eine Belastung des Menschen durch kontaminierte Nahrungsmittel verringert sich dabei mit zunehmender Entfernung.

Schadstoffbelastungen von Boden, Luft und Wasser können über verschiedene Expositionspfade auf den Menschen wirken. Um diese Gefahren zu berücksichtigen, wird der Abstand zum nächsten besiedelten Bereich ermittelt. Eine mögliche Belastung des Menschen wird zwar mit zunehmender Entfernung geringer, ist aber auch bei größeren Entfernungen nicht vollständig auszuschließen. Ist die betrachtete Fläche jedoch ausreichend gegen das Betreten gesichert, so ist die Relevanz dieses Parameters nicht mehr gegeben (Tabelle 5).

**Tabelle 5.** Bewertung des Standortpotentials

| | Gefährdungspotential | | | |
|---|---|---|---|---|
| | 0<br>(nicht relevant) | 1<br>(gering) | 2<br>(mittel) | 3<br>(hoch) |
| Durchlässigkeit der Deckschicht | - | schlecht | mittel | gut |
| Grundwasserflurabstand [m] | - | > 30 | 10-30 | < 10 |
| Grundwassermächtigkeit [m] | - | < 10 | 10-30 | > 30 |
| Entfernung zum nächsten Trinkwassergewinnungsgebiet [m] | > 10.000 | 1.000-10.000 | 100- 999 | < 100 |
| Entfernung zum nächsten Oberflächengewässer [m] | > 2.000 | 500-2.000 | 50-499 | < 50 |
| Entfernung zur nächsten Fläche mit Nahrungsmittelanbau [m] | > 2.000 | 500-2.000 | 10-499 | < 10 |
| Entfernung zum nächsten besiedelten Bereich [m] | Fläche ausreichend gesichert | > 5.000 | 1.000-5.000 | < 1.000 |
| Mittelwert | | | $\Sigma : 7$ | |

## 2.3     Prioritätensetzung

Die Kombination der Bewertungsergebnisse aus Schadstoffpotential und Standortpotential ermöglicht eine erste Bewertung des Gefährdungspotenials einzelner Standorte oder auch einzelner Teilflächen und somit auch eine Prioritätensetzung. Inwieweit die Kombination der Bewertungsergebnisse eine Einführung von Gewichtungsfaktoren erfordert, ist aufgrund der individuellen Fragestellungen zu entscheiden.

Weiterhin ermöglicht die Betrachtung von Schadstoff- und Standorteigenschaften unter Bezug auf die aktuelle oder geplante Nutzung die Festlegung relevanter Expositionspfade. Diese Festlegung kann wiederum unmittelbar Einfluß auf die Beprobungsstrategie nehmen.

## 2.4     Untersuchungsparameter und Beprobungsstrategie

Bei der Produktion und Delaborierung sprengstofftypischer Verbindungen gelangten zahlreiche Verbindungen in die Umwelt, die dort umfassenden Akkumulations- und Transformationsprozessen unterliegen. Die vorliegenden Daten zur Delaborierung, Photolyse, Hydrolyse, Biotransformation, Bioakkumulation und zur Wirkung der untersuchten Stoffe werden herangezogen, um eine Untersuchungsparameterliste mit allen relevanten Transformationsprodukten abzuleiten, die als Grundlage für die Erkundung von Rüstungsaltlastverdachtsflächen herangezogen werden kann. Als erster Schritt zur Aufstellung dieser Parameterliste werden die möglicherweise freigesetzten Schadstoffe zusammengefaßt.

Auf der Basis des aktuellen Kenntnisstandes wird dann der Vorschlag einer Untersuchungsparameterliste erarbeitet. Die vorgeschlagene Parameterliste für Diphenylamin wurde aufgrund einer Literaturauswertung zusammengestellt (Hempfling et al. 1995). Dabei wurden Stoffe ausgewählt, die in den Umweltmedien in großen Mengen vorkommen können und toxikologisch relevant sind.

Die Liste sollte für eine weitere Verwendung in der Praxis noch weiter komprimiert werden. Es wird jedoch erst nach einer human- und ökotoxikologischen Bewertung der angegebenen Ausgangs- und Transformationsprodukte möglich sein, relevante Prioritätskontaminanten zu selektieren.

Das in Tabelle 6 als Beispiel ausgewählte Diphenylamin wurde in der Sprengstoffindustrie als Stabilisator für Nitrozellulosepulver und Pulver auf Nitroglyzerinbasis eingesetzt. Als Bestandteil von Treibladungen findet man es deshalb hauptsächlich in Infanteriemunition (Munitionsanstalten, Delaborierungsplätze).

**Tabelle 6.** Schadstoffpotential von Diphenylamin

| Herkunft | Substanz |
|---|---|
| **PRODUKTION** | |
| Ausgangsstoffe | Anilin |
| Produkt | Anilin (< 300 ppm), p-Aminodiphenyl (<30 ppm), Diphenylamin (>99,2%) als Feststoff |
| DELABORIERUNG | keine Substanzen bekannt |
| PHOTOLYSE | Carbazol (aerob), Carbazol und Tetrahydrocarbazol (anaerob) |
| HYDROLYSE | keine Substanzen bekannt |
| MIKROBIELLE TRANSFORMATION (ANAEROB) | keine Substanzen bekannt |
| MIKROBIELLE TRANSFORMATION (AEROB) | 4-Hydroxydiphenylamin, Anilin, Indol, N,N´-Diacetyl-o-phenylendiamin, Phenazin und weiter unbekannte Substanzen |

*    Die Substanzen 2-Nitro-DPA und 4-Nitro-DPA wurden bei der Untersuchung von Pulverfabriken nachgewiesen und gehören somit ebenfalls zum Kontaminationspotential von DPA; aufgrund fehlender Laborstudien können die beiden Stoffe jedoch nicht in die Tabelle eingeordnet werden.

**Tabelle 7.** Vorschlag für eine Untersuchungsparameterliste zur Gefährdungsabschätzung von Diphenylamin

| Substanz | Quelle | Wasser | Boden | Biomasse |
|---|---|---|---|---|
| Diphenylamin | Produktion | - | X | X |
| Anilin | Ausgangsstoff, Biotransformationsprodukt | - | X | X |
| Carbazol | Phototransformationsprodukt | X | | |
| Tetrahydrocarbazol | Phototransformationsprodukt | X | | |
| 4-Hydroxydiphenylamin | Biotransformationsprodukt | | | |
| Indol | Biotransformationsprodukt | | X | |
| Phenanzin | Biotransformationsprodukt | | X | |
| N,N´-Diacetyl-o-phenyldiamin | Biotransformationsprodukt | | | |
| 4-Nitrodiphenylamin | k.A. | X | X | |
| 2-Nitrodiphenylamin | k.A. | X | X | |

# 3     Gefährdungsabschätzung

## 3.1     Vorliegende Eingreifwerte für sprengstofftypische Nitroaromaten

Nachfolgend werden bisher vorliegende Eingreifwerte von sprengstofftypischen Nitroaromaten für die Medien Grundwasser und Boden zusammengefaßt. Bisher liegen für Grundwasser nur wenige Eingreifwerte für die Substanzklasse der Nitroaromaten vor (Tabelle 8). Zumeist wird zur Abschätzung des Gefährdungspotentials von Rüstungsaltlasten das 2,4,6-Trinitrotoluol (TNT) als Leitparameter herangezogen. Da für viele Nitroaromaten nur eine unzureichende Datenbasis zur umweltmedizinischen Bewertung der Wirkung vorliegt, beschränkt man sich häufig auf die Beurteilung von unspezifischen Summenwerten für die vorliegenden Nitroaromaten oder die Festlegung von Eingreifwerten, die sich an analytischen Nachweisgrenzen orientieren. Bei den aufgezeigten Werten steht der Schutz des Grundwassers zur Nutzung als Trinkwasser im Vordergrund der Betrachtung (anthropozentrische Betrachtung).

**Tabelle 8.** Eingreifwerte für sprengstofftypische Verbindungen in der Matrix Grundwasser

| | Nitroaromaten [$\mu$g/ L] | | | | | |
|---|---|---|---|---|---|---|
| | 2,4,6-TNT | 2,4-DNT | 2,6-DNT | 1,2-DNB | 1,3-DNB | DNN* |
| Berliner Liste | - | - | - | - | 10 | - |
| HÖRING, 1994 | 0,1 | 0,1 | 0,1 | 0,1 | 0,1 | - |
| EPA, 1995 | 2,2 | 73 | 37 | 15 | 3,7 | - |
| SCHNEIDER, 1995 | 10 | 2 | - | - | - | - |

*     0,1 als Summe der Nitroaromaten (Barkowski et al. 1994)

Im Vergleich zum Umweltmedium Grundwasser liegt für die Bewertung von sprengstofftypischen Nitroaromaten in der Bodenmatrix eine größere Anzahl an Eingreifwerten vor, die teilweise nutzungsspezifisch differenziert sind (Tabelle 9). Die umweltmedizinische Beurteilung der meisten Nitroaromaten erfolgt dabei über Äquivalenzfaktoren im Vergleich zum TNT. Da die meisten Nitroaromaten über vergleichbare Wirkungsendpunkte toxikologisch zu charakterisieren sind, ist eine Quantifizierung der Wirkung über Analogieschlüsse (bzw. Faktoren) in Bezug zum Strukturvergleich der Stoffe in Annäherung möglich und derzeit gängige Praxis.

**Tabelle 9.** Eingreifwerte für sprengstofftypische Verbindungen in der Matrix Boden

| Eingreifwerte Bodenwert [mg/kg] mit Nutzung | RP-Gi | FOBIG | EPA | DIETER | EWERS et. al. | Spannbreite |
|---|---|---|---|---|---|---|
| **2,4,6-TNT** | - | - | - | - | | |
| Wohnen | 20 | 20 | 21 | 2-50 | | 2 - 50 |
| Gewerbefläche | 40 | - | 190 | - | | 40 - 190 |
| Brache/ Wald | 80 | - | - | - | | 80 |
| **2,4-DNT** (ÄF zu TNT) | 5 | 5 | | | | |
| Wohnen | 4 | 4 | 160 | 8 - 20 | 2,5 | 4 - 160 |
| Gewerbefläche | 8 | - | 4100 | - | 12 | 8 - 4100 |
| Brache/ Wald | 16 | - | - | - | | 16 |
| **2,6-DNT** (ÄF zu TNT) | 150 | 150 | | | | |
| Wohnen | 0,13 | 0,13 | 78 | - | 0,8 | 0,133 - 78 |
| Gewerbefläche | 0,27 | - | 2000 | - | 4 | 0,266 - 2000 |
| Brache/ Wald | 0,53 | - | - | - | | 0,533 |
| **DNN** 1) (ÄF zu TNT) | - | 10 | - | - | | 10 |
| Wohnen | - | 2 | - | - | | 2 |
| Gewerbefläche | - | - | - | - | | |
| Brache/ Wald | - | - | - | - | | |

Betrachtet man die Spannbreiten der angegebenen Eingreifwerte, so fällt auf, daß für die meisten Substanzen relativ große Werteabweichungen bzw. Spannbreiten vorkommen. Diese Spannbreiten erschweren die Anwendung auf den konkreten Fall, bzw. für zahlreiche Werte wird eine standortspezifische Anpassung gefordert.

Da für sprengstofftypische Substanzen derzeit nur in Ausnahmefällen Schwellenwerte für Bodenbelastungen existieren, kann eine Beurteilung nicht aufgrund von vorhandenen Stofflisten erfolgen. Vielmehr werden für ehemalige Rüstungsstandorte in vielen Fällen toxikologische Einzelfallgutachten notwendig, die häufig mit der Ableitung von Eingreifwerten enden.

### 3.2  Beispielhafte Ableitungstandort- und nutzungsspezifischer Eingreif- oder Bodenhandlungswerte

Nachfolgend soll für den hypothetischen Fall der Umnutzung einer Brachfläche (ehemaliger Rüstungsstandort) eine Vorgehensweise für die Ableitung von Eingreifwerten beschrieben werden. Um diesen Fall in einer differenzierten Art und Weise zu bewerten, soll auf die Methoden der quantitativen Expositionsabschätzung zurückgegriffen werden, welche standortspezifisch eine Bewertung sowohl aktueller als auch geplanter Nutzungen ermöglichen. Dabei sollte bei der Ableitung von Eingreifwerten soweit als möglich auch die Auswirkung möglicher synergistischer Effekte Berücksichtigung finden.

Die Vorgehensweise dient der Einschätzung der zukünftig bei einer geplanten Nutzung zu erwartenden Gesundheitsgefahren, durch die im Boden befindlichen nitroaromatischen Schadstoffe. Sie unterstützt eine realistische Einschätzung der vorliegenden Situation, auf deren Basis weitere Handlungsempfehlungen für Sanierung und Nutzung belasteter Bereiche erfolgen kann. Die jeweiligen Expositionsbetrachtungen sind dabei speziell auf den jeweiligen Standort ausgerichtet und besitzen keine Allgemeingültigkeit. Die geplante Nutzung muß vorgegeben sein, läßt sich jedoch auch durch verschiedene Nutzungsvarianten auf den Standort optimiert anpassen (Stubenrauch 1996).

Die Ableitung standort- und nutzungsspezifischer Bodenhandlungswerte soll im folgenden anhand eines vereinfachten Beispiels dargestellt werden. Ausgegangen wird dabei von einer Schadstoffsituation, bei der sich die Belastungen mit Nitroaromaten weitgehend auf den obersten Bodenbereich zwischen 0 und 2 m unter GOK beschränken und die auch die Analyse von Grundwasserproben Belastungen mit Nitroaromaten ergab.

Beispielhaft soll die Nutzung von Teilflächen als Kinderspielplatz mit relevanter oraler Bodenaufnahme betrachtet werden. Hierbei werden folgende Randbedingungen festgelegt, wobei die ebenfalls relevante dermale Aufnahme für dieses Beispiel außer acht gelassen werden soll:

– Nutzergruppe sind Kleinkinder mit einem Körpergewicht (KG) von 10 kg
  (Stubenrauch et al. 1994),
– die tolerierbare Dosisrate (TRD) beträgt 0,33 µg/kg d (Schneider et al. 1994),
– die tägliche Aufnahmerate (Ar) wird mit 250 mg/d an 150 d/a abgeschätzt.

Hieraus ergibt sich als Bodenhandlungswert (CBKr):

$$
\begin{aligned}
\text{CBkr-oralBo} &= \text{TRD} \cdot \text{KG/Ar} \\
\text{CBkr-oralBo} &= 0{,}33 \ [\text{µg/kg d}] \cdot 10 \ [\text{kg}]/103 \ [\text{mg/d}] \\
\text{CBkr-oralBo} &= 0{,}032 \ [\text{µg/mg}] \\
&= 32 \quad [\text{mg/kg}]
\end{aligned}
$$

Bei der Ableitung von Bodenhandlungswerten auf der Grundlage von tolerierbaren Dosisraten sollte auch die Grundbelastung eines Menschen über Nahrungsmittel, Trinkwaser und Luft Berücksichtigung finden. Diese Grundbelastung ist im Falle von 2,4,6-TNT bisher nicht quantifiziert. Deshalb werden die kritischen Bodenkonzentrationen im vorliegenden Beispiel auf eine 80%ige Auslastung des TRD-Wertes hin reduziert. Diese Reduzierung soll auch dazu dienen, unter Sicherheitsaspekten eventuell vernachlässigte Expositionspfade von geringerer Bedeutung mit einzubeziehen.

Unter Berücksichtigung einer 80%igen Auslastung des TRD-Wertes reduziert sich der Bodenhandlungswert auf:

$$CBkr\text{-}oralBo = 32 \quad [mg/kg] \times 0,8$$
$$CBkr\text{-}oralBo = 25,6 \quad [mg/kg]$$

Die Untersuchungsergebnisse im diskutierten Fallbeispiel hatten gezeigt, daß es durch Einträge aus den vorhandenen Bodenbelastungen bereits zu Verunreinigungen des Grundwassers mit nitroaromatischen Verbindungen gekommen ist. Deshalb ist zu klären, nach welchen Kriterien der hohe Anspruch des WHG, wonach jede vermeidbare Beeinträchtigung des Grundwassers soweit wie möglich unterbleiben soll, umgesetzt werden kann. Eine Möglichkeit ist die Forderung, daß Grundwasser, wenn eine vollkommene Entfernung der Schadstoffe nicht möglich ist, zumindest Trinkwasserkriterien entsprechen soll (Schneider 1995).

Für die Berechnung von Grundwasserhandlungswerten (CGwkr-oralWa) könnten deshalb nachfolgende Randbedingungen gelten:

- Nutzergruppe Erwachsene mit Körpergewicht KG = 70 kg
- TRD = 0,33 µg/kg d
- Aufnahmerate Ar = 1,3 L/d

Hieraus ergibt sich:

$$CGwkr\text{-}oralWa = TRD \cdot KG/Ar$$
$$CGwkr\text{-}oralWa = 0,33 \ [\mu g/kg\ d] \cdot 70 \ [kg]/1,3 \ [L/d]$$
$$CGwKr\text{-}oralWa = 17,8 \ [\mu g/L]$$

Die Berücksichtigung einer TRD-Ausschöpfung von 80% ergibt schließlich

$$CGwkr\text{-}oralWa = 17,8 \ [\mu g/L] \cdot 0,8 = 14,2 \ [mg/L].$$

Die US-EPA kommt auf Basis einer ähnlichen Vorgehensweise und unter Zugrundelegung eines zusätzliche Krebsrisikos von $10^{-5}$ zu einem kritischen Grundwasserwert von 10 µg/L. Unter Bezugnahme auf ein zusätzliches Krebsrisiko von $10^{-6}$ liegt diese Konzentration für TNT bei 2,2 µg/L (EPA 1995, Schneider 1995).

## 4    Kriterien zur Ableitung von Sanierungszielwerten

Mit Hilfe der beschriebenen Methodik zur Ableitung standortspezifischer Eingreifwerte kann auch eine Unterstützung für die Festlegung standort- und nutzungsspezifischer Sanierungsziele erfolgen. Dies ist zum einen über die Berechnung kritischer Bodenkonzentrationen möglich, zum anderen jedoch auch durch die über die Expositionsabschätzung begründete Unterbindung oder Abminderung maßgeblicher Expositionspfade (Stubenrauch 1996).

In beiden Fällen ist dabei zu beachten, daß für ausreichende Sicherheiten bei der Festlegung der akzeptierten Risiken gesorgt wird. Dies ist insbesondere bei planerischen Gesichtspunkten von Relevanz, da hier, im Gegensatz zur Beurteilung aktueller Gefahren, verstärkt auch Vorsorgegesichtspunkte Berücksichtigung finden sollten. Eine solche Berücksichtigung ist dabei, sowohl auf der toxikologischen Ebene (Anpassung der Risikobeurteilung) als auch auf der Expositionsebene (ausreichende Sicherheiten bei den verwendeten Aufnahmeraten und Expositionshäufigkeiten) möglich.

## Dank

Die Literaturstudien wurden von dem Niedersächsischen Landesamt für Ökologie unterstützt. Wir bedanken uns insbesondere bei Herrn Dr. Wollin für seine hilfreichen Diskussionsbeiträge.

## Literatur

EPA (1995) Risk-Based Concentration Table, First Quarter 1995, EPA-Mitteilung an die RBC mailing list.

Hempfling R. (1994) Umweltrisikoanalyse als Instrument zur Beurteilung von Gefahren durch Umweltchemikalien, in Sietz (Hrsg.), Umweltbewußtes Management, Blottner Verlag, Taunusstein, S. 139-162.

Hempfling R., Bauer D., Heming L., Stubenrauch S. (1995) Ökochemische Eigenschaften und umweltchemisches Verhalten von Explosivstoffen in Rüstungsaltlasten Teil II, Studie im Auftrag des Niedersächsischen Landesamtes für Ökologie.

MURL (1992) Ministerialblatt für das Land Nordrhein-Westfalen, Nr. 40 vom 07. Juli 1992.

Schneider K., Hassauer M., Kalberlah F. (1994) Toxikologische Bewertung von Rüstungsaltlasten. UWSF 6, 271-276.

Schneider K. (1995) Toxikologische Bewertung von Grundwaserkontaminationen. In: Grundwassersanierung 1995, Utech, Berlin, IWS-Schriftenreihe 23.

Stubenrauch S., Hempfling R., Simmleit N., Mathews T, Doetsch P. (1994) Abschätzung der Schadstoffexposition in Abhängigkeit von Expositionsszenarien und Nutzergruppen, Teil 1: Grundlagen und Vorschläge zur Ableitung von Aufnahmeraten am Beispiel von Trinkwasser, Umweltwissenschaften und Schadstofforschung (UWSF).

Stubenrauch S. (1996) Ermittlung und Beurteilung der menschlichen Schadstoffexposition als planerisches Hilfsmittel im Rahmen der Wiedernutzung kontaminierter Standorte; Expositionsabschätzung und Planung (EXPOPLAN), Dissertation Universität Mainz.

Wollin K.-M. (1994) Stoffeigenschaften, Analytik und Transferpfade – eine Einführung in die Thematik. CPM-Seminar Bewertung von sprenstoffspezifischen Schadstoffen auf Rüstungs- und militärischen Standorten, April 1994.

# Leitsätze der Probenahmeplanung und Datenauswertung bei kontaminierten Böden – Qualitätskriterien der statistischen Planung von Probenahme und Auswertung bei Rüstungsaltlasten

Theoder W. May, Norbert Nothbaum, Roland W. Scholz

## Einleitung

Die Erkundung und Risikoabschätzung von Rüstungsaltlasten (und militärischen Altlasten) setzt ein adäquates Untersuchungsdesign, insbesondere eine geeignete Probenahmeplanung voraus, damit die Ergebnisse und abgeleiteten Maßnahmen auf einer zuverlässigen Datenbasis beruhen. Wegen der potentiellen Gefährlichkeit von Rüstungsaltlasten (z.B. chemischen Kampfstoffen, Sprengstoffen) sollten die Anforderungen an die Qualität der Untersuchung und Probenahme besonders hoch sein. Eine weitere Besonderheit von Rüstungsaltlasten liegt in den Unsicherheiten der vorhandenen Informationen (Vorwissen) zu Standorten, Art und Umfang von Rüstungsaltlasten, deren Entstehung zum Teil inzwischen über 50 Jahre zurückliegt. Unterlagen über Produktion und Lagerung von Kampfstoffen und deren „Beseitigung" sind zum Teil vernichtet oder evtl. auch gefälscht worden. Das Auffinden von Zeitzeugen wird immer schwieriger und deren Angaben sind häufig aus verschiedenen Gründen ungenau oder verzerrt.

Das Vorgehen bei der Untersuchung von Rüstungsaltlasten (Übersicht 1) kann unter Berücksichtigung der erwähnten Besonderheiten in ähnlicher Weise wie bei industriellen und anderen Altlasten (Scholz et al. 1994)[1] als ein sequentielles Vorgehen beschrieben werden. Ausgehend vom vorhandenen Vorwissen werden in aufeinanderfolgenden Stufen die Fragestellungen und Untersuchungsziele spezifiziert, die Untersuchungen auf Grundlage eines Probenahmeplans durchgeführt, statistisch ausgewertet und interpretiert und die Erreichung der Untersuchungsziele kontrolliert. Falls die Fragestellungen nicht hinreichend genau beantwortet werden können oder die Auswertung neue Aspekte ergeben hat, sind diese gegebenenfalls durch weitere Untersuchungen zu überprüfen.

---

[1]  In ähnlicher Weise wird auch von Rapsch (1991) oder Burkhardt (1991) die Vorgehensweise bei der Untersuchung von Rüstungsaltlasten beschrieben.

**Übersicht 1.** Sequentielles Vorgehen bei der Untersuchung von Rüstungsaltlasten

---

1. **Vorwissen zusammentragen und bewerten:** Recherchen (Karten, Akten/Betriebs-unterlagen, Luftbilder), Erkundung des Standortes, Bewertung des Vorwissens unter Berücksichtigung der allgemeinen Kenntnis von Rüstungsaltlasten, globale Untersuchungsziele formulieren, Planung der Voruntersuchung.

2. **Voruntersuchungen:** orientierende Probenahme und Vor-Ort-Messungen, Bewertung der Ergebnisse und gegebenenfalls Revidierung des Vorwissens, Spezifizierung der Fragestellungen und Untersuchungsziele, Planung der Detailuntersuchungen, des Untersuchungsdesigns und der Probenahme.

3. **Detailuntersuchungen:** Durchführung der Probenahme, Messungen und Auswertungen, Prüfung, ob Untersuchungsziele erreicht wurden (falls nicht, sind Folgeuntersuchungen notwendig).

4. **Risikoabschätzung:** Bewertung der Ergebnisse im Hinblick auf akute oder potentielle Gefährdung für die Umwelt (bei gegenwärtiger oder künftiger Nutzung) unter Hinzuziehung von Expositions- bzw. Risikomodellen (Szenarien) und allgemeinen Kenntnissen über Toxizität und Transferpfade der untersuchten Schadstoffe, Folgerungen und Ableitung von Maßnahmen, Spezifizierung der Ziele der Maßnahmen unter Berücksichtigung von Risiko- bzw. Kosten-Nutzen-Abwägungen.

5. **Durchführung von Maßnahmen:** Überwachung, Sicherung, Sanierung der Altlasten.

6. **Kontrolle der Maßnahmen:** Prüfung, ob Maßnahmen zum gewünschten Ziel geführt haben.

---

Ziel ist es, auf Grundlage dieser Untersuchungen zu einer (Risiko-)Bewertung einer Verdachtsfläche zu gelangen, wobei in die Risikoanalyse notwendigerweise auch allgemeine Kenntnisse über Toxizität der untersuchten Schadstoffe, Transferpfade in die Umgebung und zum Menschen sowie zu Expositionsannahmen (bei gegenwärtiger oder künftiger Nutzung der Verdachtsfläche und der Umgebung) einfließen müssen. Die Risikoabschätzung ist – unter Berücksichtigung der zugrundeliegenden Annahmen und Unsicherheiten[2] – die Grundlage für die Ableitung und Durchführung von Maßnahmen. Solche Maßnahmen (z.B. Überwachung, Sicherung, Sanierung) sind auf ihre Effektivität zu überprüfen.

Der folgende Beitrag wird auf Prinzipien und Strategien der Probenahmeplanung bei kontaminierten Böden und auf die statistische Auswertung der Daten eingehen, d.h. insbesondere auf die Phasen 1-3 der Untersuchung von Rüstungsaltlasten.

---

[2]　Zu Modellen zu Risikoabschätzungen (Donator-Akzeptor-Modelle, Source-target-Modelle) vgl. z.B. Paustenbach et al. (1992), Scholz et al. (1992), Lühr et al. (1991), May et al. (1991), Paustenbach (1989).

# Ausgangspunkte von Untersuchungen: Vorwissen und Ziele der Untersuchung

Das Untersuchungsdesign, die Planung der Probenahme und die statistische Auswertung wird durch zwei Aspekte wesentlich bestimmt: durch das *vorliegende Wissen (Vorwissen)* und das *angestrebte Wissen* (Untersuchungsziele und Fragestellungen). Je detaillierter das Vorwissen ist und je exakter die Untersuchungsziele formuliert sind, desto spezifischer kann die Probenahme geplant werden. Die Formulierung der Untersuchungsziele beinhaltet nicht nur den Gegenstand der Messung, sondern spezifiziert auch die *Gütekriterien*, z.B. die geforderte *Genauigkeit* und *Sicherheit (Konfidenzniveau)*. Die Formulierung der konkreten Untersuchungsziele (Übersicht 2) ist weitgehend davon abhängig, in welcher Phase sich die Untersuchung (vgl. Übersicht 1) befindet.

**Übersicht 2.** Die Formulierung der Untersuchungsziele – angestrebtes Wissen

---

**1. Die Schätzung von mittleren Schadstoffbelastungen (des Mittelwertes oder Medians):** Wie hoch ist mittlere Belastung in einem bestimmten Gebiet (z.B. in der Umgebung der Rüstungsaltlast) und/oder in einem bestimmten Zeitraum?

**2. Die Aufdeckung von Kontaminationsschwerpunkten und die Dokumentation von Höchstwerten:** Lokalisation von Kontaminationsschwerpunkten (Quellen bzw. Donatoren) und Abschätzung der räumlichen Ausdehnung. Wie häufig, wo (bzw. wann) überschreiten die gemessenen Werte gewisse „Grenz- oder Richtwerte" bzw. kritische Konzentrationen?

**3. Die Schätzung von Werteverteilungen (Dichteschätzungen):** Schätzung der räumlichen bzw. zeitlichen Variation der Schadstoffe.

**4. Die Überprüfung von Hypothesen (Verursachungs-, Kontaminations-, Ausbreitungs- und Expositionshypothesen):** z.B. Prüfung der Hypothese, ob eine erhöhte Schadstoffbelastung in der Umgebung oder eine Erkrankungsrate auf die Rüstungsaltlast zurückzuführen ist; oder Hypothesen zur vermuteten Schadstoffausbreitung über das Grundwasser.

**5. Die Überprüfung von spezifischen (Expositions- oder Dispersions-)Modellen:** Überprüfung von Expositionsmodellen bzw. Emissions- oder Dispersionsmodellen (z.B. über Grundwasser, Luft).

**6. Risikoabschätzungen:** Modellberechnungen.

---

Da (aus bereits erwähnten Gründen) sowohl das Vorwissen mit Unsicherheiten behaftet ist als auch die Ergebnisse der Untersuchung auf Stichprobendaten beruhen und mit Meßfehlern behaftet sind, ist es notwendig, die Ergebnisse der Untersuchung an den Gütekriterien zu überprüfen.

## Planung der Probenahme und des Untersuchungsdesigns

Die Probenahmeplanung ist Teil des Untersuchungsdesigns, in dem das methodische Vorgehen (z.B. *Auswahl der Parameter* zur Erlangung des angestrebten Wissens, die *analytischen Meßverfahren*) festgelegt wird. Unter *Probenahmeplanung* wird entsprechend der IUPAC-Nomenklatur (IUPAC 1990) ein vorher bestimmtes Verfahren zur Probenauswahl, -entnahme, -aufbewahrung, zum Transport, und zur Aufbereitung (und Akzeptanz) verstanden. Die Instruktion zur statistischen Auswahl von Proben wird als *statistischer Probenahmeplan* bezeichnet und setzt insbesondere

- die *Anzahl* (und Menge/Umfang) der Proben bzw. Messungen,
- die *Lokalisation* der Meßpunkte bzw. Proben zur Erfassung der räumlichen Variation,
- die *Zeitpunkte* der Probenahme zur Erfassung der zeitlichen Variation (zeitliche Raster) fest.

Inwieweit eine lokalisations- und zeitabhängige Probenahme notwendig ist, wird durch die Heterogenität und Dynamik der Schadstoffbelastung im untersuchten Medium/Kompartiment oder Expositionspfad (Luft, Wasser, Boden) bestimmt.

Beispielsweise ist im Boden von heterogenen, aber zeitlich relativ stabilen Belastungsstrukturen auszugehen, so daß eine lokalisationsabhängige, aber keine zeitabhängige Probenahme sinnvoll ist. Empfehlungen für die zeitabhängige Probenahme finden sich z.B. bei Danzer (1995). Zu berücksichtigten ist hierbei, ob ein langfristiger zeitlicher Trend oder auch periodische (saisonale) Schwankungen (Tageszeit, Wochentag, Jahreszeit u.a.) erfaßt werden sollen. Von der Heterogeniät und Dynamik des Schadstoffs im untersuchten Medium hängt es auch ab, inwieweit Mischproben bzw. kumulative Proben verwendet werden können.

Die Anforderungen an den Probenahmeplan sind in Übersicht 3 zusammengefaßt. Diese Anforderungen lassen sich in ähnlicher Weise auf einige geophysikalische Verfahren bei der Untersuchung von Rüstungsaltlasten (Magnetik, elektromagnetische Induktion, elektromagnetische Reflexion) übertragen.

Das Untersuchungsdesign legt auch die Anforderungen an die analytischen Bestimmungsmethoden fest (vgl. Übersicht 4). Ein wichtiges Kriterium ist auch, inwieweit *ökonomische Gütekriterien* bei Untersuchung von Rüstungsaltlasten eingehalten werden (Übersicht 5). Das Vorgehen bei der Festlegung des Probenahmeplans ist schematisch in Abb. 1 zusammengefaßt.

**Übersicht 3.** Anforderungen an den Probenahmeplan

<table>
<tr><td>

- **Repräsentativität (und Validität)**
  - Liefert der Probenahmeplan ein möglichst gutes, unverzerrtes Abbild der realen Belastungen?

- **Suffizienz**
  - Ist die Anzahl der Messungen hinreichend groß? (Fallzahlberechnungen)
  - Ist der Probenahmeplan geeignet, um räumliche oder zeitliche Variation hinreichend genau zu erfassen?

- **Reliabilität**
  - Ist der Probenahmefehler (Stichprobenfehler) quantifiziert? Sind Probenahmewiederholungen nötig?
  - Sind Besonderheiten und mögliche Fehlerquellen bei Probenahme, Transport, Lagerung, Probenaufarbeitung berücksichtigt? (Ausreißerprüfung, Minimierung bzw. Elimination möglicher Störparameter)

- **Objektivität**
  - Ist die Probenahme unabhängig vom Probenehmer? Ist die Probenahme rekonstruierbar?

</td></tr>
</table>

**Übersicht 4.** Wichtige Anforderungen an die analytischen Bestimmungsmethoden

<table>
<tr><td>

- **Reliabilität (Präzision):**
  - Wie hoch ist die Zuverlässigkeit der analytischen Bestimmungsmethoden (Reproduzierbarkeit, Präzision, Wiederholungsreliabilität)? Sind Labor-/Analysefehler quantifiziert? Wie groß sind die Fehler durch Probenaufarbeitung bzw. -vorbereitung?
  - Sind die Bestimmungsmethoden „sensibel" genug? (Nachweis- bzw. Bestimmungsgrenzen)

- **Validität (Richtigkeit):**
  - Wie hoch ist die Richtigkeit der analytischen Verfahren (Sensitivität, Spezifität)?

</td></tr>
</table>

**Übersicht 5.** Ökonomische „Gütekriterien"

<table>
<tr><td>

- **Ökonomie/Effizienz:**
  - Wird nur die nötige Zahl von Proben erhoben? (Fallzahlberechnungen)
  - Kann eine vollständige Beprobung mehrerer Flächen durch einen geeigneten Stichprobenplan ersetzt werden?
  - Können Mischproben verwendet werden? (Sind Homogenitäts- bzw. Stationäritätsvoraussetzungen erfüllt?)
  - Kann durch ein sequentielles Vorgehen eine Einsparung durch frühzeitigen Ausschluß von Hypothesen erreicht werden?

</td></tr>
</table>

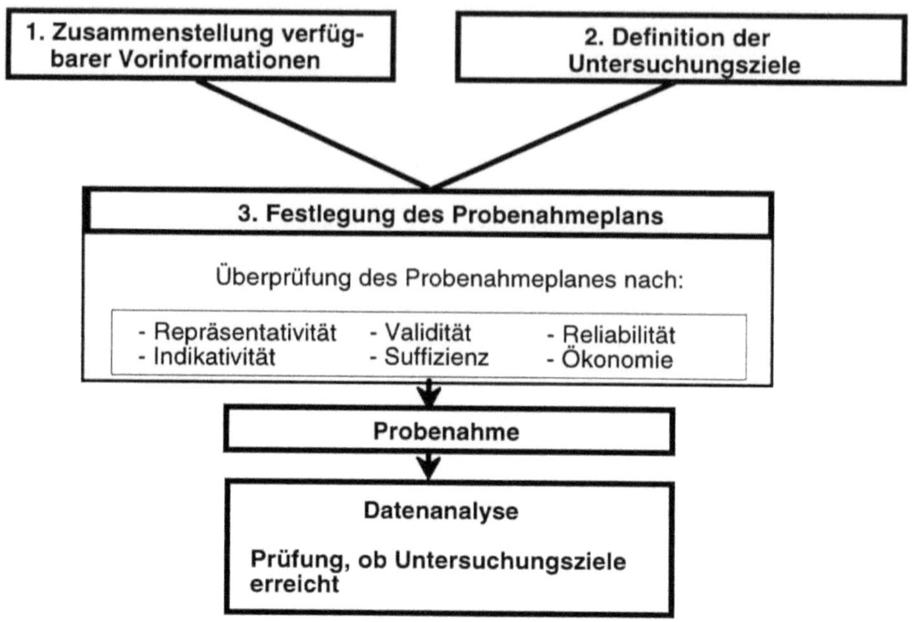


**Abb. 1.** Festlegung des Probenahmeplans

## Anzahl der Proben und Fallzahlberechnungen

Fallzahlberechnungen werden eingesetzt, um sicherzustellen, daß zur Prüfung einer Hypothese die Größe der erhobenen Stichprobe unter Berücksichtigung eines vorgegebenen $\alpha$- und $\beta$-Fehlers und der zu entdeckenden Differenz hinreichend groß ist. Solche Fallzahlberechnungen, die in anderen sensiblen Bereichen (z.B. bei klinischen Prüfungen) üblich sind, sollten auch bei der Untersuchung von Rüstungsaltlasten eingesetzt werden, wenn Hypothesen (Verursachungs-, Kontaminations-, Ausbreitungs- und Expositionshypothesen) getestet werden (Fragestellungen vom Typ 4, vgl. Übersicht 2).

Im folgenden wird an Beispielen verdeutlicht, wie in Abhängigkeit vom Vorwissen und dem Untersuchungsziel die Probenanzahl für Fragestellungen vom Typ 1 (vgl. Übersicht 2) bestimmt werden kann.

## Beispiel I: Bestimmung des Stichprobenumfangs zur Schätzung der mittleren Belastung

- **Fragestellung:** Wieviele Proben werden (mindestens) benötigt, um die *mittlere Schadstoffbelastung* (in der Umgebung einer Rüstungsaltlast) mit der gewünschten Genauigkeit und Sicherheit zu bestimmen?

- **Kriterium für Genauigkeit und Sicherheit:** Der geschätzte Mittelwert $\mu_0$ soll vom „wahren", unbekannten Mittelwert $\mu$ um nicht mehr als die Differenz d, z.B. d = 0,2, abweichen. Das Risiko, daß die Differenz d > 0,2 ist, soll kleiner als $\alpha$ = 0,05 sein.
- **Vorwissen/Voraussetzungen:** Die Meßwerte sind (evtl. nach entsprechender Transformation) annähernd normalverteilt. Die Auswahl der Meßpunkte erfolgt zufällig bzw. nach einem repräsentativen Probenahmeplan.

**Berechnung des Stichprobenumfangs:**
Die Anzahl n ist so bestimmen, daß $P(|\mu_0 - \mu| > d = 0,2) < \alpha = 0,05$ gilt. Dies ist erfüllt, wenn

$$t_{1-\alpha/2,n-1} \cdot \frac{SD}{\sqrt{n}} < d = 0,2 \quad \text{bzw.} \quad 1,96 \cdot \frac{SD}{\sqrt{n}} < d = 0,2 \quad \Leftrightarrow \quad 1,96^2 \cdot \left(\frac{SD}{d}\right)^2 < n$$

wobei SD die Stichproben-Standardabweichung und $t_{(1-\alpha/2),f}$ den entsprechenden kritischen Wert der t-Verteilung mit f = n − 1 Freiheitsgraden bezeichnet. Im folgenden soll davon ausgegangen werden, daß n hinreichend groß (n > 30) ist, damit $t_{(1-\alpha/2),f}$ durch den entsprechenden Wert (1,96) der Normalverteilung approximiert werden kann. Die obige Formel verdeutlicht, daß die erforderliche Probenanzahl proportional zum Quadrat der Standardabweichung (Varianz) und umgekehrt proportional zur quadrierten (akzeptierbaren) Differenz ist. Die benötigte Probenanzahl für eine Abweichung kleiner als $\pm$ 0,2 bei einer erwarteten SD von 1,5 liegt dann bei ca. n = 230. Bei einer SD von 1,0 wären n = 96 und bei einer SD von 2,0 n = 384 Proben notwendig gewesen.

In die Standardabweichung gehen außer der Heterogenität der untersuchten Proben (meistens der wichtigste Faktor) weitere Unsicherheiten ein, z.B. durch Probenaufarbeitung, Aufschluß, Messungen etc. Die Bedeutung einzelner Faktoren kann durch varianzanalytische Verfahren bestimmt werden. Um die Ergebnisse mit einer bestimmten Genauigkeit und Sicherheit zu erzielen, können Unsicherheiten (z.B. Meßfehler) minimiert und dadurch die SD verringert oder die Anzahl der Proben erhöht werden. Abbildung 2 verdeutlicht an einem Beispiel, wie die Genauigkeit von der Probenanzahl abhängt.

**Beispiel II : Bestimmung des Stichprobenumfangs zur Schätzung einer relativen Häufigkeit bzw. Wahrscheinlichkeit**

- **Fragestellung:** Wieviele Proben werden (mindestens) benötigt, um die *geschätzte Wahrscheinlichkeit eines kritischen Ereignisses q'* (z.B. Grenzwertüberschreitungen auf Parzellen in der Umgebung) mit der gewünschten Genauigkeit und Sicherheit zu bestimmen?
- **Vorwissen/Voraussetzungen:** Ereignisse sind binomialverteilt. Die Auswahl der Meßpunkte erfolgt zufällig bzw. nach einem repräsentativen Probenahmeplan.

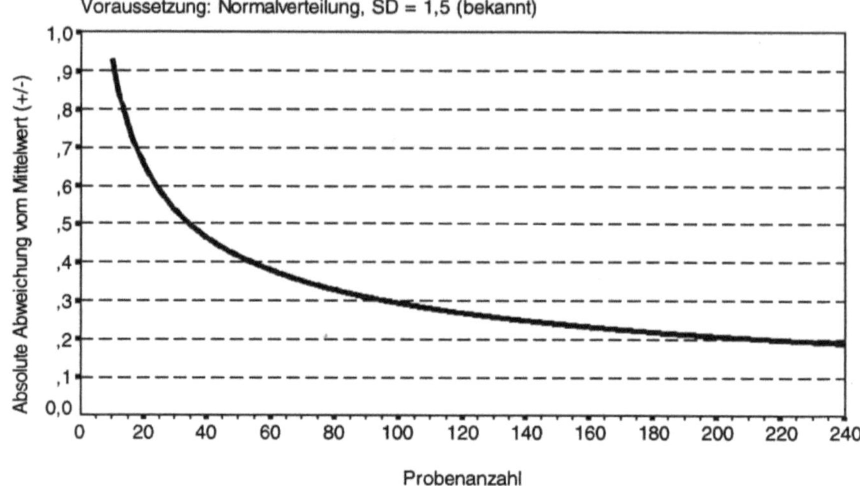



**Abb. 2.** Genauigkeit des geschätzten Mittelwertes in Abhängigkeit von der Probenanzahl (bei einer Sicherheit von 95%, Erläuterung s. Text)

– **Kriterium für Genauigkeit:** Die geschätzte, beobachtete Wahrscheinlichkeit $q'$ soll von der „wahren" Wahrscheinlichkeit $q$ nicht mehr als d = 0,05 abweichen. Das Risiko für eine Abweichung > d = 0,05 soll kleiner als $\alpha$ = 0,05 sein.

**Berechnung des Stichprobenumfangs:**
Die Anzahl ist so zu bestimmen, daß $P(|q' - q| > d = 0{,}05) < \alpha = 0{,}05$ gilt, wobei $q'$ die beobachtete, relative Häufigkeit und $q$ die „wahre", unbekannte Wahrscheinlichkeit ist. Für hinreichend großes n und nicht zu kleines $q$ kann die Binomialverteilung durch die Normalverteilung approximiert werden. $P(|q' - q| > d = 0{,}05) < 0{,}05$ ist dann erfüllt, wenn

$$1{,}96 \cdot \frac{\sqrt{q' \cdot (1 - q')}}{\sqrt{n}} < d = 0{,}05 \quad \Leftrightarrow \quad 1{,}96^2 \cdot \left( \frac{q'(1 - q')}{d^2} \right) < n$$

Erwartet man (aufgrund einer Voruntersuchung), daß die Wahrscheinlichkeit für das kritische Ereignis bei 0,1 liegt, dann müßte die Probenanzahl ca. 140 betragen, damit das Kriterium für Genauigkeit mit der entsprechenden Sicherheit erfüllt ist und gefolgert werden kann, daß die „wahre", unbekannte Wahrscheinlichkeit zwischen 0,05 und 0,15 liegt. Erwartet man, daß das kritische Ereignis bei 0,2 liegt, wären ca. 250 Proben für die entsprechende Genauigkeit notwendig.

*Der in Abb. 2 bzw. in den Beispielen dargestellte Zusammenhang zwischen Probenanzahl und Genauigkeit des Wissens wird in der Praxis häufig unterschätzt. Eine Bestimmung der Stichprobengröße vor Durchführung der Untersuchung ist auch für die rechtliche Sicherheit der Gutachter zu empfehlen.*

# Lokalisation der Proben: räumliche Probenahmepläne

Probenahmepläne können formal unterteilt werden in *zufällige Stichproben, Rasterpläne* und *hypothesengeleitete oder theorie-/modellgeleitete Probenahmepläne*. Letztere sind insbesondere im Zusammenhang mit Fragestellungen von Typ 4 und 5 von Bedeutung. Im folgenden wird eine kurze Übersicht von Probenahmeplänen zur *Lokalisation von Kontaminationsschwerpunkten* und *zur Erfassung räumlicher Expositionsstrukturen* (Fragestellungen vom Typ 2 und Typ 3, vgl. Übersicht 2) gegeben[3].

## Zufällige Stichproben

Beim Zufallsraster soll die Auswahl der Probenahmepunkte so erfolgen, daß jeder Punkt mit der gleichen Wahrscheinlichkeit (per Zufall) ausgewählt wird. Die praktische Bestimmung und Umsetzung zufälliger Meßpunkte ist relativ aufwendig und das Wiederauffinden der Probenahmepunkte ist schwierig. Es gibt verschiedene Modifikationen zufälliger Probenahmepläne, z.B. das *stratified random sampling* (eingeschränktes Zufallsraster).

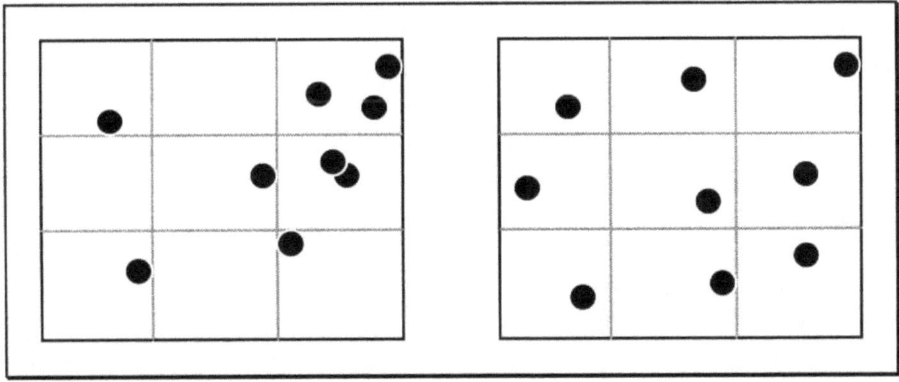

**Abb. 3.** Zufallsraster (*links*) und stratifiziertes bzw. eingeschränktes Zufallsraster (*rechts*)

Bei Zufallsrastern (Abb. 3) können relativ große Gebiete unbeprobt bleiben. Aus diesem Grund sind solche Raster zur Aufdeckung von Kontaminationsschwerpunkten nicht geeignet. Für die Bestimmung eines mittleren Wertes sind solche Probenahmepläne bedingt anwendbar.

---

[3]    Eine ausführliche Darstellung und Diskussion hierzu findet sich z.B. in Nothbaum et al. (1994) oder Scholz et al. (1994).

**Rasterpläne**

Bei Rasterplänen (Abb. 4-7) werden die Probenahmepunkte nach einer vorher festgelegten Systematik bestimmt. Die Auswahl des Rasterplans ist abhängig vom Vorwissen über die räumliche Schadstoffbelastung. Der Plan muß an die räumlichen Gegebenheiten angepaßt und eventuell modifiziert werden: Das Vorwissen kann danach differenziert werden, ob

- *kein Vorwissen* über die räumliche Schadstoffbelastung oder mögliche Kontaminationsquellen vorliegt,
- eine *räumlich-homogene Schadstoffbelastung angenommen werden kann* (z.B. keine unmittelbare Kontaminationsquelle),
- eine *zentrierte Schadstoffbelastung* oder ein bekannter Ort der Höchstbelastung (ggf. Kontaminationsquelle) vorliegt oder
- ein *Belastungsverlauf entlang einer Linie* erwartet wird.

Neben den genannten Probenahmeplänen werden z.B. *Diagonalraster* oder *parallele Profilraster* zur Erkundung von Altlasten verwendet. Für Voruntersuchungen sind solche Probenahmepläne geeignet, jedoch nicht für Detailuntersuchungen.

Weitere Hinweise zum Design von Probenahmeplänen finden sich z.B. in Paetz u. Crößmann (1994) und in der ISO/CD 10381-1 (Soil quality – Sampling – Part 1: Guidance on the design of sampling programmes)[4]. Die Informations- und zielgeleitete Auswahl des Probenahmeplans ist in Abb. 8 schematisch zusammengefaßt.

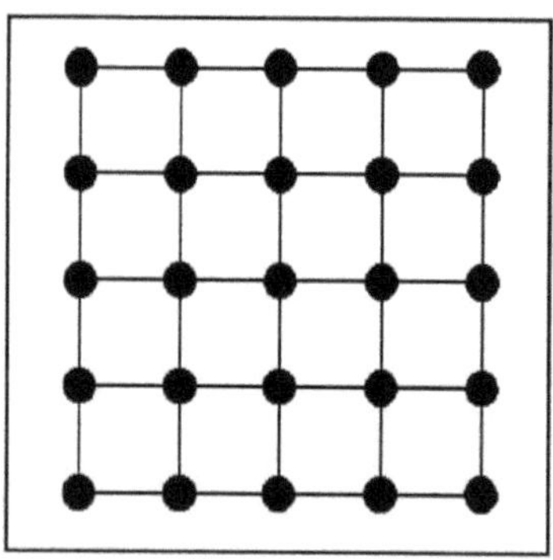

**Abb. 4.** Rechtwinkliger Rasterplan.
*Vorwissen*: Kein Vorwissen oder vermutete „gleichmäßige Verteilung"; *Anmerkung*: Einfache Durchführbarkeit; zur Bestimmung der mittleren Belastung und Aufdeckung von Kontaminationsschwerpunkten geeignet, aber (unter bestimmten Bedingungen) suboptimal

---

[4]  In diesem Zusammenhang sei auch auf die ISO/CD 10381-2, International Standard (1994). Soil Quality – Sampling – Part II: Guidance on sampling techniques und die ISO/CD 10381-3, International Standard (1994). Soil Quality – Sampling – Part III: Guidance on safety hingewiesen.

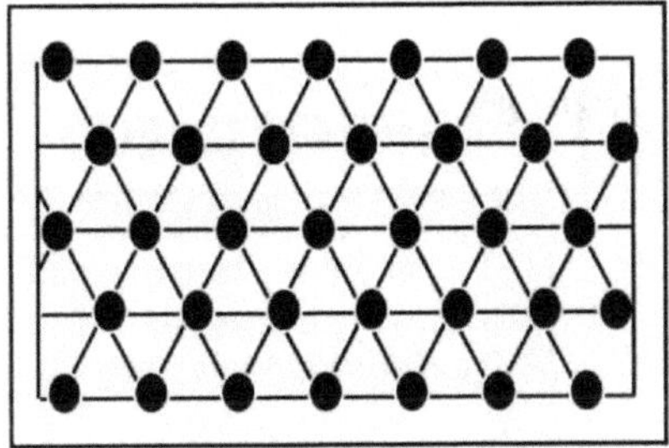

**Abb. 5.**   Nichtrechtwinklige   Rasterung[5]: Dreiecks- bzw. Hexagonalraster. *Vorwissen*: Kein Vorwissen oder vermutete „gleichmäßige Verteilung"; *Anmerkung*: Zur Bestimmung der mittleren Belastung und Aufdeckung von Kontaminationsschwerpunkten geeignet, dem rechtwinkligen Rasterplan (unter bestimmten Bedingungen) überlegen

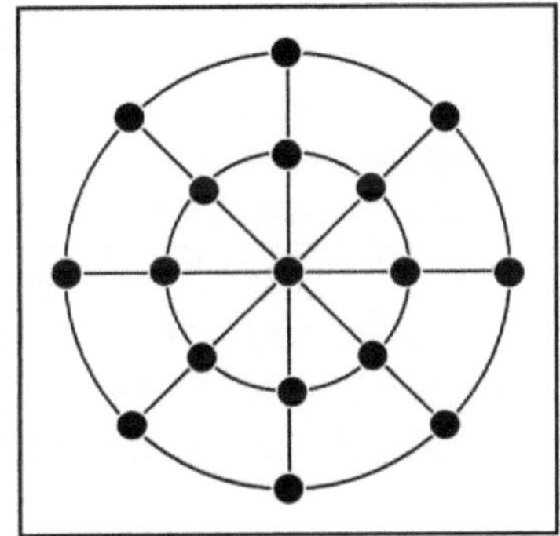

**Abb. 6.** Polare Probenahmeraster.
*Vorwissen*: Zentrierte Schadstoffbelastung, eine Emissionsquelle oder ein Kontaminationsschwerpunkt bekannt/vermutet; *Anmerkung*: Zur Bestimmung der räumlichen Ausdehnung (Dispersion) von Schadstoffen um einen Kontaminationsschwerpunkt bzw. Emissionsquelle geeignet. Die kreisförmige Anordnung der Probenahmepunkte impliziert eine gleichmäßige Ausdehnung bzw. Ausbreitung der Schadstoffbelastung in alle Richtungen. Falls Informationen über die Ausbreitungsrichtung (z.B. Hauptwindrichtungen) vorliegen, sind solche Probenahmepläne entsprechend zu modifizieren

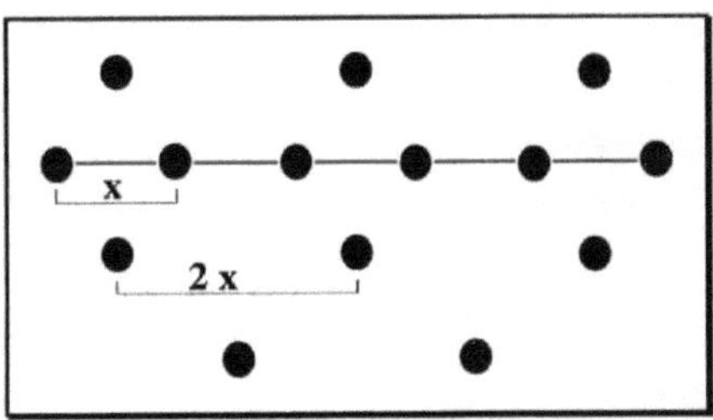


**Abb. 7.** Probenahmeraster bei Belastungsverlauf entlang einer Linie.
*Vorwissen*: Schadstoffbelastung entlang eines „Emissionsflusses" oder einer „Kontaminationslinie" (nicht notwendigerweise Gerade); *Anmerkung*: Solche Probenahmepläne sind z.B. zum Auffinden von Leckagen aus defekten Rohrleitungssystemen geeignet

---

[5]   Dieser Rasterplan wird definiert durch Eckpunkte von gleichseitigen Dreiecken. Er kann auch interpretiert werden als Mittelpunkte von Hexagonen.

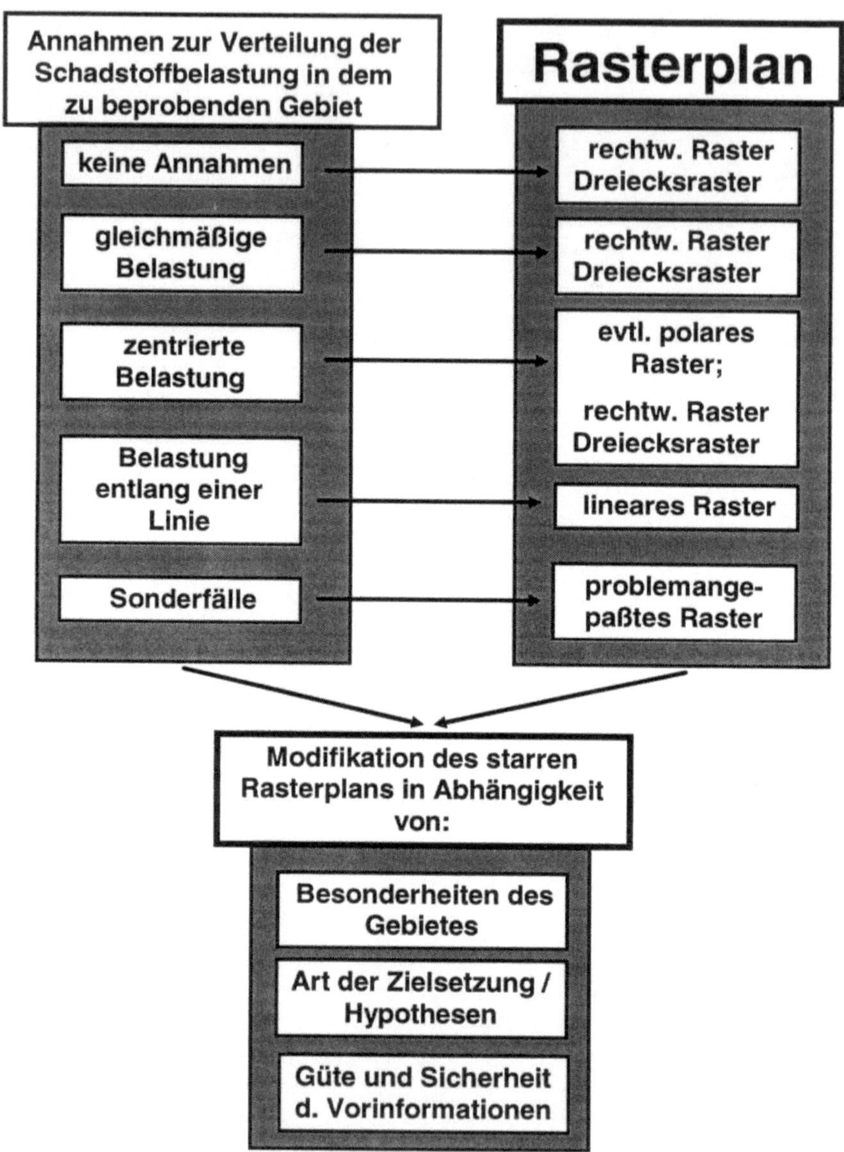


**Abb. 8.** Informations- und zielgeleitete Auswahl und Anpassung eines starren Probenah-
meplanes

**Beispiel III: Auswahl eines Rasterplans und Bestimmung der Anzahl der Probenahmepunkte zur Erzielung einer bestimmten Trefferrate für Kontaminationsflächen[6]**

- **Fragestellung:** Welches Probenahmeraster und welche Anzahl von Probenahmepunkten ist notwendig, damit die geforderte *Trefferwahrscheinlichkeit* für das Auffinden einer Kontaminationsfläche mit der gewünschten Sicherheit erreicht wird?
- **Vorwissen/Voraussetzungen:** Die Kontaminationsfläche soll eine kreisförmige Gestalt haben; keine Vorinformation über mögliche Kontaminationsschwerpunkte auf der untersuchten Verdachtsfläche. Die Verdachtsfläche sei 10 000 m$^2$ (ca. 100 m x 100 m) groß.
- **Kriterium für Genauigkeit:** Kontaminationsflächen mit Radius r sollen mit einer Trefferwahrscheinlichkeit von $\geq$ p aufgespürt werden können. Im folgenden soll gefordert werden, daß eine Fläche vom Radius r = 5 m mit Sicherheit p = 1 erfaßt werden soll (hier gehen einige weitere Annahmen ein, vgl. Scholz et al. 1994).

**Auswahl des Rasterplans und der Anzahl der Meßpunkte:**

Es gibt keine allgemeinen (analytischen) Lösungen, um für beliebige Probenahmepläne/Raster und Kontaminationsflächen die Trefferwahrscheinlichkeit exakt zu bestimmen. Die Trefferwahrscheinlichkeit kann jedoch mit geeigneten Simulationsprogrammen geschätzt werden[7]. Für die vorliegende spezielle Fragestellung soll die Eignung zweier Rasterpläne verglichen werden. Für eine quadratische Rasterung müßten die Rasterpunkte

$$d = \sqrt{2 \cdot r} = 7{,}07 \text{ m}$$

im Abstand gesetzt werden, damit eine Fläche vom Radius 5 m mit p = 1 erfaßt wird. Für die Dreiecks(Hexagonal)-Rasterung müßten die Rasterpunkte im Abstand gesetzt

$$d = \sqrt{3 \cdot r} = 8{,}66 \text{ m}$$

werden. Daraus kann abgeleitet werden, daß für eine (quadratische) Fläche von 10 000 m$^2$ mit einem quadratischen Rasterplan ca. 200 Probenahmepunkte, jedoch mit einem Dreiecksrasterplan nur ca. 160 notwendig wären. Dies heißt, daß mit dem Dreiecksrasterplan ca. 20% der Probenahmen gespart werden könnten! Es ist auch ersichtlich, daß selbst mit dem günstigeren Dreiecksraster für größere Flächen schnell eine unrealistisch hohe Probenanzahl benötigt wird, so daß eine Vorauswahl bei den Verdachtsflächen sinnvoll bzw. notwendig ist.

---

[6] Das Beispiel und die zugrundeliegenden Annahmen sind in Scholz et al. (1994) allgemeiner und ausführlicher behandelt.

[7] Die Gesellschaft für Organisation und Entscheidung Bielefeld hat hierzu ein Programm entwickelt.

# Datenanalyse und Darstellung der Ergebnisse

Die Auswahl der statistischen (z.B. deskriptiven, explorativen, konfirmativen) Verfahren zur Datenauswertung und -analyse hängt ab von der Phase der Untersuchung und von den Untersuchungszielen. Im folgenden sollen insbesondere Verfahren der explorativen Statistik, graphische Verfahren und die Bedeutung von Konfindenzintervallen an Beispielen verdeutlicht werden.

### Schätzung von mittleren Schadstoffbelastungen

Zur Schätzung von mittleren Schadstoffbelastungen werden üblicherweise *Mittelwerte* oder *Mediane* (Lageparameter, Parameter für die zentrale Tendenz) verwendet. Als Streuungsmaße dienen üblicherweise die Standardabweichung, 25%- und 75%-Perzentile (bzw. Interquartilsabstand) und die Streubreite (bzw. Minimum und Maximum). Sinnvoll ist die Angabe von Konfidenzintervallen[8] für die mittlere Belastung (Mittelwert, Median). Ein *Konfidenzintervall* gibt mit einer vorgegebenen Irrtumswahrscheinlichkeit a an, in welchem Bereich sich der „wahre" Wert befindet. Durch die Angabe von Konfidenzintervallen können scheinbare Sicherheiten von Aussagen relativiert werden und Unsicherheiten über die wahren Werte quantifiziert werden. Anhand von Konfidenzintervallen kann auch erkannt werden, ob der Mittelwert mit hinreichender Sicherheit über gewissen Referenz- bzw. Vergleichswerten liegt. Das Konfidenzintervall dient auch zur Überprüfung, ob der Mittelwert mit der geforderten Genauigkeit und Sicherheit erfaßt worden ist (Erreichung des Untersuchungszieles, s. oben).

### Beispiel IV: Konfidenzintervall für Mittelwert

$$\mu' \pm t_{1-\alpha/2,\,n-1} \cdot \frac{SD}{\sqrt{n}}$$

Bezeichnungen und Voraussetzungen wie Beispiel I. Für einen Mittelwert 50 mit SD = 10 und n = 25 Meßpunkten folgt, daß der „wahre" Mittelwert zwischen 45,9 und 54,1 liegt.

Besser als Zahlenangaben können jedoch Abbildungen die Verteilung der Werte veranschaulichen. Insbesondere Box-Plots sind nach unserer Erfahrung geeignete Verfahren, um univariate Verteilungen darzustellen (Abb. 9 und 10).

---

[8] Eine Einführung in die Berechnung von Konfidenzintervallen geben Gardner u. Altman (1989).

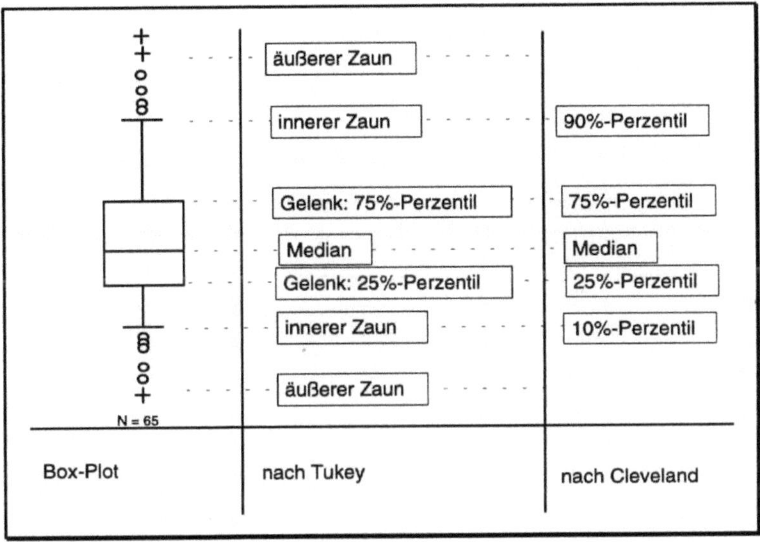


**Abb. 9.** Box-Plots zur Veranschaulichung univariater Verteilungen

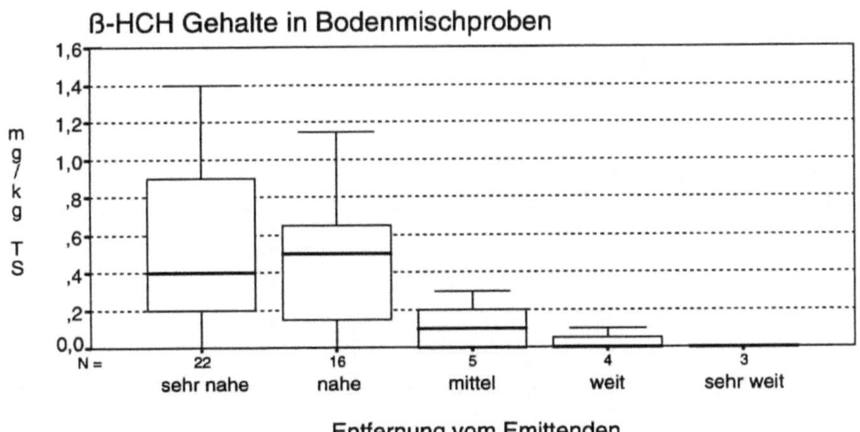


**Abb. 10.** Vergleich mehrerer Box-Plots (Box-Plots nach Tukey)

## Explorative Statistik, graphische Verfahren und Analyse der räumlichen Verteilung

Graphische und analytische Verfahren sollen einerseits anhand der erhobenen Meßwerte die räumliche (oder zeitliche) Belastungsstruktur visualisieren, andererseits sollen aufgrund der erhobenen Einzelwerte/Proben Aussagen über nichtbeprobte Flächen bzw. nichtuntersuchte (künfige) Zeiträume abgeleitet werden. Formal kann zwischen der *Interpolation* (Schätzung von unbeprobten Punkten zwischen den Meßpunkten) und der *Extrapolation* (Schätzung von Punkten über den Meßbereich bzw. Probenahmebereich hinaus) differenziert werden. Mit *Glättungsverfahren* (sog. Smoothing-Techniken) versucht man in den Punktwolken räumliche Belastungsstrukturen oder zeitliche Tendenzen sichtbar zu machen, indem die zufälligen Einflüsse durch Mittelung minimiert werden, d.h. es wird versucht, die systematische Variation möglichst optimal von der zufälligen Variation zu differenzieren. Die *Gefahr von Glättungsverfahren* besteht darin, daß auch reale, punktuelle Kontaminationsschwerpunkte weggeglättet werden. Der *Ausreißeranalyse* kommt deshalb bei der Untersuchung von Rüstungsaltlasten eine hohe Bedeutung zu.

Eine Übersicht über verschiedene explorative Verfahren zur Schätzung der räumlichen Belastungsstruktur, die in *„lokalen" Verfahren* (nur Verwendung benachbarter Meßpunkte, z.B. Spline-Verfahren) und *„globalen" Verfahren* (Verwendung aller Meßpunkte, z.B. Regressionsmodelle) unterschieden werden können, gibt Übersicht 6.

**Übersicht 6.** Explorative Verfahren, die Schätzung der räumlichen (zeitlichen) Variation

---

**1. Spline-Verfahren (Approximation über Polynome)**

**2. Regressionsmodelle:**
   lineare Modelle: $z = ax + by$ (x,y Flächenkoordinaten),
   quadratische Modelle: $z = ax + by + cx^2 + dy^2 + exy$ u.a.

**3. Glättungsverfahren (Smoothing-Verfahren):**
 − *gleitender Median:* Jeder Meßwert $x_n$ wird durch den Median aus den $(2 \cdot k + 1)$ Werten $x_{n-k}, x_{n-k+1}, \ldots, x_n, \ldots, x_{n+k-1}, x_{n+k}$ ersetzt.
 − *gleitender Mittelwert:* (moving average): wie oben, aber jetzt Mittelwert (empfindlich für Ausreißerwerte).
   Im Fall räumlicher Daten (die nach einem Rasterplan erhoben wurden) können nichtbeprobte Punkte durch gewichtete Meßwerte von beprobten Punkten aus der Umgebung approximiert werden.
   *Für „räumliches" Smoothing geeignet sind folgende Verfahren:*
 − *LOWESS* (locally-weighted scatter-plot smoother, vgl. Cleveland 1985) (Schätzung über gewichtete Mittelwerte benachbarter y-Werte),
 − *DWLS* (distance weighted least squares) (Punkte y über gewichtete quadratische, multiple Regression aller anderen x-Punkte geschätzt),
 − *NEXPO* (negative exponentially weighted smoothing), Inverse (inverse squared distance smoothing),
 − *Kernel* (Epanechnikov kernel, Dichte-Schätzer, vgl. Devroye 1987).

---

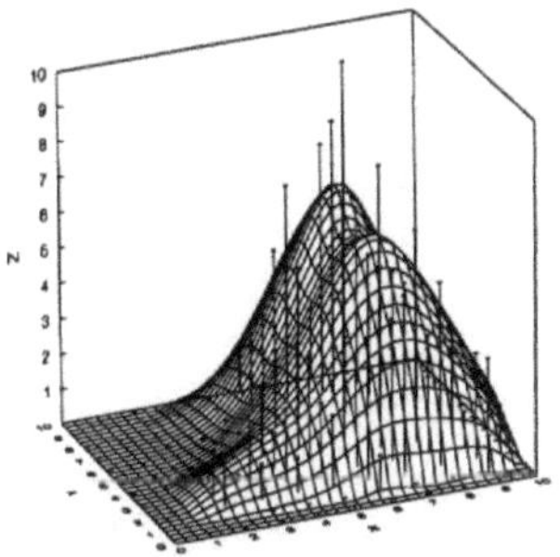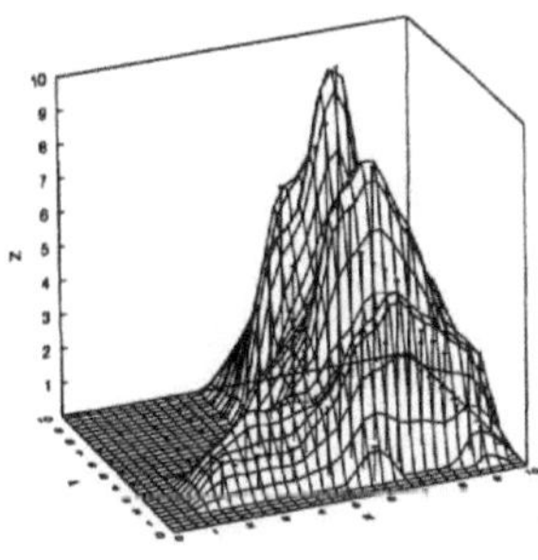

**Abb. 11.** Oberflächendarstellung mit geringer Auflösung mit Meßdaten (*links*) und hoher Auflösung ohne Meßdaten (*rechts*)

Das Problem solcher (3D-)Oberflächendarstellungen (Abb. 11) ist, daß sie zum Teil eine Exaktheit in den Daten vortäuschen können, die real nicht vorhanden ist. Häufig wird kein Maß für die Güte der Approximation angegeben, und es ist dem Geschick des Auswertenden überlassen, ob durch geeignete Wahl der „Glättungsparameter" die relevanten Informationen sichtbar werden. Farbliche Darstellungen können zur Visualisierung nützlich sein.

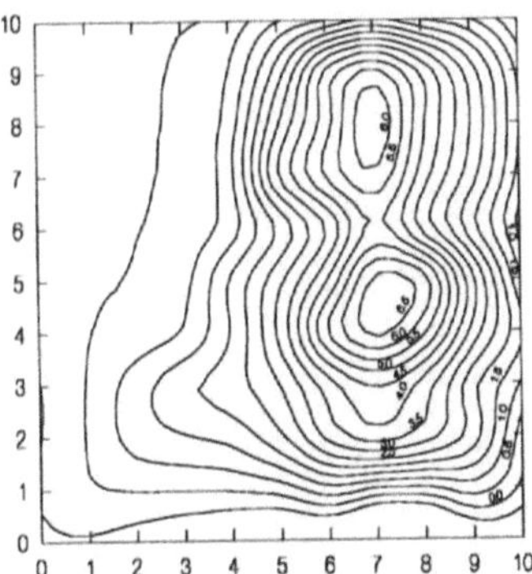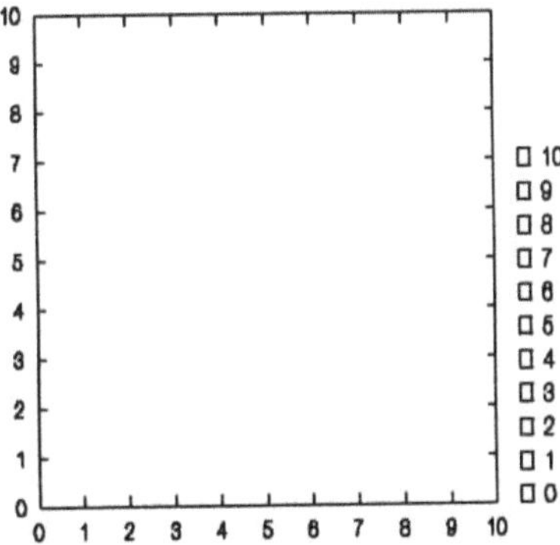

**Abb. 12.** Isoliniendarstellungen (*links*) und kontinuierliche Konturendarstellungen (*rechts*)

Isoliniendarstellungen (Abb. 12) können ein nützliches Instrument sein, um räumliche Strukturen abzubilden. Überlicherweise sind an den Isolinien die entsprechenden Konzentrationen angetragen. Zu berücksichtigen ist, daß auch die Berechnung der Isolinien auf gewissen Inter- bzw. Extrapolationsverfahren beruht. Bei kontinuierlichen Konturendarstellungen (Abb. 12) werden den approximierten Konzentrationen auf der Kontaminationsfläche Graustufen (kontinuierlich) zugeordnet. Häufig werden die zugrundeliegenden Meßdaten nicht dargestellt, so daß die Güte der Anpassung wiederum nicht deutlich wird. Auch hier können farbliche Darstellungen zur Visualisierung nützlich sein. Bei diskreten Konturendarstellungen (nicht dargestellt) werden die Konzentrationen an den beprobten Stellen in Klassen eingeteilt und den Klassen verschiedene Farb- oder Graustufen zugeordnet. Es sollte allerdings berücksichtigt werden, daß nicht Flächen, sondern stets Punkte beprobt wurden und die reale Heterogenität größer ist, als es die Abbildung vermittelt.

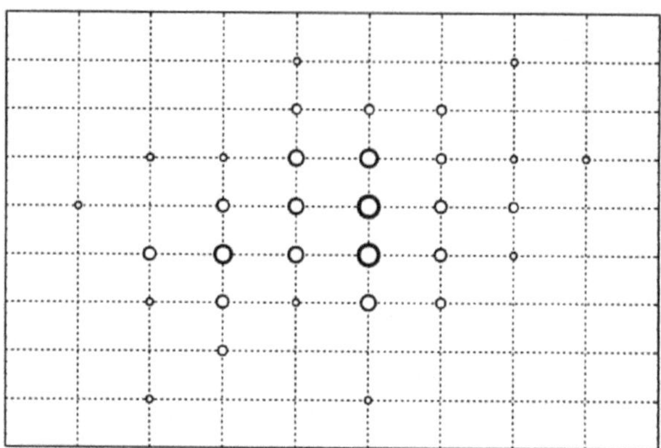

**Abb. 13.** Grafische Darstellung räumlicher Rohdaten als „Bubble-Grafik"

Bei der „Bubble-Grafik" (Abb. 13) werden an den beprobten Stellen die Konzentrationen von Schadstoffen als Kreise dargestellt, wobei die Fläche der Kreise proportional zur Konzentration ist. (Nicht notwendigerweise muß es sich dabei um ein Gitterraster handeln.)

**Spezielle geostatistische Verfahren**

*Kriging*[9] ist ein geostatistisches Verfahren, welches ursprünglich für geologische Erkundungen im Bergbau und in der Montangeologie entwickelt und eingesetzt wurde. Auch in neueren Untersuchungen zur Belastung der Umwelt mit Schadstoffen (Schulin et al. 1993; Meuli et al. 1994; Einax u. Soldt 1995) ist Kriging eingesetzt worden. Ein Übersicht über verschiedene Kriging-Verfahren und geostatistische Verfahren geben z.B. Akin u. Siemes (1988) und Cressie (1991). Bei den bisher erwähnten Verfahren zur Beschreibung der räumlichen Verteilung besteht das *Problem, wie die „Nachbarpunkte" zu gewichten sind, damit nichtbeprobte Stellen optimal interpoliert (bzw. extrapoliert) werden können.* Beim Kriging wird eine „optimale" (lineare) Schätzung der räumlichen Verteilung dadurch angestrebt,

---

[9]    benannt nach dem südafrikanischen Bergbau-Ingenieur D.G. Krige.

daß die Schätzvarianz minimiert wird (minimum-mean-squared error methode). In ökologischen Untersuchungen erweist sich Kriging als eine interessante Alternative zu „klassischen Verfahren". Ob Kriging auch ein geeignetes Verfahren zur Untersuchung von Rüstungsaltlasten ist und ob hier die Voraussetzungen zum Einsatz erfüllt sind, wird die Zukunft zeigen müssen. (Die mathematische Grundidee des Kriging ist im Anhang skizziert.)

## Schlußfolgerungen

Bei der Planung und Durchführung von Studien zur Untersuchung von Rüstungsaltlasten sind eine Reihe von ökologischen, analytischen, toxikologischen, umweltpolitischen, ökonomischen und juristischen Aspekten zu beachten. Viele dieser Aspekte werden z.B. auch im Sondergutachten des Rates der Sachverständigen zu Altlasten (Februar 1995) behandelt, allerdings werden die *statistischen Aspekte der Planung und der Auswertung von Untersuchungen* vernachlässigt. Die Einbeziehung der statistischen Sachkompetenz sollte nicht erst in der Auswertungsphase, sondern bereits bei der Planung der Untersuchung, die in enger Zusammenarbeit mit den beteiligten Fachwissenschaften durchgeführt wird, beginnen. Die statistische Probennahmeplanung kann nicht nur unnötige Kosten verhindern, sondern auch die Qualität und die rechtliche Sicherheit der Ergebnisse erhöhen. In anderen Bereichen, in denen potentiell die menschliche Gesundheit betroffen ist, wie z.B. der klinischen Forschung, ist dies übliche Praxis. Fehler und Unschärfen bei der Planung einer Untersuchung können erhebliche Konsequenzen für die Qualität und Aussagekraft einer Untersuchung haben, deshalb sollte die Zeit und der Aufwand, der für eine verantwortliche Planung benötigt wird, stets in Relation zu den möglichen Konsequenzen gesehen werden.

### Literatur

Akin H., Siemes H. (1988) Praktische Geostatistik. Berlin, Springer-Verlag.

Bick H., Preuß J. (1991) Rüstungsaltlasten: Vorkommen – Erfassung – Sanierung. Entsorgungs-Praxis 4/91: 144-149.

Burkhardt D. (1991) Erfassung von Rüstungsaltlasten bei Verdachtsstandorten, in: Spyra W., Lohs K., Preussner M., Rüden H., Thome-Kozmiensky K.-J. (Hrsg.) Untersuchung von Rüstungsaltlasten S. 101-125. Berlin, EF-Verlag für Energie und Umwelttechnik.

Cleveland, W.S. (1985) The Elements of Graphing Data. Monterey, CA, Wadsworth Advanced Books and Software.

Cressie, N.A.C. (1991) Statistics for Spatial Data. New York, John Wiley & Sons.

Danzer K. (1995) Probenahme inhomogener Materialien – Statistische Modelle und ihre praktische Relevanz. GIT Fachz. Lab. 11: 1019-1023.

Devroye L. (1987) A Course in Density Estimation. Basel, Birkhäuser.

Einax J., Soldt U. (1995) Geostatistical investigations of polluted soils. Fresenius J. Anal. Chem. 351: 48-53.

Funk W., Dammann V., Donnevert G. (1992) Qualitätssicherung in der Analytischen Chemie. Weinheim, VCH.

Gardner M.J., Altman D.G. (1989) Statistics with Confidence. Published by British Medical Journal, London.

Haas R., Schreiber I., Stork G. (1990) Rüstungsaltlasten – Erfassung, Erkundung und Bewertung an Beispiel der ehemaligen TNT-Fabrik „Werk Tanne" bei Clausthal-Zellerfeld. UWSF – Z. Umweltchem, Ökotox. 2: 139-141.

ISO/CD 10381-1, International Standard (1994) Soil Quality–Sampling–Part I: Guidance on the design of sampling programmes, DIN.

ISO/CD 10381-2, International Standard (1994) Soil Quality–Sampling–Part II: Guidance on sampling techniques, DIN.

ISO/CD 10381-3, International Standard (1994) Soil Quality–Sampling–Part III: Guidance on safety, DIN.

IUPAC, Commission on Analytical Nomenclature (prepared for publication by W. Horwitz) (1990) Nomenclature for sampling in analytical chemistry. Pure Appl. Chem. 62: 1193-1208.

Lühr H.-P., Hefer B., Scholz R.W. (1991) Das Donator-Akzeptor-Modell (DAM), in: IWS-Schriftenreihe Bd. 13, Ableitung von Sanierungswerten für kontaminierte Böden, S. 17-53. Berlin, Erich Schmidt Verlag.

May T.W., Scholz R.W., Nothbaum N. (1991) Die Anwendung des Donator-Akzeptor-Modells am Beispiel Cadium für den Pfad „Boden → Weizen → Mensch", in: IWS-Schriftenreihe Bd. 13, Ableitung von Sanierungswerten für kontaminierte Böden, S 99-182. Berlin, Erich Schmidt Verlag.

Meuli R.O., Atteia J.-P., Dubois R., Schulin B., von Steiger J.-C., Vedy, Webster R. (1994) Geostatistical Interpolation of Regional Mapping of Soil Contamination by Heavy Metals. A Case Study Comparing Two Rural Regions in Switzerland, in: Federal Office of Environment, Forests and Landscape (FOEFL) (Ed.) „Regional Soil Contamination Surveying", Enviromental Documentation No. 25, Bern.

Netherlands Normalisatie Instituut (1991, September). Dutch Draft Standard – Soil: Investigation Strategy for Exploratory Survey (1st Edn.) (UDC 628.516).

Nothbaum N., Scholz R.W., May T.W. (1994) Probenplanung und Datenanalyse bei kontaminierten Böden. Berlin, Erich Schmidt-Verlag.

Paetz A., Crößmann G. (1994) Problems and results in the devolopment of international standards for sampling and pretreatment of soils, in: Markert B. (Ed.) Environmental Sampling for Trace Analysis, pp. 321-334. Weinheim, VCH.

Paustenbach D.J. (1989) The Risk Assessment of Environment Hazards: A Textbook of Case Studies (1st Edn.). New York, John Wiley & Sons.

Paustenbach D.J., Jernigan J.D. et al. (1992) A proposed approach to regulating contamined soil: Identify safe concentrations for seven of the most frequently encountered exposure scenarios, Regulatory Toxicol. Pharmacol. 16: 21ff.

Preußner M. (1991) Ermittlung des Gefährdungspotentials bei Rüstungsaltlasten anhand ausgewählter Fälle, in: Spyra W., Lohs K., Preussner M., Rüden H., Thome-Kozmiensky K.-J. (Hrsg.) Untersuchung von Rüstungsaltlasten, S. 65-75. Berlin, EF-Verlag für Energie und Umwelttechnik.

Rapsch H.-J. (1991) Stand der Bearbeitung von Rüstungsaltlasten in einem Bundesland am Beispiel Niedersachsen, in: Spyra W., Lohs K., Preussner M., Rüden H., Thome-Kozmiensky K.-J. (Hrsg.) Untersuchung von Rüstungsaltlasten, S. 47-64. Berlin, EF-Verlag für Energie und Umwelttechnik.

Rat von Sachverständigen für Umweltfragen (1995) Altlasten II. Stuttgart, Metzler-Poeschel-Verlag.

Scholz R.W., May T.W., Nothbaum N., Hefer B., Lühr H-P. (1992) Induktiv-stochastische Risikoabschätzung mit dem Donator-Akzeptor-Modell am Beispiel der Gesundheitsbelastung durch cadmiumbelastete Weizenackerböden, in: van Eimeren W., Überla K., Ulm K. (Hrsg.) Gesundheit und Umwelt, S. 57-61. Berlin, Springer-Verlag.

Scholz R.W., Nothbaum N., May T.W. (1994) Fixed and hypothesis-guided soil sampling methods – prinicples, strategies, and examples, in: Markert B. (Ed.) Environmental Sampling for Trace Analysis, pp. 335-346. Weinheim, VCH.

Schulin, R., Webster, R., Meuli, R. (1993, March) Technical Note on Objectives, Sampling Design, and Procedures in Assessing Regional Soil Pollution and the Application of Geostatistical Analysis in Such Surveys. ETH Zürich: Institute for Terrestrial Ecology.

Suter G.W. (1993) Ecological Risk Assessment. Chelsea, MI, Lewis Publishers.

Tukey J.W. (1977). Exploratory Data Analysis. Reading, MA, Addison-Wesley Publishing Company.

# Anhang: Erläuterungen zum Kriging

Ziel des Krigings ist eine „optimale" (lineare) Schätzung der räumlichen Verteilung, wobei optimal bedeutet, daß die Schätzvarianz minimiert werden soll (Minimum-mean-squared-error-Methode). Die Schadstoffbelastung wird als ein zweidimensionaler räumlicher Prozeß

$$Z(x) = \mu(x) + \varepsilon(x)$$

beschrieben, wobei x der Koordinatenvektor, $\mu(x)$ der Mittelwert an Stelle x und $\varepsilon(x)$ der zufällige Fehler ist. Seien $Z(x_i)$, $Z(x_j)$ zufällige Variablen an Stelle $x_i$, $x_j$, dann ist die *Semivarianz* definiert als

$$\gamma(xi, xj) = \tfrac{1}{2} \cdot var(Z(xi) - Z(xj)).$$

Beim Kriging wird die Translationsinvarianz des Mittelwertes und der Varianz gefordert, d.h.:

$$\mu(x + a) = \mu(x) + a \text{ und } \gamma(xi, xj) = \gamma(xi + a, xj + a)$$

Daraus folgt $\gamma(h) = \gamma(x, x + h)$, d.h. die Semivarianz ist nur vom Abstand h abhängig. Die Funktion $\gamma(h)$ wird als *(Semi-)Variogramm* bezeichnet. Aus dem Variogramm ist erkennbar, bis zu welcher Entfernung die räumlichen Belastungen miteinander korreliert sind. Das Variogramm wird geschätzt über:

$$\gamma(h) = ( \sum (z(xi) - z(xj + h))^2 ) / 2 \cdot m(h)$$

Summiert wird über die Summe $i = 1 \dots m(h)$, wobei $m(h)$ die Anzahl von Meßpaaren mit Abstand h ist. Die $\gamma(h)$ wird dann an eine geeignete „experimentelle" Funktion von h angepaßt (z.B. Anpassung an ein sphärisches, Gaußsches oder expontentielles Modell). Beim Kriging werden die Gewichte[10] $\lambda_i$ so bestimmt, daß mit $Z'(x_0) = \sum \lambda_i Z(x_i)$ die Schätzvarianz

$$\sigma^2(x_0) = \text{var}\,(Z'(x_0) - Z(x_0))$$

minimiert wird, wobei $x_0$ eine unprobte Stelle ist. In die Schätzung geht das (experimentelle) (Semi-)Variogramm $\gamma(h)$ ein, dabei wird den beprobten Punkten $x_i$ in der Nähe von $x_0$ ein größeres Gewicht zugewiesen als weiter entfernt liegenden Punkten. Die Gewichte $\lambda_i$ werden aus folgendem Gleichungssystem bestimmt:

$$\sum \lambda i \cdot \gamma\,([xi, xj]) + \mu = \gamma\,(xi, x0), \quad i = 1, 2, \dots, n$$

wobei $\mu$ der Lagrange-Multiplikator ist und $[x_i, x_j]$ den Abstand zwischen den Punkten $x_i$ und $x_j$ und $[x_i, x_0]$ den Abstand zwischen dem Punkt $x_i$ und dem unbeprobtem Punkt $x_0$ bezeichnet. Für nähere Einzelheiten s. Einax u. Soldt (1995), Akin u. Siemes (1988) und Cressie (1991).

---

[10] Es sind prinzipiell, verschiedene Möglichkeiten der Definition der Gewichtungen der $\lambda_i$ möglich. So könnten z.B. die Gewichte auch als Funktion des inversen Abstandes der Umgebungspunkte vom Punkt $x_0$ definiert werden.

# Validierung und Felderprobung eines TNT-Schnelltests anhand von Altlastenuntersuchungen auf dem Gelände einer ehemaligen Munitionsanstalt

Bernd Dremel

Entsprechend einer durch die Industrieanlagen-Betriebsgesellschaft mbH (IABG) im Auftrag des Umweltbundesamtes durchgeführten „Bestandsaufnahme von Rüstungsaltlastverdachtsstandorten in der Bundesrepublik Deutschland" [1] gibt es nach derzeitigem Erkenntnisstand 4336 Verdachtsstandorte, davon 941 mit Sprengstoffkontamination. Nur wenige dieser Standorte wurden hinsichtlich ihres Gefährdungspotentials erfaßt. Es besteht daher ein großer Nachholbedarf an geotechnischen und chemisch-analytischen Untersuchungen. Begrenzender Faktor für die Bearbeitung sind meist die fehlenden finanziellen Mittel. Durch den Einsatz von immunologischen Schnelltests zur Vorauswahl von laboranalytisch zu untersuchenden Proben lassen sich deutliche Kosteneinsparungen realisieren. Immunoassays werden schon seit einigen Jahrzehnten in der medizinischen Diagnostik zum sicheren Nachweis von Krankheiten, wie z.B. Hepatitis oder Aids, aber auch zur quantitativen Bestimmung von kleinen Molekülen, wie z.B. Schilddrüsenhormonen verwendet. Erst in den letzen Jahren werden Immunoassays zunehmend auch in der Umweltanalytik eingesetzt.

Der neue immunologische *D TECH®-TNT Explosivstoff Schnelltest von Merck* wurde in den USA entwickelt und in umfangreichen Feldstudien von der Environmental Protection Agency (EPA), der amerikanischen Umweltbehörde, überprüft. Der Test *wurde von der EPA für die Vor-Ort-Analytik anerkannt und empfohlen* [2].

Ziel von Vor-Ort-Schnelltest ist es nicht, die instrumentelle Analytik zu ersetzen, sondern zu ergänzen:

- instrumentelle Analytik (GC, HPLC etc.):
    Vorteile:      Standardmethode, Mulitkomponentenanalyse,
    Nachteile:   im Labor, teuer, kompliziert, geringer Probendurchsatz, hochqualifiziertes Personal wird benötigt.

– immunologische Schnelltestmethoden:
  Vorteile:      vor Ort, schnell, einfach, billiger, Summenparameter,
  Nachteile:    Kreuzreaktivitäten, halbquantitativ, neu.

Die Schnelltests dienen vor Ort dem Screening, der Gefahrenabschätzung und der Probenauswahl für die Laboranalyse, während die Standardmethoden zur Bestätigung positiver Ergebnisse und zur Einzelparameteranalyse benötigt werden.

Wichtig für den Einsatz der Schnelltests ist die erwiesene Zuverlässigkeit. Deshalb wurden weitere Studien auf nationaler Ebene zur Validierung des *D TECH®-TNT Explosivstoff Schnelltests* als Instrument bei der Untersuchung von Rüstungsaltlasten an repräsentativen Liegenschaften durchgeführt [3, 4]. Die Industrieanlagen Betriebsgesellschaft (IABG) wurde von Merck beauftragt, den Schnelltest durch Vergleich der Schnelltestergebnisse mit denen der konventionellen Labormethode (hier: HPLC mit Diodenarray Detektion im UV) zu validieren. Die Handhabung des Tests sollte im praktischen Einsatz getestet und eventuelle Verbesserungsvorschläge abgeleitet werden. Als Untersuchungsobjekt wurde von der IABG die Munitionsanstalt Süptitz bei Torgau vorgeschlagen. Als Munitionsanstalt und Füllstelle während des 1. und 2. Weltkrieges ist die Liegenschaft repräsentativ für eine ganze Reihe von Rüstungsaltlastverdachtsstandorten.


## Testprinzip und Testdurchführung


Der *D TECH®-TNT Explosivstoff Schnelltest* basiert auf dem Prinzip des kompetitiven ELISA (enzyme-linked immunosorbent assay).

In dem *D TECH®*-Test sind TNT-spezifische Antikörper an Latexpartikeln als Festphase gebunden. Zusammen mit einem Enzymkonjugat (hier: alkalische Phosphatase an TNT gebunden) werden die Latexpartikel in kleinen Testgläsern gefriergetrocknet.

Während der Analyse wird der Analyt zunächst mit einem organischen Lösungsmittel aus der Bodenprobe extrahiert. Der Extrakt wird zweimal mit einem wässrigen Puffer verdünnt, dann zu dem Inhalt des Testglases gegeben und 2 min stehen gelassen. In dieser Zeit konkurrieren der Analyt und das Enzymkonjugat um die Bindungsstellen der Antikörper. Da die im Puffer suspendierten Latexpartikel sehr klein sind, steht eine sehr große Reaktionsfläche zur Verfügung. Die Reaktion ist nach 2 min praktisch vollständig abgeschlossen, und der Inhalt des Testglases wird in einen Filtertopf gegossen. Die Siebgröße der Filtrationsmembran ist so gewählt, daß die Latexpartikel sie nicht passieren können. Alle Komponenten, die nicht mit den Antikörpern reagiert haben und an die Latexpartikel gebunden sind, werden durch die weiße Filtrationsmembran gewaschen.

Nun gibt man das Farbreagenz (Chromogen) hinzu. Innerhalb von 10 min setzt die alkalische Phosphatase das Chromogen zu einem blauen Farbstoff um. Die Konzentration des Analyten wird dann semiquantitativ durch Vergleich der gebildeten Farbe mit einer Farbkarte oder genauer mit dem DTECHTOR, einem Taschenreflektometer, bestimmt. Die Farbintensität ist umgekehrt proportional zur Analytkonzentration in der Probe, d.h. je höher die Analytkonzentration, um so heller ist die Farbe. Eine Referenz, die parallel zu jeder Probe mitgeführt wird, sorgt für eine hohe Nachweissicherheit und gleicht Einflüsse durch Temperatur und Handhabung aus.

## Validierung

Zur Validierung wurden von der IABG 69 Bodenproben (aus 13 Rammkernsondierungen, 4 Schlitzsondierungen und 13 Oberflächenproben) untersucht. Die nachgewiesenen Konzentrationen an sprengstofftypischen Verbindungen im Zentralbereich der ehemaligen MUNA lagen zumeist in dem für die Altlastenanalytik wichtigen Bereich um 1 ppm [5]. TNT-Konzentrationen ab 0,5 ppm wurden von dem Schnelltest sicher angezeigt. Es wurden *keine falsch negativen Resultate* verzeichnet. Auch wurden bei einem positiven Befund des Schnelltests stets TNT und/oder seine Metabolite in der HPLC-Analytik nachgewiesen. Die Ergebnisse der metabolitenreichsten Proben sind in Tabelle 1 zusammengestellt:

**Tabelle 1.** Ergebnisse der Altlastenanalytik

| Probe | TNT-Äquivalente [mg/kg] | | Anteil der Metabolite [%] | |
|---|---|---|---|---|
| | DTECH | HPLC | Konzentration | TNT-Äquivalent |
| MT 9/3 | 0,7 | 0,6 | 98 | 80 |
| MT 7/2 | 1,17 | 0,44 | 98 | 80 |
| MT 13/1 | 1,1 | 1,36 | 92 | 45 |
| MT 13/2 | 0,5 | 0,13 | 83 | 31 |
| MT 9/1 | 0,9 | 0,39 | 87 | 33 |
| MT 11/1 | 0,9 | 1,14 | 78 | 21 |

Der Test hat sich als robust gegenüber dem Vorhandensein von Metaboliten des TNT, als auch von Hexogen, 1,3-Dinitrobenzol und 1,3,5-Trinitrobenzol erwiesen. Zwischen dem Schnelltestergebnis und der HPLC-Analyse wurde eine sehr gute Korrelation festgestellt, wie in Abb. 1 gezeigt; aus beiden Datensätzen wurde ein Korrelationskoeffizient von 0,95 berechnet.

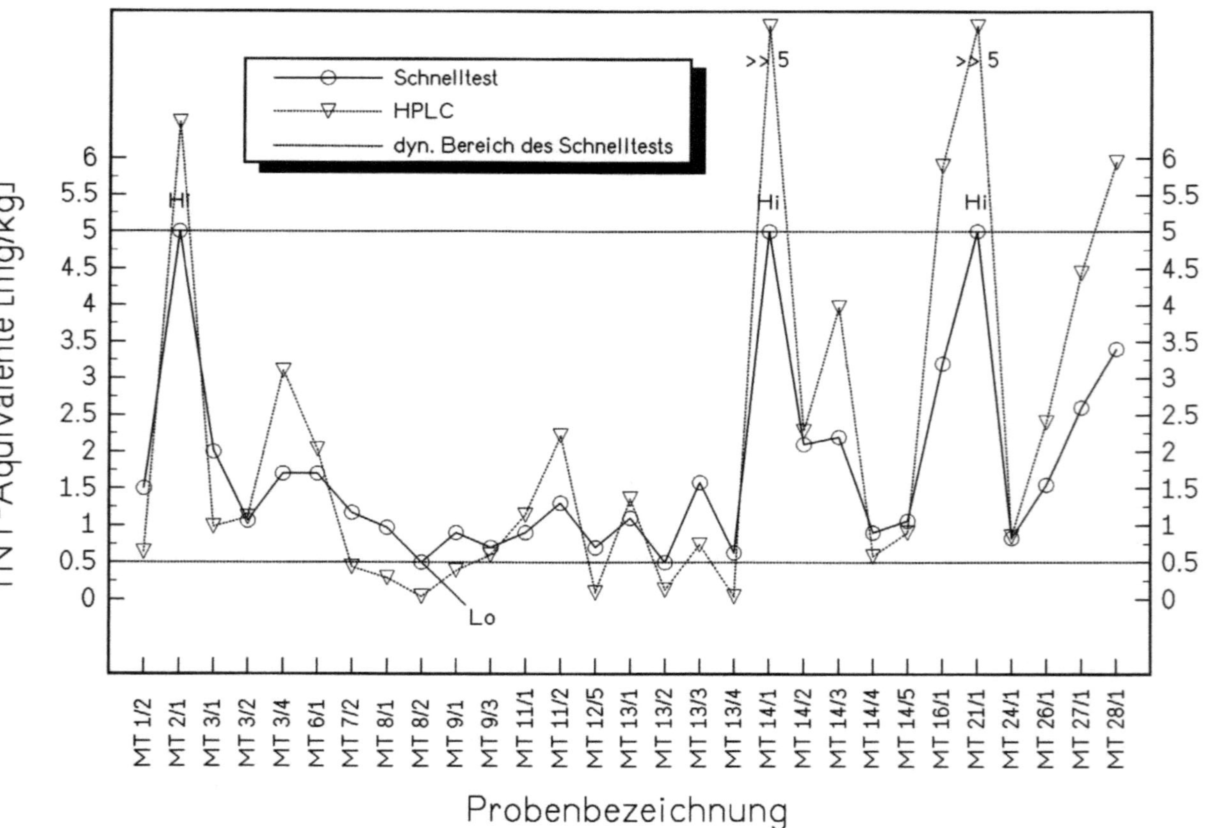



**Abb. 1.** Vergleich von Schnelltest- und HPLC-Ergebnissen – vollständiger Datensatz

Zusätzliche Untersuchungen sollten abklären, inwieweit verlängerte Extraktionszeiten einen Einfluß auf die Ergebnisse haben. Daher wurden einige Proben statt der üblichen 3 min über 10 min mit dem *D TECH®-TNT Extraktionsset* extrahiert. Nur bei 4 Proben konnte eine signifikante Zunahme beobachtet werden. Es handelte sich um höher belastete oder stark bindige Böden. Eine Verlängerung der Extraktionszeit ist i.allg. nicht notwendig.

Durch die hohe festgestellte Nachweissicherheit des Test gerade im Bereich zwischen 0,5 und 1,5 ppm TNT ist der *D TECH®-TNT Explosivstoff Schnelltest von Merck* ein geeignetes und kostengünstiges Mittel zur Steuerung von Vor-Ort-Maßnahmen wie Altlastenuntersuchungen/Sondierungen und Sanierung.

***D TECH®-Schnelltests sind schnell, einfach und mobil einsetzbar.***

Alle zur Testdurchführung benötigten Materialien sind in den Testpackungen enthalten. Die Reagenzien sind gebrauchsfertig. Ergebnisse liegen nach ca. 15 min vor Ort vor. Man muß also nicht mehr auf Laborergebnisse warten. Die Nachweisgrenzen liegen im ppb- und ppm-Bereich, also in Konzentrationen, die für Vor-Ort-Entscheidungen benötigt werden.

***D TECH®-Schnelltests sind zuverlässig, und ihr Einsatz ist wirtschaftlich.***

Die Ergebnisse sind mit Standardmethoden vergleichbar. Unbelastete Proben können mit 99%iger Sicherheit schon vor Ort erkannt werden. Damit wird die Vorauswahl der positiven Proben, die zur Bestätigung und Einzelstoffanalytik ins Labor gesandt werden müssen, erleichtert und die Anzahl der Proben reduziert. Deshalb wird der Einsatz dieser Tests auch von der EPA (Environmental Protection Agency) empfohlen. Der Preis pro Bestimmung ist niedrig.

# Einsatzgebiete der D TECH®-Schnelltests

Immunologische Screeningverfahren sind ideal geeignet für die schnelle, zuverlässige und kostengünstige Erkundung von Verdachtsflächen, die Identifizierung von Hot-spots, die Steuerung von Sanierungsarbeiten, Risikoabschätzung, Vorselektion von Proben für die Standardanalytik oder auch Eingangskontrolle bei Deponien und Entsorgern.

## Literatur

[1] Bestandsaufnahme von Rüstungsaltlastverdachtsstandorten in der Bundesrepublik Deutschland, Band 1: Verdachtsstandorterfassung, Band 4: Explosivstofflexikon, Band 3: Findmittelverzeichnis, Archive, J.Thieme, IABG Ottobrunn, im Auftrag des Umweltbundesamtes 1992.

[2] Berry Lesnik, Environmental Protection Agency, 1992.

[3] Validierung und Felderprobung eines TNT-Schnelltests anhand von Altlastenuntersuchungen auf dem Gelände einer ehemaligen Munitionsanstalt, A. Bongartz, R. Gail-Eller, UTA4/95, 1995, 364-373.

[4] Schnelle Vor-Ort-Analytik mittels TNT-Immunoassay im Rahmen der orientierenden Untersuchung einer ehemaligen Munitionsanstalt in Nienburg, K.-M. Wollin, NLÖ Hildesheim, in Vorbereitung 1996.

[5] Listen Stoff- und Konzentrationsbezogene Kriterien zur Bewertung von Rüstungsaltlasten (Rev.3/01.10.1993), Rüstungsaltlasten in Niedersachsen, Gefährdungsabschätzung, NLÖ, Hildesheim, K.-M. Wollin, und darin zitiert: Toxikologische Bewertung der Rüstungsaltlast „Neue Wiese – MUNA Lehre", FoBig GmbH Freiburg, 1991.

# Verfahren zur Probenahme aus TNT-verunreinigten Kanälen und deren Reinigung

Jürgen Martens

## 1 Einleitung

Bei der Produktion und Verarbeitung von TNT gelangten – insbesondere auf alten Produktionsstätten bzw. bei deren Zerstörung – erhebliche Mengen sprengstofftypischer Verbindungen in das umliegende Gelände und das Grundwasser.

Häufig wurden die alten Produktions- und Verarbeitungsstätten nach dem Krieg weitergenutzt, und es kann davon ausgegangen werden, daß die Gebäude dekontaminiert wurden. Die Kontamination des Bodens stellt eine wesentliche Gefahr für das Grundwasser dar. Das heißt, der Boden muß saniert werden.

Wenig Aufmerksamkeit richtete man jedoch bisher auf sprengstofftypische Verbindungen, die noch in der Kanalisation vorhanden sind. Von dieser Kanalisation gehen prinzipiell die gleichen Gefahren wie von entsprechend verunreinigten Böden aus. Untersuchungen in Hessisch Lichtenau-Hirschhagen und Stadtallendorf haben gezeigt, daß TNT teilweise als reines TNT kristallin in den Kanälen vorhanden ist.

Bisher liegen allerdings keine Abschätzungen darüber vor, wieviel TNT im Boden und wieviel in der Kanalisation vorhanden sein könnte.

Auf dem Gelände der ehemaligen Sprengstoffproduktion am Stadort DAG Stadtallendorf wurde ein Abwassernetz von insgesamt 60 km Länge betrieben. Dieses Netz ist entsprechend der Nutzung in vier Systeme aufgeteilt. Etwa 50% des Netzes werden noch für die kommunale Entwässerung genutzt.

Aufgrund der vorhandenen Informationen kann nicht abgeschätzt werden, welches Gefährdungspotential von der ehemaligen Werkskanalisation ausgeht. Es kann z.B. nur vermutet werden, wieviel Sprengstoff bzw. Vor- oder Abbauprodukte in der Kanalisation vorhanden sind und wie sich diese Stoffe auf die Schutzgüter Boden und Wasser auswirken.

Die in diesem Beitrag beschriebenen Arbeiten für den Standort Stadtallendorf wurden vom Land Hessen, vertreten durch das Regierungspräsidium, beauftragt und finanziert. Die Sanierungsträgerfunktion wurde an die Hessische Industriemüll GmbH, Bereich Altlasten (HIM/ASG), übergeben.

## 2    Gefährdungspotential und Sicherheitsproblematik

### 2.1    Gefährdungsschwerpunkte in der Kanalisation

Allgemein sind die Produktionsgebäude mit den zugehörigen Abwasserleitungen als Bereiche mit dem größten Gefährdungspotential anzusehen. Insbesondere an Tiefpunkten und Absetzbecken sind hohe TNT-Konzentrationen zu erwarten. Auch im Bereich der Füllstellenbetriebe der ehemaligen Schmelz- und Gießhäuser können erhöhte Belastungen auftreten.

Entsprechend den Dokumentationen über Anlagen und Funktionen des von der Dynamit AG in Stadtallendorf errichteten Sprengstoffwerks ist die Abwassermenge der Füllstellen weit geringer als die der Sprengstoffwerke. Dafür waren die Konzentrationen jedoch wesentlich höher.

Im Zusammenhang mit dem Gefährdungspotential der Abwasseranlagen wird auf sicherlich schon länger zurückliegende, jedoch wesentliche Vorkommnisse hingewiesen, deren Wiederholung durchaus nicht ausgeschlossen werden kann: Aus der Kanalisation einer Eisengießerei schoß beim Ausleeren glühender Gußstücke eine 3-4 m hohe Stichflamme. In einer 6-7 m tiefen Schachtung wurde rötlich gefärbtes Wasser festgestellt. Dieses Wasser wies einen typischen mandelartigen Geruch auf. Aus dem Wasser bzw. dem Schlamm-Wasser-Gemisch wurde eine Probe mit folgenden Werten gezogen:

|  |  |
|---|---|
| – Mononitrotoluole (2-, 3-, 4-) | 657,0 mg/l |
| – 2,6-Dinitrotoluol | 23,8 mg/l |
| – 2,4-Dinitrotoluol | 126,0 mg/l |
| – Trinitrotoluol | 86,4 mg/l |

In Hirschhagen wurden entsprechend den Berichten u.a. des Büros Rother in der roten und blauen Kanalisation die höchsten Kontaminationen festgestellt. Jedoch auch in der gelben und grünen Kanalisation ergaben sich teilweise hohe Anteile an TNT bzw. DNT.

Teilweise treten Kontaminationen in Abhängigkeit vom Niederschlag auf. Probenahmen sollten also bei verschiedenen Abflußsituationen durchgeführt werden. Besonders problematisch sind alte Absetzbecken und Kläranlagen.

Aufgegliedert nach den TNT-Produktionsbereichen lassen sich am ehemaligen DAG-Standort Stadtallendorf vier Nutzungstypen der Kanalisation unterscheiden:

1. Rote Kanalisation für säurehaltige Abwässer aus der TNT-Produktion,
2. Blaue Kanalisation für Reinigungswasser aus den Produktions- und Verarbeitungsbetrieben,
3. Gelbe Kanalisation für Kondensatabwasser aus den Säurebetrieben,
4. Grüne Kanalisation für säurefreie Kühl- und Spülabwässer.

Das *rote Abwasser* enthält Säuren, Alkalien sowie instabile TNT-Verbindungen, hat eine bordeauxrote Farbe und einen intensiven Geruch nach Bittermandel. Infolge seines Gehaltes an Restsprengstoff weist es eine hohe Fischgiftigkeit auf.

In die rote Kanalisation münden Abflüsse aus sogenannten Feuerbogenschüsseln. Feuerbogenschüsseln wurden unter den Kupplungsstellen von sprengstofführenden Leitungen angeordnet. Diese sprengstofführenden Leitungen wurden oberirdisch verlegt. Aus Sicherheitsgründen waren die sprengstofführenden Leitungen mit Kupplungsstücken versehen, die nur verbunden wurden, wenn Sprengstoff von einem Gebäude zum anderen gedrückt wurde.

Unter diesen Kupplungsstücken fingen die Feuerbogenschüsseln eventuell herabtropfende Sprengstoffreste auf. In den Feuerbogenschüsseln ist daher mit großer Sicherheit hochkonzentriertes TNT zu erwarten.

*Blaues Abwasser* fällt bei der Reinigung der Nitrierkessel der Rohrleitungen und bei Gebäudereinigungen an. Bei der Produktion des TNT reichert sich die Raumluft mit nitrosen Gasen aus der Nitrierherstellung sowie mit Staubpartikeln aus der Sprengstoffherstellung an. Dieser Staub ist äußerst schlag- und hitzeempfindlich und muß regelmäßig von den Wänden abgewaschen werden.

Das Gebäudereinigungswasser hat eine dunkelrote Farbe, der Säure- und Sprengstoffgehalt schwankt stark. Die Giftigkeit dieses blauen Abwassers übersteigt die des roten Abwassers. Entsprechend aufwendig sind die Verfahren zur Abwasserreinigung.

Das *Kondensatwasser der gelben Kanalisation* fällt bei der Aufbereitung der Abfallsäure in den Denitrieranlagen und bei der Aufkonzentrierung der Schwefelsäure in den Säurebetrieben an und ist durch Säure sowie verschiedene Nitroverbindungen verunreinigt.

Die Abwässer der roten, blauen und gelben Kanalisation wiesen einen extrem niedrigen pH-Wert von < 1 auf. Daher waren bei der Ableitung des Abwassers bis zur Neutralisationsanlage aufwendige Arbeiten beim Bau der Kanalisation und Schächte erforderlich.

## 2.2    Explosionsgefahr

Explosionsgefahr besteht nach Aussagen von Sprengstoffexperten vermehrt bei einem TNT-Gehalt > 15-20 Gew.-% TNT im Boden und bei TNT-Stücken mit Kantanlängen > 1 cm. Entsprechend einem Untersuchungsbericht der Bundesanstalt für Materialprüfung vom 09.03.1992 besteht Explosionsgefahr bei einer Reibebeanspruchung > 360 N und einer Schlagbeanspruchung > 4 Joule.

## 2.3    Toxikologisches Gefährdungspotential

Bei der Sprengstoffproduktion wurden Stoffe eingesetzt und hergestellt, von denen Gefahren für die Gesundheit ausgehen. Die verschiedenen Nitrotoluole wirken vor allem über die Haut, aber auch über die Atmung auf den Körper ein. Die Folgen erhöhter Exposition sind Magen- und Darmbeschwerden, Übelkeit, Atemnot und Bewußtlosigkeit.

Einige sprengstofftypische Verbindungen sind erkennbar an ihrem bittermandelähnlichen Geruch (Marzipan) und der hellroten Einfärbung des Wassers. Wegen der niedrigen Geruchsschwelle ist aber eine rechtzeitige Wahrnehmung gegeben.

Blutschädigende Wirkungen ergeben sich durch Methämoglobinbildung, die den Sauerstofftransport im Blut beeinträchtigen. Symptome sind Blaufärbungen von Lippen und Nagelbett sowie Störungen des Nervensystems aufgrund mangelnder Sauerstoffversorgung. Sehr hohe Expositionen können zum Tod führen. Kanzerogene und mutagene Wirkungen sind möglich.

Für das Schutzgut Boden werden toxikologisch begründete Sanierungsrichtwerte i.allg. als Toxizitätsäquivalente, bezogen auf TNT, angegeben. Toxizitätsäquivaltente ergeben sich durch die Multiplikation von Gewichtungsfaktoren mit Gewichtsanteilen sprengstofftypischer Verbindungen.

## 2.4    Sicherheits- und Gesundheitsschutzplan

Bei der Bearbeitung von Altlasten und im besonderen von militärischen Lasten ist der Sicherheits- und Gesundheitsschutzplan (früher: Arbeits- und Sicherheitsplan) gemäß den „Richtlinien für Arbeiten in kontaminierten Bereichen – ZH 1/183" die unerläßliche Basis zur Planung des Arbeits- und Gesundheitsschutzes.

Die Richtlinien für Arbeiten in kontaminierten Bereichen (ZH 1/183) wurden vom „Fachausschuß Tiefbau beim Hauptverband der gewerblichen Berufsgenossenschaften" erarbeitet. Der Geltungsbereich dieser Richtlinien umfaßt Erkundungs- und Sanierungsarbeiten.

# 3     Kanalerkundung

## 3.1     Ziel der Kanalerkundung

Ziel der Kanalerkundungen sind Informationsgewinne über den Verschmutzungs-
grad ungenutzter und genutzter Kanäle, über Sprengstoffmengen sowie über den
Bauzustand (Schadenszustand) der Haltungen.

Daten zur Abschätzung des Gefährdungspotentials der Kanalisation sowie über
das Ausmaß von Beschädigungen und möglichen Kontaminationspfaden sollen
gewonnen werden.

Mit den ermittelten Daten soll die Sicherung bzw. Sanierung des übrigen Kanal-
netzes beurteilt werden können. Technische Alternativlösungen bei der Kanaler-
kundung, -reinigung und -sicherung werden überprüft. Das Ziel der Erkundung ist
mit dem Sanierungsziel abzustimmen.

Im folgenden werden einige Sanierungsmöglichkeiten aufgeführt:

- Rohre versiegeln und TNT-Rest dort belassen,
- Belastungsschwerpunkte reinigen,
- Sicherung eventueller Trinkwassergewinnung.

Weiterhin stellt sich die Frage, ob die Kanäle weiter genutzt werden können und
sollen. In diesem Fall müßten die Kanäle saniert (falls erforderlich) und auf Dich-
tigkeit überprüft werden.

Das Hauptziel der Erkundungs- und eventuellen Sanierungsarbeiten besteht
darin, die Emission von kanzerogenen und erbgutschädigenden Stoffen aus den
Abwasserbeseitigungsanlagen auf kostengünstige Art möglichst gering zu halten.

## 3.2     Ortung von Kanälen

Selten sind exakte Bestandspläne für alte Kanalisationsbereiche vorhanden. Für
die Ortung von Kanälen stehen verschiedene Verfahren zur Verfügung.

### Aufgraben

Bei diesem Verfahren wird das Rohr durch Querschläge gesucht. Insbesondere im
Straßenbereich und bei tiefliegenden Kanälen sind jedoch erhebliche Behinderun-
gen und Kosten mit dem Aufgraben verbunden.

### Elektronische Verfahren

Bei diesem Verfahren wird ein Sender auf die Kamera bzw. auf den Schlitten
montiert. Dieser Sender kann von der Geländeoberkante genau geortet werden.

Sollte ein Kanal verstopft oder zusammengebrochen sein, kann zumindest der Beginn dieses Abschnitts von beiden Seiten exakt ermittelt werden.

### Bodenradar

Mit Hilfe des Bodenradars sind u.a. folgende Arbeiten durchführbar:

1. Lagefeststellung von Rohren und Kabeln,
2. Archäologische Untersuchungen,
3. Untersuchungen der Gebäudestruktur,
4. Untersuchungen auf Risse in Gebäuden.

Für Bodenradaruntersuchungen stehen handliche Geräte zur Verfügung. Mit Bodenradar können Untersuchungen bis zu einer Tiefe von ca. 25 m durchgeführt werden. Ohne Aufgrabungen sind die Lage und das Vorhandensein sämtlicher Rohrleitungen und Kabel dokumentierbar. Durch Bodenradar erhält man insbesondere in nichtbindigen Böden gute Ergebnisse.

### Eisendetektoren

Auch Eisendetektoren eignen sich zur Erkundung von Leitungen. Die Arbeitstiefe ist jedoch auf ca. 6 m begrenzt. Nur ferromagnetisches Material kann festgestellt werden.

Da jedoch bei den Rohren im DAG-Bereich aus Sicherheitsgründen Stahlummantelung eingebaut wurde, könnte bei flachliegenden Kanälen auch der Eisendetektor angewendet werden, um deren Lage festzustellen.

### Bohrungen

Im Bereich verschütteter oder zerstörter Kanalbohrungen kann direkt im Nahbereich eine Bohrung niedergebracht werden. Anhand von Bodenproben aus dieser Bohrung sind eventuelle Kontaminationen im Bereich des Rohres mit relativ geringem Aufwand feststellbar. Bohrungen sind in Zusammenhang mit TNT wegen der Explosionsgefahr als sehr problematisch anzusehen, jedoch mit entsprechenden Sicherheitsvorkehrungen durchführbar.

### Radiodetektion

Radiodetection eignet sich für die Ortung nichtmetallischer Leitungen. Eine Sonde wird in den Kanal eingeführt und strahlt ein Hochfrequenzsignal aus. Diese Sonde kann über dem Erdreich präzise mit dem Empfänger verfolgt werden. Die Stärke der Überdeckung ist von der Tiefenskala ablesbar.

### Akustische Ortung

Bei Kanalspülarbeiten können überschüttete Kanaldeckel in zahlreichen Fällen akustisch durch die Geräusche des Spülgerätes im Kanal geortet werden.

## 3.3    Probenahmen aus Sedimenten und Inkrustierungen unter TV-Beobachtung

Probenahmen aus Sedimenten der Abwasserkanäle sind als erster Erkundungsschritt zweckmäßig. Sie sind unter Kameraüberwachung durchführbar. Das in Stadtallendorf eingesetzte Probenahmegerät war als Hülse ausgebildet und vor die Kamera gesetzt (Abb. 1).

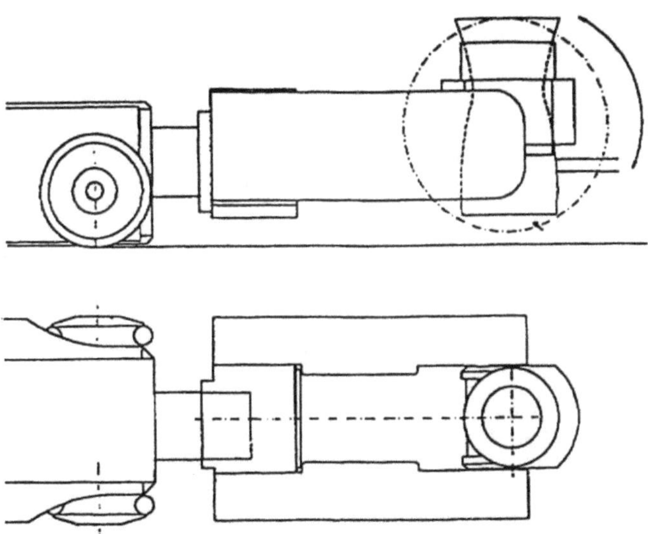

**Abb. 1.** Skizze des Probenehmers (Fa. Kipp, Bielefeld)

Der Vorteil einer Probenahme besteht darin, daß ohne Spül- oder Fräsarbeiten Informationen über den TNT-Gehalt eventueller Ablagerungen oder Sedimente gewonnen werden können. Die Proben werden nach sprengstofftypischen Verbindungen untersucht. Analysen auf gefährliche Stoffe (z.B. Pikrinsäure) sind entsprechend den langjährigen Untersuchungen in Stadtallendorf nicht erforderlich. Beispiele für Probenahmeergebnisse in einem genutzten Kanal sind in Anlage 1 aufgeführt.

## 3.4    Entnahme von Wasserproben

Bei der Entnahme von Wasserproben aus dem Spülwasser sind Vermischungen mit Abwässern, Regenwasser und Grundwasser aus den ansässigen Firmenhausanschlüssen zu vermeiden.

Eine Schöpfprobe aus einem genutzten Teil der ehemaligen „roten" Kanalisation beinhaltete insgesamt ca. 1 mg/l sprengstofftypische Verbindungen.

## 3.5    Kanalspion

Der Kanalspion besteht aus einer Halbkugel aus Blei, in die Löcher zur Aufnahme
von Röhrchen gebohrt wurden. In diesen Röhrchen (Abb. 2) befindet sich schad-
stoffsammelnde Reagenz, wie zum Beispiel Aktivkohle. An Aktivkohle lagern sich
TNT und dessen Abbauprodukte an. Der Einsatz des Kanalspions ergab bisher
keine verwertbaren Ergebnisse.

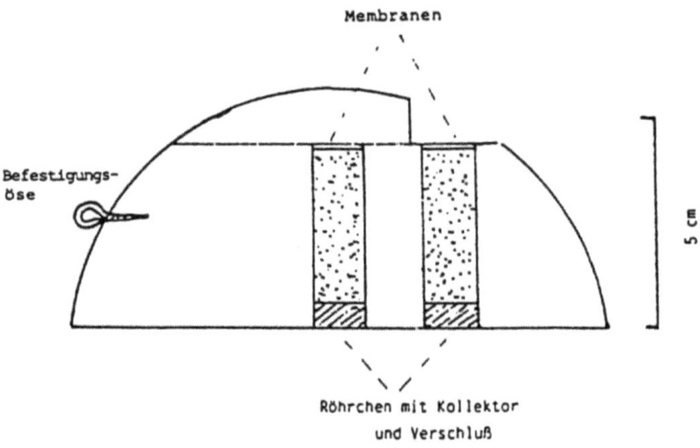


**Abb. 2.** Kanalspion (E. Koppe, W. Jabs) – Querschnittzeichnung

# 4    Kanalreinigung

## 4.1    Biologischer Abbau des TNT in der Kanalisation

Von der Universität Göttingen wurde untersucht, ob sprengstofftypische Verbindungen im Boden durch Pilze abgebaut werden können. Entsprechend den Ergebnissen verringert sich durch den Abbau mit Pilzen auf jeden Fall die Toxizität.
Die Pilze benötigen jedoch spezielle Umweltbedingungen, um TNT abbauen zu
können. Diese Bedingungen sind innerhalb der Kanalisation nicht gegeben und
kostengünstig auch nicht herstellbar. Aus diesen Gründen wird auf entsprechende
Versuche verzichtet.

## 4.2    Fräsen

Fräsköpfe verschiedener Art können zur mechanischen Entfernung festsitzender
Anhaftungen in den Kanälen angewendet werden. Fräsen können durch Elektromo-

toren und alternativ hydraulisch angetrieben werden. Bei Fräsarbeiten sind Kamerabeobachtung und Steuerung des Fräskopfes möglich. Bei Fräsarbeiten ist der Kanal mit Wasser zu reinigen, oder gelöstes Material ist aus dem Kanal abzusaugen. Die Explosionsgefahr beim Fräsen ist durch niedrige Drehzahl und funkenfreie Materialien (z.B. Bronze) reduzierbar.

Über den Einsatz von Fräsen in TNT-verunreinigten Kanälen liegen noch keine verwertbaren Ergebnisse vor. Für 1996 sind in Stadtallendorf Versuche vorgesehen.

## 4.3    Hochdruckreinigung

Die Reinigung von Kanälen mit Hochdruckspülgeräten ist das zur Zeit wirtschaftlichste und technisch vollkommenste Verfahren. Der Hochdruckschlauch kann über eine Umlenkrolle vom Straßenniveau aus in die zu säubernde Kanalleitung eingeführt und wieder herausgezogen werden. Arbeiter brauchen nur in die Schächte einzusteigen, um eventuell vorhandene Absperrorgane herauszunehmen.

Bewährt haben sich Hochdruckspülgeräte mit einem Betriebsdruck von 100-150 bar. Mit entsprechendem Gerät kann der Wasserdruck auch wesentlich gesteigert werden, um besonders harte Inkrustierungen herauszulösen. Mit einer Steigerung des Drucks wächst jedoch auch die Gefahr, daß die Rohrwandung durch Abplatzungen oder Herauslösen von Teilchen geschädigt wird. Da noch nicht bekannt ist, ob und wie die Kanalisation des Rüstungsaltstandortes Stadtallendorf saniert wird, ist dieser Aspekt von besonderer Bedeutung.

Durch Versuche sollte eine Kombination von Kanalreinigungsmundstück und Druck gefunden werden, bei dem mit möglichst geringem Energieaufwand und Wasserverbrauch eine optimale Reinigungsleistung erzielt wird. Die Reinigungsleistung hängt hauptsächlich von der Wassermenge pro Zeiteinheit und weniger vom Wasserdruck ab.

Bei der Auswahl des Mundstücks ist zu beachten, daß einige große Düsen oder Bohrungen wesentlich günstiger für die Strömungsverhältnisse und Reinigungsleistungen sind als viele kleine Düsen und Bohrungen.

Prinzipiell kann auch gegen das Gefälle gereinigt werden. Gelöste Inkrustierungen und Sedimente werden beim Zurückziehen des Kanalreinigungsmundstücks mittransportiert. Die Rückzugsgeschwindigkeit darf jedoch nicht zu hoch gewählt werden, wenn alle gelösten Ablagerungen aus dem Rohr beseitigt werden sollen. Ist die Rückzugsgeschwindigkeit zu hoch, baut sich hinter dem Mundstück ein Haufen auf. Wird der Haufen zu groß, überspringt ihn das Mundstück, und es beginnt einen neuen Haufen aufzubauen. Die Verunreinigungen liegen dann wellenförmig auf der Kanalsohle.

Während der Spülarbeiten sollten evtl. Kanalabflüsse über eine Wasserhaltung an der Teststrecke vorbeigeleitet werden, damit keine sprengstofftypischen Verbindungen über Kanalisation und Kläranlage in die Gewässer gelangen. Die zu spülenden Kanalstrecken sollten mit Blasen verschlossen und eventuell anfallendes Abwasser umgepumpt werden.

Prinzipiell besteht bei der Hochdruckspülung die Gefahr, daß kontaminiertes Wasser durch defekte Rohrleitungen in den Untergrund gelangt. Das heißt, daß durch diese Art der Sanierung ein neues Gefährdungspotential für das Grundwasser entsteht. Hochdruckspülung sollte daher nur in Kanalbereichen angewendet werden, bei denen aufgrund der vorherigen TV-Befahrung und Probenahme von intakten Rohrleitungen ausgegangen werden kann.

Bei der Hochdruckspülung sollten Spülfahrzeuge mit Wasserrückgewinnung eingesetzt werden, um möglichst wenig kontaminiertes Abwasser zu erhalten.

In Hessisch Lichtenau-Hirschhagen wurden von der HIM/ASG, unter Leitung u.a. des Ingenieurbüros Rother, wesentliche Erfahrungen im Zusammenhang mit der Hochdruckspülung gesammelt. Zeitweilig wurden keine Kanäle gespült, da aufgrund eines Gutachtens der Bundesanstalt für Materialprüfung eine Explosionsgefahr nicht ausgeschlossen werden konnte. Hieraus würden sich erhebliche Sicherheitsvorkehrungen bei der Hochdruckspülung ergeben, die insbesondere in Bereichen mit Wohn- oder Gewerbenutzung zur Irritation der Bevölkerung führen könnten.

1995 ließ die HIM/ASG Versuche zum Hochdruckspülverfahren durchführen. Ergebnis war, daß am Spülfahrzeug erheblich höhere Drücke als außerhalb des Spülkopfes gemessen wurden, so daß eventuell mitgerissene Teilchen die explosionsauslösende Schlagenergie von 4 Joule nicht erreichen können (Bericht des Ingenieurbüros Rother vom 09.06.1995).

Problematisch könnte jedoch sein, daß der Spülkopf während des Spülvorgangs gegen die Rohrwandung schlagen kann. Sinnvoll ist die Anwendung leichter Spülköpfe, die zusätzlich gepolstert werden sollten. Möglich erscheint auch die Verwendung sehr schwerer Spülköpfe, die nicht schlagen. Bei Versätzen in der Kanalleitung fallen diese Spülköpfe jedoch in den tiefer liegenden Kanalabschnitt und dürfen hierbei eine Schlagenergie von 4 Joule nicht erreichen.

### 4.4    Reinigung der Kanäle mit Druckluft

Mit einem Robot-Fahrzeug können unter TV-Beobachtung TNT-Inkrustierungen und Ablagerungen mit einer schwenkbaren und rotierbaren speziellen Luftlanze gelöst werden. Das Gerät wird ferngesteuert. Gelöstes Material kann im Kanal abgesaugt oder innerhalb der Kanalisation mit Luftstrahl in einen Auffangbehälter transportiert werden.

Die Abluft kann zur Erhöhung der Arbeitssicherheit in einem geeigneten Absetzbehälter von gröberen Inhaltsstoffen befreit, zur Ausscheidung eventueller Staubpartikel durch eine Vakuumringpumpe geführt und über Aktivkohle von sprengstofftypischen Verbindungen gereinigt werden.

Die Reinigung kontaminierter Kanalrohre mit Druckluft weist den Vorteil auf, daß kein kontaminiertes Wasser in den Untergrund gelangen kann. Es braucht auch kein kontaminiertes Wasser, wie z.B. bei dem Hochdruckspülverfahren, aufbereitet zu werden. Lediglich die im Kanal vorhandenen Feststoffe sind zu entsorgen. Das Verfahren ist allerdings nicht oder nur bedingt einsatzfähig, wenn der Kanal mit Feststoffen wie z.B. mit Steinen gefüllt und deshalb nicht befahrbar ist.

Die Reinigung TNT-verunreinigter Kanäle wurde in Firmenversuchen erprobt, bei denen TNT flüssig in Steinzeugrohre eingebracht wurde. Nach dem Erstarren wurde es erfolgreich mit der Luftlanze gelöst, d. h. das Verfahren ist einsetzbar, wurde jedoch noch nicht in der Praxis angewandt. Vor dem Einsatz sind Sicherheitsbetrachtungen, bezogen auf die Explosionsgefahr, auszuwerten. Da mit geringeren Drücken als bei der Hochdruckspülung gearbeitet wird, ist das Explosionsrisiko bei der Reinigung mit Druckluft geringer.

Ein wesentlicher Vorteil der Reinigung mit Druckluft liegt des weiteren darin, daß die Düse genau geführt wird und nicht, wie beim Hochdruckspülverfahren, schlagen kann. 1996 soll die Reinigung TNT-belasteter Kanäle mit Druckluft auf dem ehemaligen DAG-Gelände in Stadtallendorf erprobt werden.


# 5     Entsorgung

Grundsätzlich sind Entsorgungsnachweise für kontaminiertes Material erforderlich.


## 5.1     Spülgut und Sedimente

Ausgespülte Sedimente und Inkrustierungen sammeln sich bei Spülfahrzeugen mit Wasserrückgewinnung im Schlammbehälter des Spülwagens. In diesen Sedimenten ist auch evtl. ausgespültes TNT enthalten. Das ausgespülte Material kann mit einem TNT-Schnelltest daraufhin untersucht werden, ob es unter das Sprengstoffgesetz fällt.

Um die Spülgutmenge, die entsprechend dem Sprengstoffgesetz zu behandeln ist, gering zu halten, kann versucht werden,

- den TNT-Gehalt unter 10% zu reduzieren, indem TNT-Brocken
  aussortiert werden,
- Brocken mit einer Kantenlänge > 1 cm zu zerkleinern.

Die Zerkleinerung (z.B. mit einem Backenbrecher) ergibt jedoch nur Sinn, wenn auch nach der Zerkleinerung größerer Brocken der TNT-Gehalt desGemisches unter 10% liegt. Die v. g. Grenzbedingungen gelten in Hessen.

Entsprechend der Beprobung wird entschieden, ob das Material als Sediment oder als Sprengstoff zu behandeln ist. Für den Umgang und Transport von Sprengstoff und entsprechend eingestuftem Material kommen nur Personen mit einem Berechtigungsschein in Frage. Nicht unter das Sprengstoffgesetz fallende Sedimente werden wie kontaminiertes Bodenmaterial entsorgt.


## 5.2    Spülwasser

Spülwasser kann erhebliche TNT-Konzentrationen beinhalten. In Abhängigkeit von der Einleitung des gereinigten Abwassers können Reinigungsleistungen bis zu einer Grenzkonzentration von 1 µg/l erforderlich sein. TNT kann in Spülwasser in geringen Mengen von wenigen g/l sprengstofftypischer Verbindungen bei Raumtemperatur gelöst sein. Der Rest liegt als Feststoff vor bzw. befindet sich in Schwebe.

Die Aufbereitung kann auf verschiedenen Wegen und in mehreren Stufen erfolgen:
- Mechanische Aufbereitung:
  In einem Absetzbereich werden suspendierte Bestandteile und Sedimente, wie TNT, Sand und Erde, abgetrennt.
- Biologische Aufbereitung:
  Bei der Spülwasseraufbereitung sind schnellwechselnde Mengen und Konzentrationen zu erwarten, die sich für eine biologische Aufbereitung wenig eignen.
- Reinigung mit Aktivkohle:
  Als Absorptionsmittel wird im wesentlichen Aktivkohle verwendet.
  Mit Absorberharzen oder Tonmineralien ergeben sich wesentlich schlechtere Wirkungsgrade.
  Da es sich im Bereich Altlasten im allgemeinen um zeitlich begrenzte Sanierungsmaßnahmen handelt, ist die Behandlung des Abwassers mit Absorptionsmitteln (Aktivkohle) im Batch-Verfahren am besten geeignet. Vorgeschaltet werden sollte eine Absetzstufe.
  Bei hohen Konzentrationen ist der Einsatz von Pulverkohle zweckmäßig.
  Sinnvoll ist die Aufgliederung der Absorptionsstufe in zwei Reinigungsstufen,

bei denen die zweite eine reine Polizeifunktion haben sollte, das heißt, der Ablaufwert sollte bereits nach der ersten Reinigungsstufe erreicht sein.
– Oxidation z.B. mit Peroxid und Aufspaltung durch UV-Licht. Eine Aktivkohlestufe sollte nachgeschaltet werden.

## 5.3   Aktivkohle

Aktivkohle ist bei einem TNT-Gehalt über 10% entsprechend dem Sprengstoffgesetz zu entsorgen. Liegt die TNT-Menge unter 10%, kann die Entsorgungüber die HIM, Biebesheim erfolgen. Mit TNT belastete Aktivkohle ist in Fässern anzuliefern. Der Säuregehalt darf 2% nicht überschreiten, da sich sonst die Entsorgungskosten erhöhen. Alternativ kann belastete Aktivkohle regeneriert werden.

## Literatur

ATV-Merkblatt M 143, Teil 1, Grundlagen. Inspektion, Instandsetzung, Sanierung und Erneuerung von Entwässerungskanälen und -leitungen. Herausgegeben von der ATV in Zusammenarbeit mit dem VKS, Dezember 1989.

ATV-Merkblatt M 143, Teil 2, Optische Inspektion. Inspektion, Instandsetzung, Sanierung und Erneuerung von Abwasserkanälen und -leitungen. Herausgegeben von der ATV in Zusammenarbeit mit dem VKS, Juni 1991.

Feige-Munzig A., Sicherheits- und Gesundheitsschutzplan als Grundlage für Arbeits- und Gesundheitsschutz bei der Bearbeitung militärischer Lasten. Vortrag während der Fachtagung „Militärische Altlasten 95", 9.-10.02.1995 im Deutschen Ledermuseum Offenbach.

Friede H. (1992) Güteüberwachung und Qualitätssicherung bei der Sanierung von Entwässerungskanälen und -leitungen. Korrespondenz Abwasser, 39. Jahrgang 3/92: 348-354.

Hermann H. (1991) Behandlung von Abwässern aus Rüstungsaltlasten, Abfallwirtschaft in Forschung und Praxis, Band 40. Erich Schmidt-Verlag.

Koppe P., Jabs W., Essen (1987) Anwendung des Kanalspions zum Aufspüren von AOX-Emittenten. Korrespondenz Abwasser, 34. Jahrgang 10/87: 1037-1039.

Rother, Ing.-Büro, Zwischenbericht (unveröffentlicht), Stand der Untersuchung des Kanalsystems in Hessisch Lichtenau-Hirschhagen, 18.05.1992.

Rother, Ing.-Büro, Bericht über Spülversuche (unveröffentlicht), Sanierungsgebiet Hessisch Lichtenau-Hirschhagen, 09.06.1995.

Steiner H. R., Zürich (1992) Verhalten von Abwasserkanälen bei der Reinigung mit Hochdruckspülung. Korrespondenz Abwasser, 39. Jahrgang 2/92: 211-216.

Störner S. M., Düsseldorf/Larsson B., Kalmar (Schweden) (1990) Einfluß von Kanalreinigungsmundstücken auf das Reinigungsergebnis mit Hochdruckspülern. Korrespondenz Abwasser, 37. Jahrgang 11/90: 1340-1344.

Wolff H. J. (1989) Die Allendorfer Sprengstoffwerke DAG und WASAG. Herausgegeben vom Magistrat der Stadt Stadtallendorf, 2. Auflage. Gesamtherstellung J. A. Koch, Marburg.

Wolff H. J. (1993) Umweltauswirkungen einer Rüstungsaltlast, dargestellt am Beispiel der ehemaligen TNT-Fabrik Allendorf (Hessen). Wasser und Boden, Heft 4: 264-267.

## Anlage 1: Probenahmeergebnisse in einem genutzten Kanal

**UNTERSUCHUNGSBERICHT  -  RÜSTUNGSALTLASTEN**          **Nr. x1005.c12**

| | |
|---|---|
| Auftraggeber: | HIM - ASG |
| Probenahmestelle: | Stadtallendorf, Schacht 689 und |
| | 688 nach 14 m |
| Probenehmer: | Ing.-Büro Oppermann |
| Eingangs-Nr.: | 424/95 |
| Probenbezeichnung: | Material aus Kanalisation Stadtallendorf |
| | 1 Stück Sandstein (122,97 g) |
| | Probe Nr.: 424-1/95 |

Bemerkungen: Angabe des Ergebnisses bezogen auf Originalsubstanz

| Parameter | Einheit | Ergebnis | Nachweisgrenze |
|---|---|---|---|
| 2-Nitrotoluol | mg/kg | n.n. | 0,2 |
| 3-Nitrotoluol | mg/kg | n.n. | 0,4 |
| 4-Nitrotoluol | mg/kg | n.n. | 0,4 |
| 2.3-Dinitrotoluol | mg/kg | n.n. | 0,2 |
| 2.4-Dinitrotoluol | mg/kg | 2,17 | 0,25 |
| 2.6-Dinitrotoluol | mg/kg | 0,28 | 0,25 |
| 3.4-Dinitrotoluol | mg/kg | n.n. | 0,4 |
| 2.4.6-Trinitrotoluol | mg/kg | 7300 | 0,4 |
| 2.4.5-Trinitrotoluol | mg/kg | 12,6 | 0,75 |
| 2.3.4-Trinitrotoluol | mg/kg | 1,79 | 0,75 |
| 1.2-Dinitrobenzol | mg/kg | n.n. | 0,4 |
| 1.3-Dinitrobenzol | mg/kg | n.n. | 0,4 |
| 1.4-Dinitrobenzol | mg/kg | n.n. | 0,4 |
| 1.3.5-Trinitrobenzol | mg/kg | n.n. | 0,5 |
| 2.3-Diaminotoluol | mg/kg | n.n. | 0,5 |
| 2.4-Diaminotoluol | mg/kg | n.n. | 0,3 |
| 2.6-Diaminotoluol | mg/kg | n.n. | 0,3 |
| 2.4.6-Triaminotoluol | mg/kg | n.n. | 0,5 |
| 2-Amino-6-Nitrotoluol | mg/kg | n.n. | 0,1 |
| 2-Amino-4-Nitrotoluol | mg/kg | n.n. | 0,2 |
| 2-Amino-4.6-Dinitrotoluol | mg/kg | 23,9 | 1,0 |
| 4-Amino-2.6-Dinitrotoluol | mg/kg | 14,7 | 1,0 |
| 2.6-Diamino-4-nitrotoluol | mg/kg | n.n. | 1,0 |
| 3-Nitrobiphenyl | mg/kg | n.n. | 1,0 |
| 2.2-Dinitrobiphenyl | mg/kg | n.n. | 1,0 |
| 2.4-Dinitrodiphenylamin | mg/kg | n.n. | 0,5 |
| 1.3-Dinitronaphthalin | mg/kg | n.n. | 1,0 |

Nachweisgrenze:
in Abhängigkeit der
unterschiedlich ausgeprägten Matrixstörungen

Methode:    GC-FTD´
nach Extraktion
und Anreicherung

# Dekontamination von Rüstungsaltlasten durch Bodenwäsche und Begleittechniken

Jens Backsen

Die mögliche Umweltgefährdung durch industrielle Altlasten ist in den letzten Jahren immer stärker in den Mittelpunkt der öffentlichen Diskussionen gerückt. Durch die noch immer nicht voll erfaßte Altlastenproblematik in den neuen Bundesländern behält dieses Thema seine traurige Aktualität. Die Beseitigung dieser Altlasten wird in den nächsten Jahren und Jahrzehnten in der Bundesrepublik einen Finanzierungsaufwand von dreistelligen Milliardenbeträgen erfordern.

Soweit Boden bei der Neubebauung eines belasteten Grundstücks nicht bewegt wird und eine akute Umweltgefährdung nicht zu besorgen ist, besteht nach heutiger Gesetzeslage keine zwingende Notwendigkeit zur Sanierung. Dem Grundstückseigentümer bleibt allerdings das Risiko einer späteren Sanierungsnotwendigkeit, z.B. bei geänderter Gesetzeslage.

Wird bei der Neubebauung eines Altstandortes allerdings eine Bodenbewegung, z.B. der Bodenaushub für Fundamentarbeiten, erforderlich, oder aber es besteht eine Umweltgefährdung, so wird belasteter Boden im Augenblick des Aushubes zum Abfall und darf damit nicht wieder rückverfüllt werden.

Die noch vor wenigen Jahren als Stand der Technik allgemein praktizierte Verbringung dieser Bodenmassen auf Deponien ist zunehmend schwieriger geworden. Der fortschreitende Verbrauch und die absehbare Erschöpfung des in der Nähe der Ballungsräume zur Verfügung stehenden Deponieraumes haben zu strengeren gesetzlichen Auflagen für die Ablagerung und zu stark steigenden Preisen geführt. Die Deponierung widerspricht darüber hinaus dem Verwertungsgebot des § 1a des Abfallgesetzes. Unter diesen Randbedingungen konnten sich in den letzten Jahren verschiedene Technologien zur Bodensanierung entwickeln.

Als Sanierungsverfahren sind neben chemisch-physikalischen Verfahren wie der Bodenwäsche die thermische und die biologische Bodenaufbereitung zu nennen, die sich ebenfalls bis hin zu deutlich erkennbaren Überkapazitäten entwickelt haben. Eine Weiterentwicklung der Technik war damit leider nicht immer verbunden, vielmehr ist der Markt unüberschaubar geworden, und der Ruf der Branche hat durch schlechte Einzelleistungen gelitten.

Die Bodenwäsche nimmt innerhalb der Verfahren eine Sonderstellung ein, da biologische wie auch thermische Verfahren ausschließlich bei organischen Verunreinigungen eingesetzt werden können. Die Technologie der Bodenwäsche läßt sich dagegen sowohl bei organischen als auch bei anorganischen Belastungen Einsetzen und bietet somit das breiteste Anwendungsspektrum.

Die weiteren Vorteile sind neben dieser hohen Flexibilität in folgenden Punkten zu sehen:

- Verwertungsstrategie:
  Die Aufbereitung verunreinigten Bodens zu Baustoffen (Sand, Kies und Schotter) entbindet den Abfalleigentümer in den meisten Fällen von der Rücknahmeverpflichtung für das gereinigte Material. Gleichzeitig werden die natürlichen Sand- und Kiesvorkommen geschont.

- Geringe Umweltbelastung:
  Es entstehen keine Nebenprodukte wie Rauchgase oder Metaboliten, eine abwasserfreie Arbeitsweise ist Stand der Technik. Die spezifischen Energie- und Betriebsstoffverbräuche sind niedrig.

- Schneller Sanierungsfortschritt:
  Durch Übernahme großer Mengen verunreinigten Bodens in Zwischenlager wird die Baumaßnahme vor Ort nicht beeinträchtigt.

- Kurzfristige Erfolgskontrolle:
  Die Überwachung durch unabhängige Handelslaboratorien sichert eine neutrale Dokumentation.

- Hohe Zuverlässigkeit:
  Vorprüfungen ermöglichen eine exakte Sanierungsprognose.

- Hohe Verfügbarkeit:
  Klassische Aufbereitungstechnologien und bewährte Maschinenkonzeptionen sorgen für geringe Ausfallzeiten.

Die Sanierung einer Altlast ist ein sehr komplexer Prozeß und setzt sich u.a. aus folgenden Schritten zusammen:

- Voruntersuchungen zur Schadenserfassung,
- Bodenaushub,
- Bodenvorbereitung,
- Bodenreinigung (z.B. Schadstoffablösung durch Extraktionsmittelzugabe und Eintrag mechanischer Aufschlußenergie),
- Bodennachbehandlung,
- Bodenrückbau bzw. Verwertung des gereinigten und ggf. klassierten Materials als Baustoff.

Die Einschaltung eines neutralen Ingenieurbüros ist bei der Schadenserfassung überaus sinnvoll. Vom Dienstleister wird ein komplettes Angebot erwartet, d.h., daß sich ein Bodenbehandlungszentrum nicht darauf beschränken kann, ausschließlich Materialien zur Behandlung mit den eigenen Technologien anzunehmen. Der Bodenbehandlung durch das Verfahren der chemisch-physikalischen Bodenwäsche liegt das in Abb. 1 veranschaulichte Prinzip zugrunde.

Zur Realisierung dieses Prinzips wurden verschiedenste Verfahren entwickelt. Die Spanne der Techniken reicht von einfachsten Containeranlagen mit hydropneumatischer Durchspülung des Erdreichs bis zu hochkomplexen Anlagen mit chemischen Laugungsstufen. Heute dominieren jedoch Verfahrenskonzepte, in denen mittels physikalischer Klassier- und Separieraggregate eine Trennung der Schadstoffe vom Boden vorgenommen wird. Hierzu muß der Boden in eine wäßrige Suspension überführt werden, da effektive Trennoperationen nur nach einer vollständigen Auflösung des Bodenverbandes durchgeführt werden können.

Mit diesem Konzept lassen sich nicht nur sehr unterschiedliche Kontaminanden, sondern auch verschiedene, bodenähnliche Materialien wie z.B. Bauschutt, Straßenkehricht, Sandfangrückstände oder Strahlmittel behandeln. Abbildung 2 zeigt die Verteilung der unterschiedlichen Stoffe, die innerhalb eines Jahres behandelt wurden.

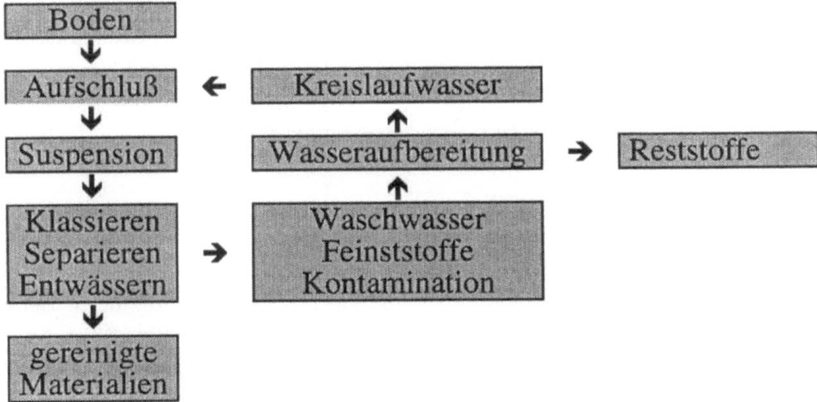


**Abb. 1.** Grundprinzip der Bodenwäsche

Ein Beispiel für eine realisierte und in der Praxis bewährte Technik gibt das Fließbild (Abb. 3) wieder. Dieses von der ABU seit über fünf Jahren in mehreren Anlagen betriebene Konzept basiert auf der Kombination klassischer Verfahrenstechnikkomponenten aus den Bereichen Bergbau, Erz- und Kohleaufbereitung, Sand-, Kies-, Betonproduktion sowie Abwasserklärung.

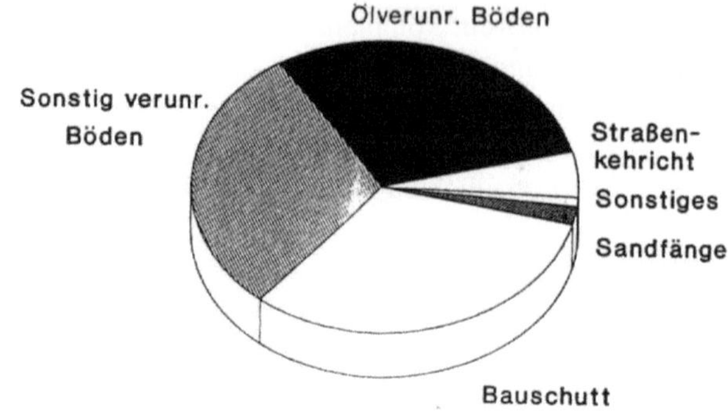


**Abb. 2.** Materialarten nach Abfallschlüssel; prozentuale Verteilung der aufbereiteten Mengen

Zur Behandlung gelangt das Material über einen mit Schutzrost versehenen Aufgabebunker in einen Aufschlußmischer (Attritionstrommel und/oder Schwertwäsche). Im zentralen Verfahrensschritt des Bodenaufschlusses werden die Schadstoffe vom Boden abgetrennt und in einer Waschlösung suspendiert oder gelöst. Ziel ist die möglichst vollständige Dispergierung aller Bodenpartikel, auch der Feinststoffe. Je feiner ein Boden ist, desto problematischer stellt sich dieser Verfahrensschritt dar. Der möglichst effiziente Eintrag von mechanischer Energie ist hier entscheidend für den Sanierungserfolg. Durch den Energieeintrag sollen die Schadstoffe, z.B. verharzte Öle, PAK u.ä. vom Bodenskelett abgerieben und in die „Waschflotte" überführt werden, ggf. unterstützt durch den Einsatz abbaubarer Tenside.

Anschließend wird das Material klassiert, um für die unterschiedlichen Dichtesortierverfahren die entsprechenden Kornspektren zur Verfügung zu stellen. Mittels der Dichtesortierung können Kontaminationsträger (imprägnierte Schlacken und Ziegel, Ölklumpen, Teerbrocken) und Leichtstoffe (Kohle, Asche, Organik wie Holz und Blätter, Folien) abgetrennt werden. Für die Kiesfraktion (2-32 mm) kommen nach der Metallabscheidung Setzmaschinen, für die Sandfraktion (0,063-2 mm) Sortierspiralen zum Einsatz.

Während die Leichtstoffe der einzelnen Fraktionen in der Regel Kontaminationsträger sind und daher ausgeschleust werden müssen, können die entwässerten Schwerstoffe (Sande, Kiese) als abgereinigte Wertstoffe vermarktet werden.

Die Schadstoffe werden gemeinsam mit der Feinstfraktion (Tonminerale) aus dem Waschwasser abgetrennt. Dazu werden die Tonminerale durch organische Polyelektrolyte ausgeflockt und in einem Lamellenklärer vom Wasser getrennt.

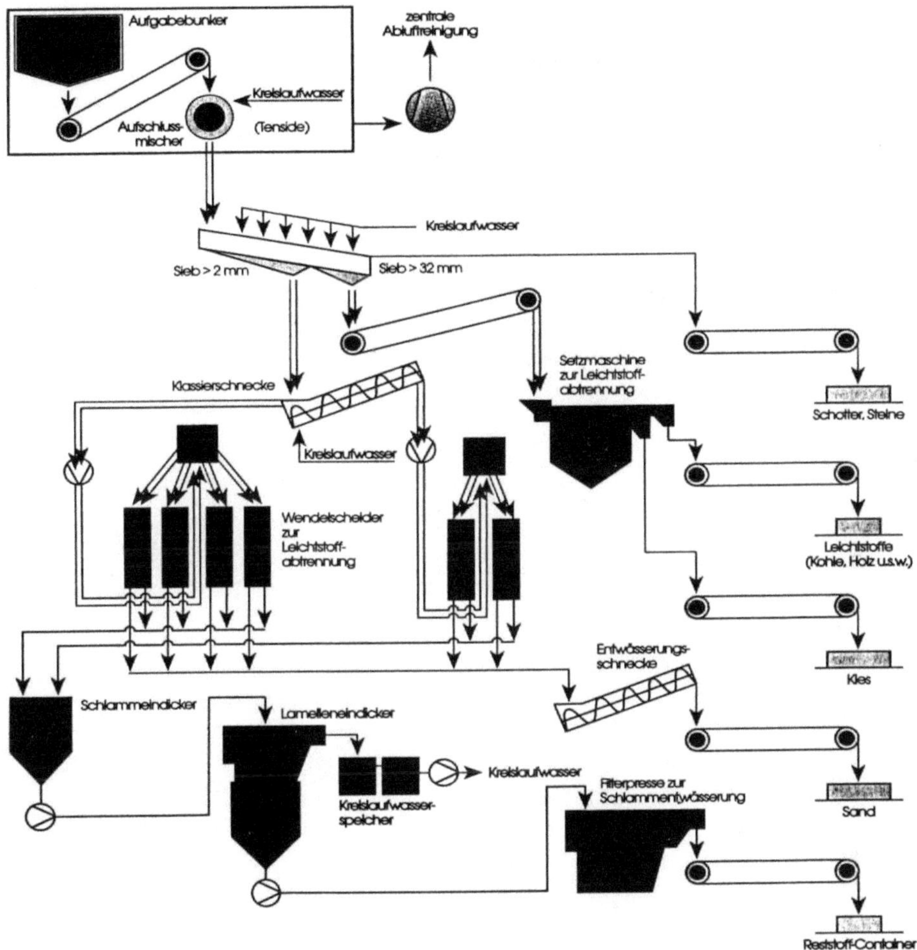


**Abb. 3.** Fließschema Bodenwäsche

Das von Feststoffen und Kontamination befreite Kreislaufwasser wird für den nächsten Waschzyklus bereitgestellt, die Anlagen arbeiten abwasserfrei. Das Schadstoffkonzentrat wird über Siebbandpressen auf Restfeuchten von ca. 35% entwässert. Die Entsorgung dieses Reststoffilterkuchens stellt in den meisten Fällen eines der größten Probleme der Bodenwäsche dar und bildet damit für Böden mit mehr als 50% Feinstanteilen ($< 60\,\mu$m) meist die ökonomische, ökologische und technische Grenze. Da eine Verwertung des Materials in den meisten Fällen nicht ohne Probleme möglich ist, werden die meisten Reststoffe der Bodenwäsche auf Deponien abgelagert. In dieser Hinsicht besteht noch erheblicher Entwicklungsbedarf, da die Filterkuchen einerseits große Anteile von Stoffen enthalten, die als Rohstoffe z.B. in der Zementproduktion genutzt werden könnten, andererseits der knappe und damit teure Deponieraum nicht hierfür verwendet werden sollte.

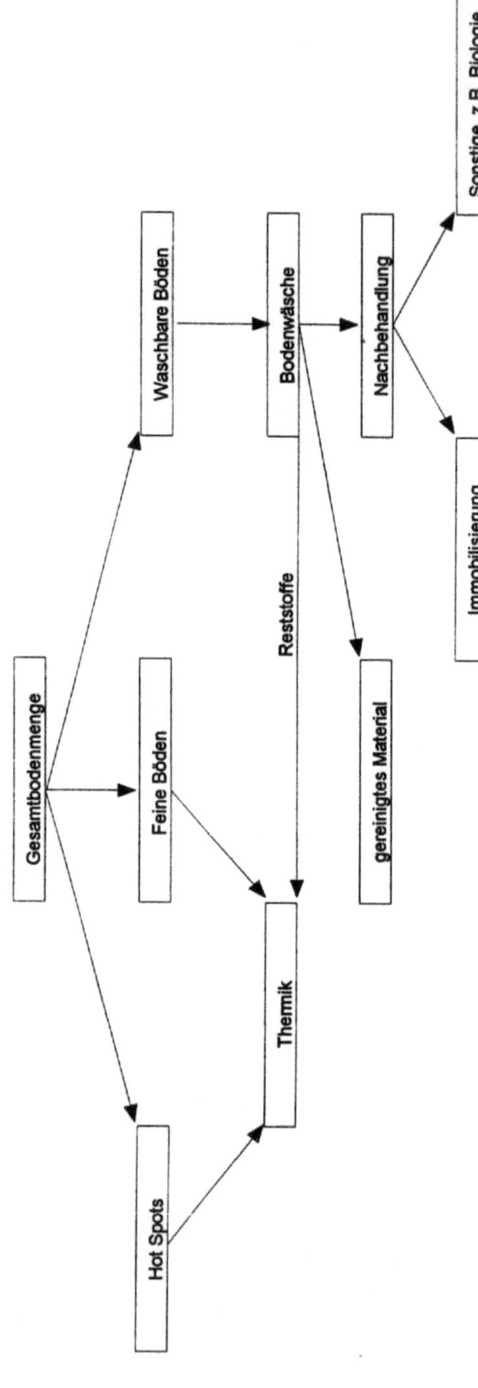


**Abb. 4.** Konzept zur Sanierung von Rüstungsaltlasten – Verküpfungsmöglichkeiten von Sanierungstechniken

Die Reststoffe aus der Bodenwäsche von Rüstungsaltlasten sollten allerdings thermisch behandelt werden. Aufgrund der Heterogenität von Rüstungsaltstandorten sind diese ohnehin nur durch eine Verfahrenskombination kostenoptimiert zu sanieren, ein Beispiel für die Verknüpfung unterschiedlicher Verfahren zeigt Abb 4 Hierbei übernimmt die Thermik nicht nur die Reststoffe aus der Bodenwäsche, sondern auch extrem hoch belastete Bodenpartien („Hot-spots") und aufgrund ihrer hohen Feinanteile für die Bodenwäsche ungeeignete Chargen.

Die gereinigten Fraktionen lassen sich mit einem Spezialbindemittel zu einem betonartigen Baustoff verarbeiten. Dadurch werden die Schadstoffe zusätzlich immobilisiert, so daß u.U. auch die direkte Verfestigung von weder für die Wäsche noch für die Thermik geeigneten Mengen prüfenswert ist.

Gerade diese Rüstungsaltlasten rücken – auch angesichts der Rückgabe zahlreicher ehemals militärisch genutzter Liegenschaften – zunehmend in das Blickfeld, nachdem die Sanierung von Mineralölschäden zur Routine bei den Sanieren geworden ist. Zirka 90% der bestätigten Verdachtsflächen sind analog den zivilen Flächen mit Treib- und Betriebsstoffen – also vornehmlich Mineralölen – verunreinigt und werden als „militärische Altlasten" angesprochen. Die „Rüstungsaltlasten" im engeren Sinne unterscheiden sich von „normalen" Altlasten durch ihr Schadstoffinventar. Ausschlaggebend für die Einstufung als Rüstungsaltlast ist dabei das Vorhandensein von sprengstofftypischen Verbindungen. Es handelt sich vorwiegend um die Stoffklasse der Nitroverbindungen, deren prominentester Vertreter das (2,4,6)-Trinitrotoluol (TNT, ein Nitroaromat) ist.

Aufgrund der Herstellungsbedingungen in Kriegszeiten und der langen Verweilzeiten (zum Teil stammen die Bodenverunreinigungen aus der Zeit des Ersten Weltkrieges) finden sich auch die Vorstufen wie Mono- oder Dinitrotoluole oder Metaboliten wie z.B. Diaminonitrotoluole im Boden, die zum Teil erheblich toxischer als das TNT selbst sind. Diese Bewertung ist allerdings noch nicht abgeschlossen, und so fehlen für diese Stoffklasse noch Grenzwerte. Auch die Schadenserfassung ist vielfach noch nicht abgeschlossen, was zum Teil auf die schlechte Datenlage aus Geheimhaltungsgründen im militärischen Bereich zurückzuführen ist. Aus den genannten Gründen sind technische Sanierungen bisher höchstens im Versuchsmaßstab durchgeführt worden, zumal aufgrund der großen Ausdehnung der Flächen die Kosten immens sind.

Im folgenden werden Laborversuche zu Schadstoffentfrachtungen für sprengstofftypische Verbindungen dargestellt. Diese Laborversuche gleichen den Sanierbarkeitsuntersuchungen für Mineralölschäden und simulieren die großtechnische Bodenwäsche mit wäßrigem Aufschluß, Attrition und Feinstkornabtrennung. Allerdings sind die erreichbaren Reinigungsleistungen geringer, da der Energieeintrag aufgrund der kleineren Abmessungen schlechter ist und sich auch manche Aggregate z.B. wegen der Strömungsverhältnisse im Labormaßstab nicht simulieren lassen. Dazu gehörten auch die Setzmaschine und die Wendelscheider, mit denen die Dichtesortierung vorgenommen wird.

Gerade diese aber bringt bei der Abreicherung die erhebliche Leistungssteigerung, da die Kontaminanden teilweise kristallin vorliegen. In einem Vorversuch an gewaschenem Boden aus einem Sprengstoffwerk konnte die Reinigungsleistung durch die Anwendung einer Dichtetrennlösung von 70 auf 97,5% gesteigert werden. Abbildung 5 dokumentiert diesen Effekt, ohne den zufriedenstellende Abreicherungen nicht erreicht werden können. In den folgenden Versuchen ist daher unter „gewaschenem Material" solches zu verstehen, das auch einer Dichtesortierung unterzogen wurde, zumal dieser Verfahrensschritt großtechnisch ohnehin integriert ist.

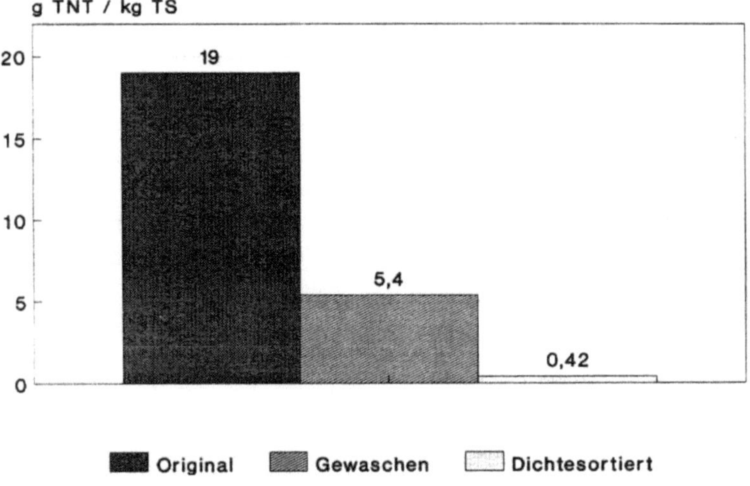


**Abb. 5.** Reinigungsleistung und Dichtetrennung

Die genannte Schadstoffreduktionsrate von 97,5% wurde auch für verschiedene, deutlich geringer belastete Böden aus einem hessischen Rüstungsaltstandort erreicht (Abb. 6). Die Befürchtung, daß durch die Wäsche gealterte Oberflächen abgerieben würden und sich somit trotz geringerer Gehalte das Eluatverhalten verschlechtern könnte, wurde eindrucksvoll widerlegt. Abbildung 7 zeigt, daß sich mit der Bodenwäsche in den dazugehörigen Eluaten die gleiche Schadstoffentfrachtungsrate wie in der Originalsubstanz erreichen läßt.

Eine weitere drastische Herabsetzung der Auswaschbarkeit konnte durch Immobilisierung der gereinigten Fraktion mit einem Spezialbindemittel erreicht werden.

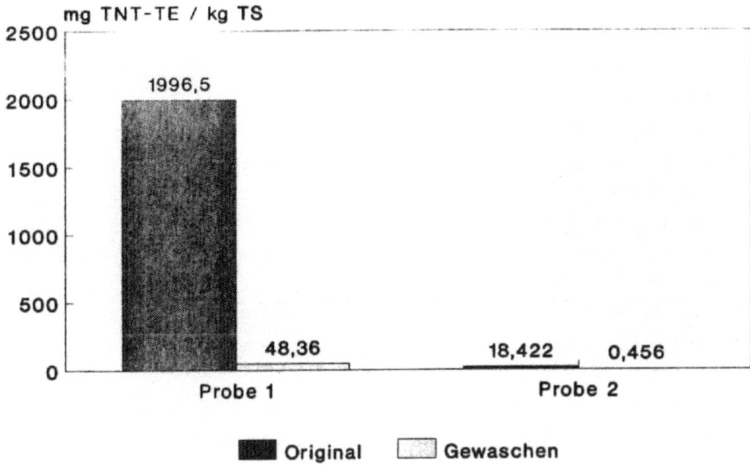


**Abb. 6.** Reinigungsleistung bezogen auf die Originalsubstanz

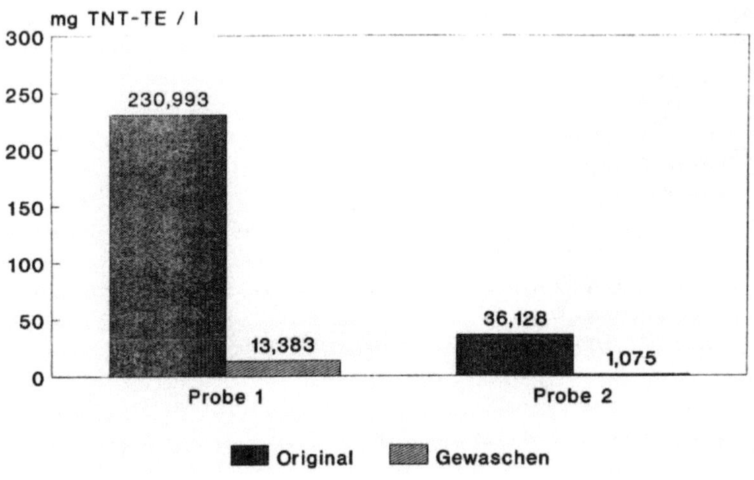


**Abb. 7.** Reinigungsleistung bezogen auf Eluate

Im erhaltenen betonartigen Werkstoff sind die Schadstoffe derart fixiert, daß sie sich selbst den analytischen Extraktionsmethoden entziehen. Nach dieser Verfahrenskombination sind nur noch rund 0,2% der im Ausgangsmaterial enthaltenen Schadstoffe nachweisbar, die Gesamtsanierungsleistung beträgt somit sowohl bezogen auf die Originalsubstanzgehalte als auch auf die Eluate ca. 99,8%. Diese Ergebnisse sind in Abb. 8 und 9 im halblogarithmischen Maßstab dargestellt.

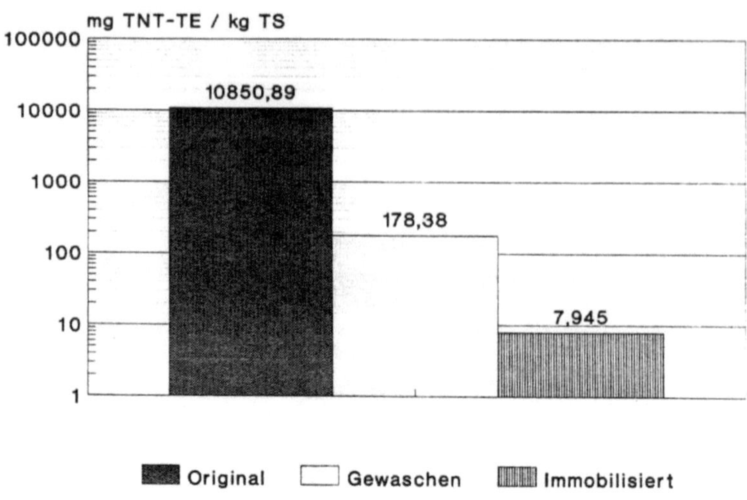


**Abb. 8.** Immobilisierungserfolge bezogen auf OS

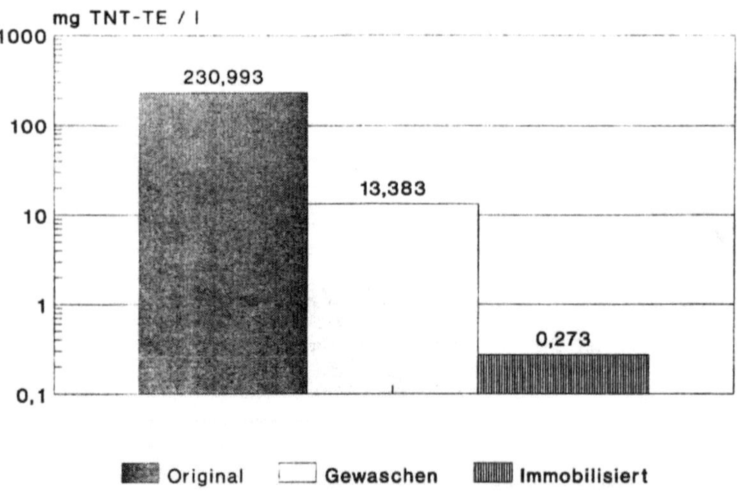


**Abb. 9.** Immobilisierungserfolge bezogen auf Eluate

Die genannten Entfrachtungsraten sind weitgehend stoffunabhängig und konnten z.B. auch für den Sprengstoff Hexogen bestätigt werden. Sie liegen somit in den bekannt hohen Größenordnungen für die Kohlenwasserstoffe.

Die Ergebnisse aus den Laborversuchen sind wegen der Heterogenität des Materials allerdings sehr großen Schwankungsbreiten unterworfen. Außerdem sind die Ergebnisse aus Laborversuchen erfahrungsgemäß nicht direkt auf den Anlagenmaßstab übertragbar. Genaue Angaben über die mit dem geschilderten Verfahren der Bodenwäsche erreichbaren Sanierungserfolge lassen sich daher nur im großtechnischen Anlagenmaßstab treffen. Ein derartiger Versuch befindet sich zur Zeit in Vorbereitung.

Zusammenfassend kann festgehalten werden, daß das bewährte Verfahren der Bodenwäsche auch zur Sanierung von Rüstungsaltlasten geeignet ist. Mit dieser Technik steht ein flexibles, effizientes, leistungsstarkes und kostengünstiges Sanierungsverfahren zur Verfügung. Mit den Verfahrensschritten Aufschluß, Attrition, Klassieren, Sortieren können aus kontaminierten Böden Baustoffe erzeugt werden. Die Schadstoffe werden mit der Feinstfraktion aus dem Kreislaufwasser abgetrennt und ergeben den Reststoff.

Laborversuche zur Simulation der Bodenwäsche ergaben für die sprengstofftypischen Verbindungen die aus dem Bereich der Kohlenwasserstoffe bekannt hohen Reinigungsleistungen. Die Entfrachtungsraten von über 97,5% können sowohl im Original als auch im Eluat erreicht werden. Weitergehende Reduzierungen verfügbarer Schadstoffe sind durch eine Verfahrenskombination mit der Immobilisierung möglich.

# Vorstellung der dänischen Erfahrungen mit In-situ-Bodensanierungsverfahren

Torben S. Bojsen

## 1    Einleitung

Dieser Beitrag bezieht sich auf Auszüge aus dem Bericht „Erfahrungen mit In-situ-Abwehrmaßnahmen", der 1995 von Hedeselskabet für das dänische Landesamt für Umweltschutz – DLfU ausgearbeitet wurde (Erfahrungen mit In-situ-Abwehrmaßnahmen. Projekte bezüglich Boden und Grundwasser vom dänischen Landesamt für Umweltschutz Nr. 7, Juli 1995; auf Dänisch mit englischer Zusammenfassung).

Dem Projekt lag der Wunsch des DLfU zugrunde, über Vor- und Nachteile des In-situ-Sanierungsverfahrens zu informieren, um eine größere Verbreitung der Methoden anzuregen. Gleichzeitig sollten Richtlinien für eine einheitliche, amtliche Sachbearbeitung bei In-situ-Sanierung von Altlasten ausgearbeitet werden.

## 2    Definition

In-situ-Sanierungsverfahren sind in Dänemark als Techniken definiert, die kontaminierten Boden und Grundwasser *ohne Aushub des Bodens reinigen.*

In Dänemark sind folgende In-situ-Sanierungsverfahren zur Sanierung organischer Schadstoffe angewandt worden:

- Bodenluftabsaugung,
- Bioventilation,
- Air-sparging,
- Bodenwäsche,
- Grundwasserabpumpen,
- In-situ-Abschöpfung.

Die beiden zuletztgenannten Methoden werden in diesem Bericht nicht selbständig behandelt.

Es liegen keine dänischen Erfahrungen mit Vollast-in-situ-Sanierungsverfahren zur Reinigung von metallischen Altlasten vor.

## 3    Stand der dänischen In-situ-Sanierungsverfahren

### 3.1    Allgemeines

Bis zum 1.1.1995 kannte man 31 laufende und abgeschlossene In-situ-Sanierungsverfahren, die sich auf Bodenluftabsaugung, Bioventilation, Air-sparging und Bodenwäsche bezogen (vgl. Tabelle 1). Darüber hinaus hat Hedeselskabet 1995 weitere 7 In-situ-Sanierungsverfahren durch Air-sparging eingeleitet.

**Tabelle 1.** Dänische In-situ-Sanierungsverfahren, Stand 1. 1. 1995

|  | Abgeschlossene | Laufende | Insgesamt |
| --- | --- | --- | --- |
| Bodenluftabsaugung | 6 | 13 | 19 |
| Bioventilation | 0 | 3 | 3 |
| Air-sparging | 0 | 1 | 1 |
| Bodenwäsche | 5 | 3 | 8 |
| Insgesamt | 11 | 20 | 31 |

In folgenden Fällen wurde die In-situ-Sanierungstechnik statt des traditionellen Bodenaushubs gewählt:

- bei Altlasten > 1000 t, die nicht durch Bodenaushub für eine Gesamtunternehmungssumme von bis zu 300 000-400 000 DKR gereinigt werden konnten, ohne daß Spezialmaßnahmen getroffen werden mußten und Betriebsverluste für die beteiligten Eigentümer verursacht wurden;
- bei unter/dicht an Gebäuden befindlichen Altlasten, bei Altlasten mit großer vertikaler Ausbreitung sowie bei um und unter dem Grundwasserspiegel gelegenen Altlasten;
- in einzelnen Fällen ist die In-situ-Sanierung zur Lösung von Restkontaminationsproblemen nach Abschluß des Bodenaushubs gewählt worden.

Alle dänischen In-situ-Sanierungsanlagen sind mit einer konkreten Lokalität vor Augen errichtet worden und nicht als Pilot- oder Testanlagen für wissenschaftliche

Untersuchungen. Aus diesem Grund sind nicht genügend Ressourcen für eine detaillierte Auswertung des Sanierungsverlaufs vorhanden, die über die Dokumentation im Verhältnis zu den gestellten Sanierungszielen hinausgehen.

Die Kosten für Errichtung und Betrieb der abgeschlossenen In-situ-Sanierungen waren sehr unterschiedlich. Rund 65% der Sanierungen durch Bodenluftabsaugung und durch Bioventilation sind zu einem Preis von < 500 DKR/t; 25% im Intervall 500-1000 DKR/t und 10% zu einem Preis von > 1000 DKR/t, ausgeführt worden.

## 3.2     Bodenluftabsaugung

**Definition**
Unter Bodenluftabsaugung ist die Beseitigung leichtflüchtiger Stoffe aus der wasserungesättigten Zone des Erdbodens mittels Unterdruck zu verstehen.

**Prinzip**
Innerhalb des verschmutzten Bodenvolumens steht die Konzentration von Kontaminationskomponenten, die an Bodenpartikel gebunden sind, in chemischem Gleichgewicht mit der Konzentration der Kontaminationskomponenten in der Bodenluft. Wenn die kontaminierte Bodenluft ständig beseitigt und durch reine Atmosphärenluft ersetzt wird, wird das Gleichgewicht verlagert, so daß die Konzentration an Bodenpartikeln fallen wird. Es erfolgt ein Strippen des Teils der Kontamination, der in den Bodenpartikeln adsorbiert ist, wobei der Erdboden gereinigt wird.

Desorptionsverfahren sind in den Varianten der Bodenluftabsaugung sowie In-situ- und On-site-Strippen seit längerem Stand der Technik.

**Anlagen**
Die Bodenluftabsaugung wird bei Installation einer Anzahl von Filtern in der wasserungesättigten Zone aufgebaut. Die Filter werden innerhalb des kontaminierten Bodenvolumens angebracht. Die Ventilationsfilter werden durch Rohrleitungen an eine Pumpe angeschlossen. Die Pumpe bildet einen Unterdruck in den Filtern, wobei die kontaminierte Bodenluft aus dem Erdboden herausgesaugt wird. Auf diese Weise kann die abgesaugte schadstoffbelastete Luft z.B. durch Aktivkohlefiltrierung gereinigt werden.

Die Zufuhr von Atmosphärenluft zum Bodenvolumen kann entweder automatisch oder durch Installation einer Reihe von passiven Ventilationsfiltern vorgenommen werden.

Eine Skizze der Bodenluftabsaugungsanlage mit einem aktiven und zwei passiven Ventilationsfiltern ist in Abb. 1 dargestellt.

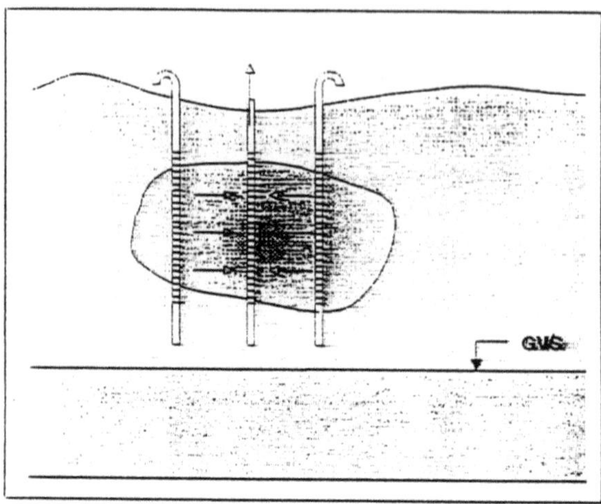


**Abb. 1.** Bodenluftabsaugung

In Dänemark werden drei verschiedene Anlagentypen angewandt: Typ 1 mit vertikalen oder schrägen aktiven und passiven Filtern. Typ 2 mit horizontalen aktiven und passiven Filtern sowie Typ 3, der eine Kombination des 1. und 2. Typs darstellt.

In einem Teil der Anlagen ist die Sanierung durch Bodenluftabsaugung mit Grundwasserabpumpen kombiniert. Das Grundwasserabpumpen wird entweder in kombinierten vertikalen Ventilations- und Auspumpfiltern in horizontalen Drainagesystemen oder in bestimmten Auspumpbohrungen ausgeführt.

Im größten Teil der Anlagen wird die Abluft mittels Adsorption an Aktivkohle gereinigt.

**Anwendung**

Bodenluftabsaugung wird in Dänemark bei Tankstellen mit Benzin-/Dieselölkontamination sowie bei mit Tetrachlorethylen und Trichlorethylen verseuchten Industriegrundstücken angewandt. Die Kontamination hatte sich in kiesigen, sandigen Lockergesteinen verbreitet sowie in Moränensand bzw. sandigem Moränenlehm.

**Dimensionierung**

Im allgemeinen wird vor der Dimensionierung neuer Anlagen ein Luftdurchlässigkeitstest ausgeführt. Ältere Anlagen werden im allgemeinen nach Literaturwerten über die Luftdurchlässigkeit des Bodens und nach Schätzungen/Erfahrungen dimensioniert.

**Tabelle 2.** Betriebsergebnisse der abgeschlossenen dänischen In-situ-Sanierungen durch Bodenluftabsaugung, Stand 1. 1. 1995

| | Kontamination vor In-situ-Sanierung | Sanierungsziel | Bemerkung |
|---|---|---|---|
| 1 | 4500 mg Benzin/kg im Boden 2500 mg Diesel/kg im Boden | < 50 mg MKW/kg im Boden | nach 2 Jahren Betrieb abgeschlossen, da das Sanierungsziel in 3 Kontrollbohrungen erreicht war; ca. 3500 kg MKW entfernt |
| 2 | 3000 mg Benzin/kg im Boden | < 50 mg MKW/kg im Boden | nach 1 Jahr Betrieb abgeschlossen, da das Sanierungsziel in 2 Kontrollbohrungen erreicht war |
| 3 | 100-400 mg Benzin/m$^3$ und 62-288 mg BTX/m$^3$ in der Bodenluft 467 mg Benzin/m$^3$ und 150 mg BTX/m$^3$ in der Abluft | < 0,1 mg MKW/m$^3$ in der Bodenluft und in der Abluft | nach 3 Jahren Betrieb abgeschlossen, da das Sanierungsziel in der Bodenluft und in der Abluft erreicht war; ca. 700 kg MKW entfernt |
| 4 | 2000 mg Benzin/kg im Boden | ? | nach 4 Jahren Betrieb abgeschlossen |
| 5 | 0,3 mg MKW/m$^3$ in der Bodenluft | < 0,1 mg MKW/m$^3$ in der Bodenluft | Nach ½ Jahren Betrieb abgeschlossen, da das Sanierungsziel erreicht war |
| 6 | 16 000 mg Benzin/kg und 3000 mg Diesel/kg im Boden | < 50 mg MKW/kg im Boden oder Gefährdungsabschätzung der Restkontamination | nach 2 Jahren Betrieb, mit begrenzter Sanierungseffektivität aufgrund Gefährdungsabschätzung (Betriebsprobleme) abgeschlossen |

**Betrieb**

Unsere Erfahrungen mit dem Betrieb von Anlagen zeigten folgende praktischen Probleme:

- zeitweise unzureichende Dränierung des Bodens, was zu einer Reduktion der aktiven Filteroberfläche führt, und damit herabgesetzte Sanierungseffektivität. Das Problem ist am größten bei horizontalen Ventilationsfiltern in lehmigen Böden. Man löst dieses Problem durch Grundwasserabpumpen;
- Eindringen von falscher Luft ins Rohrsystem durch Undichtigkeiten. Dieses Problem wird durch Propfen und Austausch der Fittings gelöst;
- schnelle Beladung der Aktivkohlefilter.

**Dokumentation**

Während der Betriebsphase wird die Bodenluftabsaugungssanierung durch Messen der Luftströmung und des Gehalts an Kontaminationskomponenten in der aus der Anlage stammenden Abluft dokumentiert, bevor die Reinigung in Aktivkohlefiltern stattfindet.

In Tabelle 2 sind die Betriebsergebnisse der 6 abgeschlossenen Sanierungen durch Bodenluftabsaugung kurz beschrieben. Zum heutigen Zeitpunkt liegen keine Betriebsergebnisse über die Sanierung von chlorierten Kohlenwasserstoffen vor.

**Bewertung**

Es zeigte sich, daß die Methode zur Reinigung von leichtflüchtigen Ölkomponenten (Benzin und BTX-Aromaten) in homogenen Böden, die aus Sand/Kies oder Moränensand bestehen, geeignet ist. Zur Realisierung sind genaue Kenntnisse der hydrologischen und hydrogeologischen Standortverhältnisse erforderlich. Bei einer durchschnittlichen Sanierung einer Tankstelle werden typischerweise 500-1000 kg kontaminierter Boden durch physikalische/chemische Prozesse gereinigt und eine entsprechende Menge durch aeroben mikrobiologischen Abbau im Laufe von 2-4 Betriebsjahren.

**Empfehlungen**

Aufgrund der oben erwähnten Betriebserfahrungen wird folgendes empfohlen:

- Eine Dimensionierung, die sich allein auf Literaturwerte sowie Erfahrungen/Schätzungen der Luftdurchlässigkeit in verschiedenen Bodenschichten bezieht, sollte vermieden werden. Statt dessen müßte ein Luftdurchlässigkeitstest durch Pumpenversuche an den Ventilationsfiltern, die in dem kontaminierten Bereich angebracht sind, ausgeführt werden. Es empfiehlt sich, für die Dimensionierung der Luftreinigung der abgesaugten Luft für chemische Analysen in Verbindung mit den Pumpenversuchen Proben zu entnehmen.
- Sollte die Anlage aus passiven Filtern bestehen, müßte gleichzeitig ein Bioaktivitätstest durchgeführt werden. Dieser wird durch Einblasen von Atmosphärenluft in die passiven Filter durchgeführt, wonach Sauerstoffverbrauch

und Kohlendioxidproduktion überwacht wird.
- Insbesondere bei Anlagen mit horizontalen Filtern sollte sichergestellt werden, daß die geologischen Verhältnisse in der Sanierungszone homogen sind, da Zonen/Schichten mit weniger durchlässigen Materialien die Sanierungseffektivität drastisch beeinträchtigen.
- Die Anlagen sollten mit Regelventilen auf jedem einzelnen Ventilationsfilter versehen sein sowie mit einer Grundwasserpumpe für eine eventuelle Senkung des Grundwassers.

## 3.3    Bioventilation

### Definition

Bioventilation ist als aerober mikrobiologischer Abbau organischer Stoffe in der wasserungesättigten Zone des Bodens durch Einblasen von Atmosphärenluft oder Sauerstoff in das kontaminierte Bodenvolumen/den Kontaminationsherd, zu verstehen.

### Prinzip

Innerhalb des Bodenvolumens, das durch aerob abbaubare Kontaminationskomponenten verseucht ist, erfolgt ein natürlicher mikrobieller Abbau. Die Mikroorganismen im Erdreich setzen die organischen Stoffe unter Sauerstoffverbrauch in der Bodenluft um. Wenn der Sauerstoff in der Bodenluft verbraucht ist, wird die Abbaurate herabgesetzt, oder der Abbau kommt zum Stehen. Wenn die sauerstoffarme/sauerstofffreie Bodenluft durch reine sauerstoffhaltige Luft oder reinen Sauerstoff ersetzt wird, kann der aerobe mikrobiologische Abbau fortgesetzt werden.

### Anlage

Die Bioventilationsanlage wird durch Installation einer Reihe von aktiven Ventilationsfiltern in der wasserungesättigten Zone des Erdbodens errichtet. Die Filter müssen innerhalb des verseuchten Erdreichs angebracht werden. Die Ventilationsfilter müssen mittels eines Rohrsystems an eine Einblasungspumpe angeschlossen werden. Die Pumpe bildet einen Überdruck in den Ventilationsfiltern, wobei reine Luft oder Sauerstoff die sauerstoffarme Bodenluft im Kontaminationsherd verdrängt. Um zu verhindern, daß das Lufteinblasen eine unbeabsichtigte Ausbreitung der Kontamination mit sich bringt, kann der verseuchte Bereich durch Errichtung einer Bodenluftabsaugungsanlage am Rande des Gebiets isoliert werden.

Eine Skizze der Bioventilationsanlage mit zwei aktiven Ventilationsfiltern ist in Abb. 2 dargestellt.

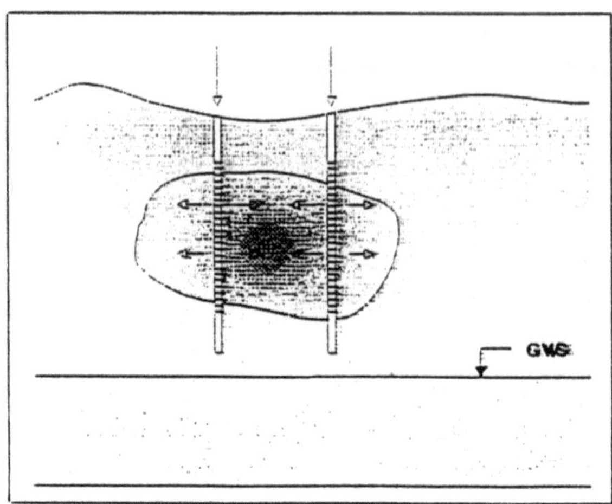



**Abb. 2.** Bioventilation

In Dänemark werden zwei unterschiedliche Anlagentypen angewandt. Typ 1 ist ausschließlich mit aktiven Einblasfiltern versehen und Typ 2 mit aktiven Einblasfiltern und aktiven Vakuumfiltern. In der Typ-2-Anlage wird die Abluft durch Aktivkohlefiltrierung gereinigt.

In Bodenluftabsauganlagen mit aktiven und passiven Ventilationsfiltern kann aerober mikrobiologischer Abbau vorkommen. Wenn die Luft durch das verseuchte Bodenvolumen gesaugt wird und die leichtflüchtigen Komponenten ausgesaugt werden, wird gleichzeitig Sauerstoff zur Verbesserung der Sauerstoffversorgung zugeführt, wobei die weniger flüchtigen Kontaminationen durch aerobe mikrobiologische Prozesse abgebaut werden können.

**Anwendung**
Bioventilation wird in Dänemark hauptsächlich bei Mineralölkontaminationen mit Heizöl und Dieselöl angewandt. Die Kontaminationen sind in sandigen und kiesigen Böden verbreitet.

**Dimensionierung**
Im allgemeinen wird vor der Dimensionierung neuer Anlagen ein Luftdurchlässigkeitstest und ein Bioaktivitätstest durchgeführt. Ältere Anlagen werden im allgemeinen nach Literaturwerten über die Luftdurchlässigkeit des Bodens und nach Schätzungen/Erfahrungen dimensioniert.

**Betrieb**
Da alle drei Anlagen 1994 in Betrieb genommen und die Betriebserfahrungen mit Bodenluftabsauganlagen genutzt wurden, sind bis 1. 1. 1995 keine betriebsmäßigen Probleme an den Anlagen aufgetreten.

**Dokumentation**
Während der Betriebsphase werden die Bioventilationssanierungen durch Messen der biologischen Aktivität bei Sauerstoffverbrauch und Kohlendioxidproduktion in einem Bioventilationstest dokumentiert.

**Bewertung**
Die Methode wird für die Sanierung von aerob mikrobiologisch abbaubaren Kontaminationen in homogen aufgebauten Böden aus Moränensand oder sandigem Moränenlehm als gut geeignet angesehen. Zur Realisierung sind genaue Kenntnisse der hydrologischen und hydrogeologischen Standortverhältnisse erforderlich.

**Empfehlungen**
Da Bioventilationsanlagen im Prinzip Bodenluftabsauganlagen ähnlich sind, sind die Empfehlungen die gleichen wie für Bodenluftabsauganlagen. Darüber hinaus wird jedoch folgendes empfohlen:

– Eine Reihe von Filtern sollten installiert werden, worin die biologische Aktivität unter dem Sanierungsverlauf beobachtet werden kann. Die Ergebnisse der Bioaktivitätstest können zudem zur Optimierung des Anlagenbetriebes genutzt werden.


## 3.4    Air-sparging

**Definition**
Unter Air-sparging ist die Beseitigung von leichtflüchtigen Stoffen durch Strippen und/oder mikrobiologischen Abbau aerob abbaubarer organischer Stoffe in der wassergesättigten Zone des Bodens durch Zuführen von Atmosphärenluft oder Sauerstoff zum unter dem Grundwasserspiegel befindlichen verseuchten Bodenvolumen/Abbauzone zu verstehen.

**Prinzip**
Innerhalb des verseuchten Bodenvolumens steht die Konzentration der Kontaminationskomponten, die an die Bodenpartikel gebunden sind, in chemischem Gleichgewicht mit Konzentrationen von Kontaminationskomponenten im Bodenwasser/Grundwasser. Wenn dem Grundwasser Atmosphärenluft zugeführt wird, entsteht ein neues chemisches Gleichgewicht zwischen Grundwasser und Luft. Kontaminationskomponenten, die im Grundwasser aufgelöst sind, werden zur Luftphase gestrippt, und gleichzeitig werden die Kontaminationspartikel der Bodenpartikel zum Grundwasser gestrippt. Zudem bedeutet Luftzufuhr eine verbesserte Sauerstoffversorgung in der Abbauzone, so daß der aerobe mikrobiologische Abbau stimuliert wird.

**Anlage**

Die Air-sparging-Anlage wird durch Installation einer Reihe von aktiven Ventilationsfiltern in der wassergesättigten Zone des Erdreiches errichtet. Die Filter müssen unter dem verseuchten Bodenvolumen angebracht werden. Die Ventilationsfilter müssen über ein Rohrsystem einer Einblasungspumpe angeschlossen werden. Die Pumpe bildet in den Ventilationsfiltern einen Überdruck, wobei Atmosphärenluft oder Sauerstoff unter den Grundwasserspiegel gepumpt wird. Die Luftbläschen nehmen leichtflüchtige Schadstoffe (besonders chlorierte Kohlenwasserstoffe und BTX-Aromaten) auf und transportieren sie durch den Grundwasserleiter nach oben in den Wirkungsbereich der Bodenluftabsaugung. Die Abluft wird über Aktivkohlefilter gereinigt.

Um eine unbeabsichtigte Ausbreitung der Kontamination in die ungesättigte Zone des Erdreiches zu verhindern, wird in Dänemark die Air-sparging-Technik, oft kombiniert mit Bodenluftabsaugung, angewandt.

Die Skizze einer Air-sparging-Anlage mit zwei aktiven Air-sparging-Filtern ist in Abb. 3 dargestellt.

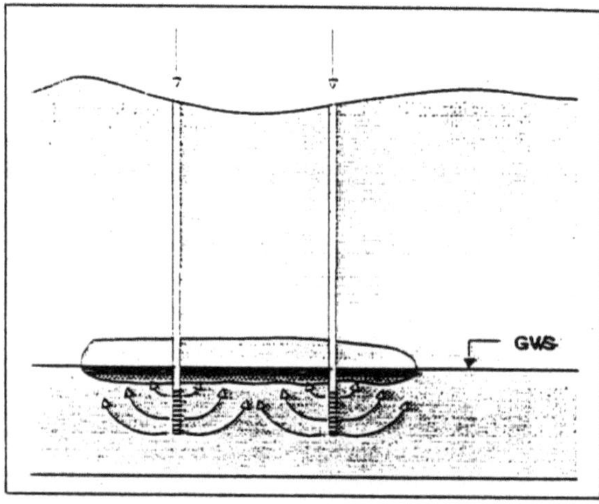


**Abb. 3.** Air-sparging

**Anwendung**

Air-sparging wird in Dänemark bei früheren Tankstellen mit Kontamination unter dem Grundwasserspiegel in sandigen, kiesigen Lockergesteinen angewandt. Die Kontamination besteht hauptsächlich aus Benzin und BTX-Aromaten von bis zu 6000 mg/kg in Böden und bis zu 200 mg Benzin pro Liter im Grundwasser.

## Dimensionierung

Im allgemeinen wurde vor der Dimensionierung der Anlagen ein Luftdurchlässigkeitstest sowie bei neueren Anlagen ein Air-sparging-Test durchgeführt, wobei die Ausbreitung des Sauerstoffs und der Luftbläschenfahne untersucht wurde.

## Betrieb

Da die Anlagen 1994 und 1995 in Betrieb genommen und die Betriebserfahrungen mit der Bodenluftabsaugungsanlage genutzt wurden, sind bis 1. 1. 1995 keine betriebsmäßigen Probleme aufgetreten.

## Dokumentation

Während der Betriebsphase wird die Sanierung mit Air-sparging durch Messen der Luftströmung und des Gehalts an Kontaminationskomponenten in der Abluft dokumentiert, bevor die Reinigung in den Aktivkohlefiltern stattfindet.

## Bewertung

Die Methode wird zur Sanierung von leichtflüchtigen und/oder aerob biologisch abbaubaren organischen Altlasten unter dem Grundwasserspiegel, als gut geeignet angesehen. Zur Realisierung sind genaue Kenntnisse der hydrologischen und hydrogeologischen Standortverhältnisse erforderlich. Bei einer noch nicht abgeschlossenen Sanierung einer Tankstelle sind bis heute 900-1000 kg Benzin abgesaugt, und eine entsprechende Menge ist durch aerob mikrobiologischen Abbau entfernt. Insgesamt schätzen wir, daß eine Gesamtmenge von 1500-2000 kg Benzin im Laufe von 1½ Betriebsjahren entfernt wurde.

## Empfehlungen

Wenn die Methode mit der Bodenluftabsaugung kombiniert wird, gelten die Empfehlungen für die Bodenluftabsaugung auch hier. Zudem gilt folgendes:

- Die Dimensionierung der Anlage sollte aufgrund eines einleitenden Air-sparging-Tests bestimmt werden. Da zur Zeit kein standardisierter Test vorliegt, wird empfohlen, einen Filter mit gleichen Dimensionen zu installieren, wie für die Sanierung geplant, und Druckluft bei 2-3 verschiedenen Luftdurchlässen einzublasen. Gleichzeitig sollten 2-3 Filter in verschiedenen Abständen von der Luftinjektionsbohrung für Beobachtungszwecke installiert werden. Der Einwirkungsradius kann durch folgende 3 Parameter beurteilt werden: Wasserspiegelanhebung, visuelle Identifikation der Luftbläschen und Änderungen in der Sauerstoffkonzentration.
- Die Anlage sollte mit auf jedem einzelnen Filter angebrachten Regelventilen versehen werden.
- Die Filter müssen in kurzen Intervallen und kleinen Schlitzbreiten montiert werden, damit die Luftbläschen so klein wie möglich werden.
- Die Anlage sollte in pulsierendem Betrieb, der auf Grund von Messungen von Änderungen im Grundwasserspiegel und in der $O_2$-Konzentration im Grundwasser gefahren werden.

– Um eine unbeabsichtigte Ausbreitung der Kontamination zu verhindern, sollte das Verhältnis zwischen injizierter Luft und abgesaugter Luft mindestens 1:2 sein.


## 3.5   Bodenwäsche

### Definition

Unter Bodenwäsche ist die Beseitigung von wasserlöslichen Kontaminationskomponenten bei künstlich angehobener Wasserinfiltration durch das kontaminierte Bodenvolumen hindurch zu verstehen. Die Methode wird bei Altlasten sowohl in ungesättigten wie in gesättigten Zonen angewandt.

### Prinzip

In kontaminiertem Böden existiert ein chemisches Gleichgewicht zwischen Kontaminationskomponenten, die zum Boden adsorbiert sind, und Kontaminationskomponenten, die im Wasser der Bodenporen aufgelöst sind. Wenn das kontaminierte Grundwasser durch reines Wasser ausgetauscht wird, verschiebt sich das Gleichgewicht, so daß die Kontaminationskomponenten zum Wasser transmittiert werden, wobei der Boden gereinigt wird. Zudem bedeutet der Wasseraustausch eine erhöhte Sauerstoffzufuhr zur Abbauzone, so daß der aerobe, mikrobiologische Abbau stimuliert wird.

### Anlage

Die Zufuhr von reinem Wasser zum kontaminierten Bodenvolumen ist in dänischen Anlagen zur beschleunigten Bodenwäsche wie folgt ausgelegt:

– oberflächennahe, horizontale Filter (Drainagesystem),
– tiefe, senkrechte oder waagerechte Drainagerohre unmittelbar über der Kontamination.

Auslaugungswasser ist häufig gereinigtes, ausgepumptes Grundwasser oder Grundwasser, das aus der nichtkontaminierten Schicht heraufgepumpt wurde. Um eine unbeabsichtigte Ausbreitung des kontaminierten Auslaugungswassers zu verhindern, wird diese Methode oft in Verbindung mit dem Auspumpen von Auslaugungswasser von im Grundwasser installierten Drainsystemen angewandt oder stromabwärts entlang des kontaminierten Bodenvolumens.

In Dänemark sind zwei verschiedene Typen von Anlagen angewandt worden: Typ 1 mit vertikalen Auspumpfiltern und Infiltrationsfiltern, Typ 2 mit vertikalen Auspumpfiltern und horizontalen Infiltrationsfiltern (Drainagesystem). Für beide Anlagentypen gilt, daß das ausgepumpte Grundwasser vor Ort durch Strippen des chlorierten Kohlenwasserstoffs gereinigt wurde sowie durch biologische Festbettreaktoren oder Ölabscheideanlagen, und in gewissen Fällen wurden Detergenzien und Nährstoffe (N und P) zugefügt. Die Skizze einer Anlage für Bodenwäsche ist in Abb. 4 dargestellt.

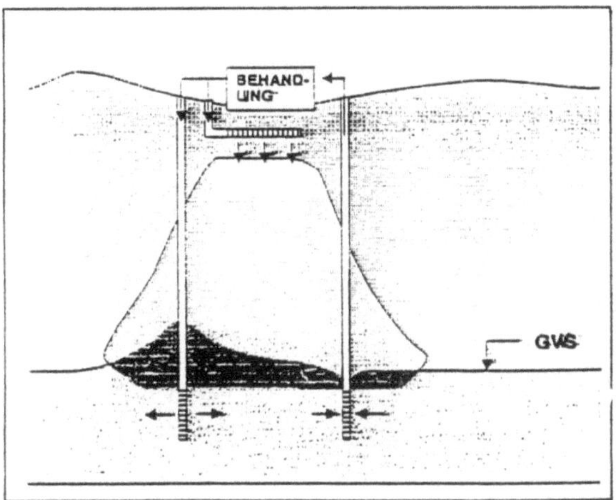


**Abb. 4.** Bodenwäsche

## Anwendung

Bodenwäsche wird in Dänemark hauptsächlich an Orten angewandt, die durch
Benzin, Dieselöl, Heizöl, chlorierte Kohlenwasserstoffe und Teer sowie polyzyklische Aromaten kontaminiert sind. Bodenwäsche wird sowohl gegen Kontamination in ungesättigten sowie in gesättigen Zonen und auf dem Grundwasserspiegel
angewandt.

## Dimensionierung

Im allgemeinen wurde vor der Dimensionierung der Anlagen eine Bestimmung der
Strömungsrichtung des Grundwassers vorgenommen, und in einigen Fällen wurde
die Filtergeschwindigkeit nach einleitenden Pumpenversuchen bestimmt.

## Betrieb

Unsere Erfahrungen mit dem Betrieb der Anlagen haben die folgenden praktischen
Probleme aufgezeigt:

- Ausfällung von Infiltrationsfiltern aufgrund von Verockerung, die mit einer
  drastischen Verminderung der hydraulischen Leitfähigkeit verbunden ist und
  damit die Sanierungseffektivität herabgesetzt. Das Problem wurde durch
  Oxidation und Filterierung vor der Infiltration oder durch Infiltration des
  Frischgrundwassers gelöst.
- Verstopfen von Rohrsystemen und Infiltrationsfiltern durch biologische Ge-
  wächse. Das Problem tritt typischerweise nach etwa 6monatigem Betrieb auf
  und ist am größten bei areob biologisch abbaubarer Kontamination durch
  Mineralölprodukte. Zur Zeit liegen keine operationellen Lösungen für das
  Verstopfungsproblem vor, außer einer Erhöhung der effektiven Filteroberflä-
  che durch Installieren von neuen Infiltrationsfiltern.

**Dokumentation**

Während der Betriebsphase wird die Sanierung durch Bodenwäsche durch Messen der Wasserströmung und des Gehalts an Kontaminationskomponenten vor dem Einlauf in Wasseraufbereitungsanlagen sowie aufgrund von analysierten Grundwasserproben dokumentiert.

Oft wird die abschließende Dokumentation durch Probeentnahmen und Analysen von einer Reihe von Grundwasserproben oder durch Gefährdungsabschätzung der Restkontamination im Boden und im Grundwasser durchgeführt.

**Betrieb**

In Tabelle 3 sind die Betriebsergebnisse der fünf abgeschlossenen Sanierungen durch Bodenwäsche kurz beschrieben. Zur Zeit liegen keine Betriebsergebnisse für Sanierung von chlorierten Lösungsmitteln und Teerkomponenten vor.

**Bewertung**

Es hat sich gezeigt, daß die Methode für die Sanierung von Mineralölkontaminationen gut geeignet ist. Zur Realisierung sind genaue Kenntnisse der hydrologischen und hydrogeologischen Standortverhältnisse erforderlich. Bei einer durchschnittlichen Sanierung einer Mineralölkontamination werden typischerweise 200-500 kg/Jahr entfernt – meistens am Anfang und mit fallender Effektivität. Die Sanierungen werden oft nach ca. 2-3 Jahren Betrieb, insbesondere aufgrund von Verstopfungsproblemen, beendet.

**Empfehlungen**

Aufgrund der obengenannten Betriebserfahrungen wird folgendes empfohlen:
- Die Dimensionierung sollte auf der Grundlage von vorausgehenden Pumpenversuchen im kontaminierten Grundwasseraquifer ausgeführt werden. Gleichzeitig sollte durch mehrere Pegelrunden die Strömungsrichtung im Aquifer festgelegt werden. Sollte eine Injektion in der ungesättigten Zone über der Kontamination ausgeführt werden, müßte das Vorhandensein von möglichen wasserundurchlässigen Schichten die Infiltrationen verhindern können, genau untersucht werden. Der Durchlässigkeitstest an intakten Bodenproben wird hier als die am besten geeignete Methode angesehen. Versuche zur Bestimmung der Wasserlöschlichkeit der Kontaminationskomponenten sollten, soweit möglich, an intakten Bodenproben ausgeführt werden.
- Das Infiltrationssystem kann bei aerob biologisch abbaubarer Kontamination vorteilhafterweise mit Rücksicht auf die verlängerte Betriebszeit (Verstopfungsproblem) überdimensioniert werden. Zur vertikalen Durchströmung des kontaminierten Bodens ist Injektion durch Drainage zu empfehlen. Bei horizontaler Durchströmung empfiehlt sich eine Injektion in Schächten (Stromaufwärtskontamination).
- Als Sicherung gegen Kontaminationsausbreitung empfiehlt sich die Dimensionierung der Auspumpfilter, so daß mindestens 25% mehr Wasser ausgepumpt werden kann, als in das kontaminierte Gebiet infiltriert wird.

– Wasserproben sollten auf einen Gehalt an Eisen II untersucht werden sowie
auf einen Gehalt an aerob biologisch abbaubaren Kontaminatinskomponenten,
damit Sanierungsmaßnahmen zur Beseitigung von Verstopfungsproblemen
vermieden werden können.

**Tabelle 3.** Betriebsergebnisse der abgeschlossenen dänischen In-situ-Sanierungen durch
Bodenwäsche, Stand. 1.1.1995

| | Kontamination vor In-situ-Sanierung | Sanierungsziel | Bemerkung |
|---|---|---|---|
| 1 | 10 000 mg Diesel/kg im Boden 10 mg Diesel/l im Grundwasser | < 0,1 mg Diesel/l im Grundwasser | nach 4 Monaten Betrieb abgeschlossen, da das Sanierungsziel erreicht war |
| 2 | 14 000 mg Diesel/kg im Boden | Akzeptables Niveau für die konkrete Anwendung | nach 3 Monaten Betrieb abgeschlossen, da die Konzentration auf 1000 mg/kg Boden reduziert wurde; ca. 250 l Diesel entfernt |
| 3 | 500-1000 l Mineralölverschmutzung | Gefährdungsabschätzung der Restkontamination | nach 2 Jahren Betrieb abgeschlossen, da fortgesetzter Betrieb eine begrenzter Effektivität zeigte; 400-800 l Mineralöl entfernt |
| 4 | ca. 3000 l Mineralölverschmutzung | Gefährdungsabschätzung der Restkontamination | nach 3 Jahren Betrieb abgeschlossen, da fortgesetzter Betrieb eine begrenzter Effektivität zeigte; 1000-1500 l Mineralöl entfernt |
| 5 | 1700 mg Benzin/kg im Boden 1100 mg Diesel/kg im Boden | < 100 mg Benzin/kg im Boden oder Gefährdungsabschätzung der Restkontamination | nach 4 Jahren Betrieb abgeschlossen, da fortgesetzter Betrieb eine begrenzter Effektivität zeigte. Restkontamination soll durch Bodenaushub entfernt werden, um das Sanierungsziel zu erreichen |

# Ist die Nordsee eine Rüstungsaltlast?

Hans-Jürgen Rapsch

## 1    Ausgangslage

Im Zuge der Entmilitarisierung des Deutschen Reiches sind nach dem II. Weltkrieg große Mengen an Kampfmitteln auf der Nordsee versenkt worden. Die amtlichen Seekarten weisen allein für die engere Deutsche Bucht 16 Gebiete aus, die mit „Unrein Munition" gekennzeichnet sind. Davon liegen 8 Versenkungsgebiete in niedersächsischen Küstengewässern (Abb. 1).

Die Niedersächsische Landesregierung hat 1990 eine flächendeckende Gefährdungsabschätzung von Standorten aufgenommen (Niedersächsisches Umweltministerium 1988), die im Verdacht stehen, mit rüstungspezifischen Schadstoffen kontaminiert zu sein. Zu diesen Verdachtsflächen zählten auch die ehemaligen Versenkungsgebiete im niedersächsischen Teil der Nordsee.

Die Gefährdungsabschätzung begann zunächst mit der Auswertung von Archivalien. Bei diesen Recherchen wurde belegt, daß in den Nachkriegsjahren zwischen 1945 und 1947 – vereinzelt bis 1949 – bis zu 1 Mio. t Munition in die niedersächsischen Küstengewässer eingebracht wurden (Kulturtechnik GmbH 1990). Hierbei handelte es sich ausschließlich um konventionelle Munition. Nach Berichten von Zeitzeugen muß jedoch davon ausgegangen werden, daß ein erheblicher Teil der zur Versenkung vorgesehenen Munition aus Zeit- und Kostengründen bereits während der Anfahrt zu den Zielgebieten über Bord gegeben wurde.

In den Jahren zwischen 1947 und 1952 setzte durch sogenannte Munitionsfischer zunächst eine unkontrollierte Rückgewinnung der zuvor versenkten Munition zur Buntmetallgewinnung ein. Diese Munitionsbergung wurde ab 1952 mit staatlicher Genehmigung intensiviert. Im Auftrage eines damals in Wilhelmshaven ansässigen Delaborierbetriebs waren zeitweilig bis zu 35 Kutter gleichzeitig im Einsatz. Mit der Schließung dieses Betriebes zum 30.4.1958 wurde zwangsläufig auch die Munitionsfischerei eingestellt. Die Gesamtmenge der bis dahin geborgenen Munition läßt sich heute nicht mehr feststellen. Damit stellt sich die Frage nach den Munitionsmengen, die sich noch heute in den Versenkungsgebieten befinden, sowie nach dem Zustand der Kampfmittel und ihren ökotoxikologischen Auswirkungen.

## 2    Untersuchungen auf See

Die meßtechnischen Erkundungen wurden 1991 im Versenkungsgebiet Nr. 12 – Harle – aufgenommen. Mit einem akustischen Verfahren (Ultraschall) sollten zunächst auf dem Meeresboden liegende Fremdkörper nach Form und Größe erfaßt werden. Wie sich jedoch herausstellte, war mit dieser Meßtechnik das gesetzte Ziel nicht zu erreichen. In dem Untersuchungsgebiet hatte sich nämlich seit 1945 eine bis zu 2 m mächtige Sedimentschicht gebildet. Folglich mußte das Meßsystem erweitert werden, um auch im Meeresboden eingelagerte Metalle bis zu einer Tiefe von mehreren Metern orten zu können. Dieser Anforderung wurde mit induktiv arbeitenden Meßspulen entsprochen (Abb. 2).

In den Jahren 1992/93 wurde dieses Meßsystem auf nahezu allen niedersächsischen Versenkungsgebieten eingesetzt. Ausgenommen wurde lediglich das Gebiet Nr. 14 – Hooksiel Plate. Obwohl es gemäß der Archivrecherche (Kulturtechnik GmbH 1990) besonders stark mit Munition belastet sein sollte, konnten in diesem Fall keine sinnvollen Meßergebnisse mehr erwartet werden, weil das Gebiet in den letzten Jahren durch Baggerarbeiten im Zuge einer Fahrwasserbegradigung bis zu 8 m überschlickt worden war. In dem flachen und bei Tideniedrigwasser trockenfallenden Gebiet Nr. 15 – Jadebusen – wurde ein landgestütztes, modifiziertes Verfahren angewandt (Schollenberger 1991).

Mit den eingesetzten Geräten konnten in den untersuchten Versenkungsgebieten etwa 5000 Anomalien detektiert werden (OSAE 1992). Durch Taucher wurde bestätigt, daß es sich hierbei fast ausschließlich um Munitionsansammlungen handelte, die entweder auf dem Meeresboden oder in geringer Tiefe im Sediment lagen. Nur in wenigen Fällen waren die Anomalien auf ungewöhnliche Sedimentstrukturen zurückzuführen oder auf Kesselschlacke, die vermutlich von kohlebefeuerten Seeschiffen stammte (Heinrich Hirdes GmbH 1992).

Für die Abschätzung der Munitionsmenge wurden etwa 30 Anomalien ausgewählt, die als repräsentativ angesehen wurden. Die Befunde reichten von einigen hundert Kilogramm bis zu etwa 20 t Munition je Fundposition. Im Durchschnitt wurden 2-3 t festgestellt. Damit befinden sich in den untersuchten Gebieten insgesamt noch mindestens 10 000 t Munition.

Herausragender Schwerpunkt der Munitionsfunde war mit etwa 7500 t der östliche Teil vom Gebiet Nr. 11 – Verkehrstrennungsgebiet – sowie ein sich südöstlich daran anschließender Bereich außerhalb des Versenkungsgebiets. Im Vergleich hierzu waren die übrigen Munitionsmengen in den Versenkungsgebieten relativ gering und teilweise zu vernachlässigen.

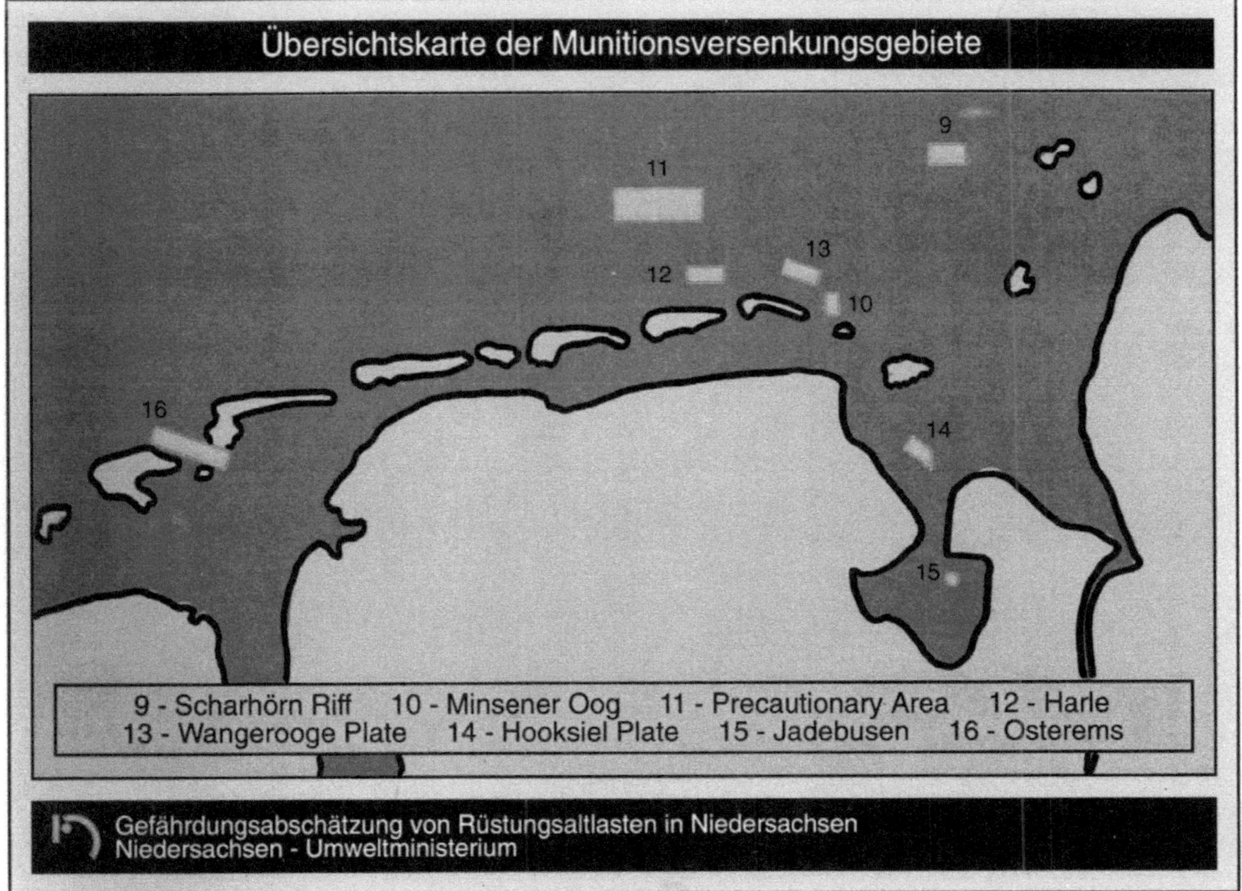


**Abb. 1.** Übersichtskarte der Munitionsversenkungsgebiete

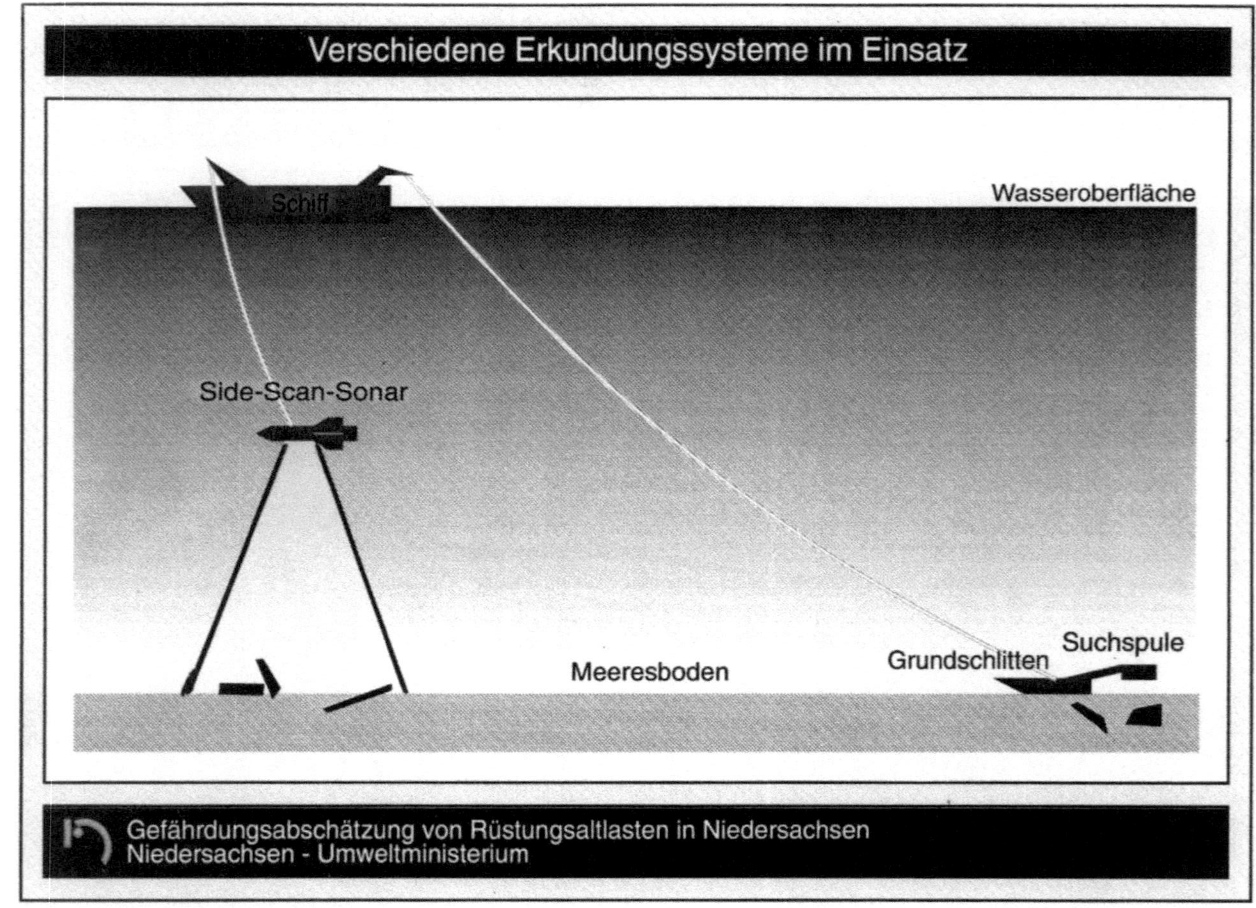


**Abb. 2.** Verschiedene Erkundungssysteme im Einsatz

Aufgrund dieser Ergebnisse hat das Niedersächsische Umweltministerium dem Bundesamt für Seeschiffahrt und Hydrographie (ehem. Deutsches Hydrographisches Institut) empfohlen, auf die Ausweisung der Versenkungsgebiete Nr. 9, 10, 13 und 15 ersatzlos zu verzichten. Dagegen sollten die Grenzen der Versenkungsgebiete Nr. 11, 12 und 16 der tatsächlichen Belegung mit Munition angepaßt werden, was auf eine deutliche Verkleinerung und Verschiebung der Gebiete hinauslaufen würde.

In einigen der näher untersuchten Munitionsansammlungen hatten sich Reste von Netzen verfangen, was auf eine Befischung dieser Bereiche hindeutete. Diese Beobachtung deckte sich mit den Aussagen von Fischern, die Versenkungsgebiete seien besonders fischreich.

Für munitionstechnische Untersuchungen wurden etwa 1,5 t Munition aller Art und Kaliber geborgen. Auffällig war der mit 40-50% relativ hohe Anteil alliierter Kampfmittel.

Im einzelnen war der äußere Zustand der Munition recht unterschiedlich, da er von den örtlichen Lagerbedingungen auf den eingesetzten Materialien abhängig ist. Soweit Munitionsteile aus Materialien wie Eisen oder Aluminium gefertigt waren, war die Korrosion bereits weit fortgeschritten und hatte die Hülsen zerstört. Dagegen waren die aus Messing gefertigten Komponenten noch gut erhalten. Im Einzelfall war diese Munition noch gebrauchsfertig.

## 3    Umweltauswirkungen

Die von der Munition ausgehenden Gefährdungen sind mehrschichtig. In Betracht zu ziehen sind zunächst die metallischen Werkstoffe, die wegen ihrer Anreicherung in der Nahrungskette eine Belastungsquelle darstellen. Ferner sind besonders die Schwermetalle Quecksilber und Blei hervorzuheben, die vielfach Bestandteile der Zündmittel sind. Auch wenn ihr Mengenanteil an der Munition eher gering ist, darf die ökotoxikologische Bedeutung dieser Metalle nicht unterschätzt werden (Arbeitsgruppe für regionale Struktur- und Umweltforschung GmbH 1993).

Die in der Munition vorhandenen Treibladungen und Sprengstoffe sind weitgehend toxisch, einige gelten als krebserregend und erbgutverändernd. Sie unterliegen durch abiotische und biotische Prozesse einer stofflichen Veränderung, wobei Metabolite entstehen, die durchaus giftiger oder langlebiger als die Ausgangsstoffe sein können.

Zahlreiche Einzelstücke der geborgenen Munition bestätigen, daß mit fortschreitender Korrosion der Ummantelung ihre Inhaltsstoffe freigesetzt werden. Wird unterstellt, daß dies vollständig und kurzfristig erfolgt, wären zumindest von den leicht löslichen Stoffen hohe Konzentrationen zu erwarten. Dennoch würden sich relevante Belastungen im freien Wasserkörper nicht einstellen, weil die Schadstofffreisetzung im Vergleich zum intensiven Austausch des Wasserkörpers zu gering ist. Im Hinblick auf die Begrenztheit der vorhandenen Schadstoffe und ihre tatsächliche Löslichkeit kann deshalb von einer Belastung nicht gesprochen werden (Arbeitsgruppe für regionale Struktur- und Umweltforschung GmbH 1993).

Die Situation ist ggf. anders zu beurteilen, wenn das Sediment betrachtet wird. Der Austausch von Schadstoffen erfolgt hier über diffusionsbestimmte Prozesse, die sehr langsam ablaufen. Mit fortschreitender Korrosion der Munition ist hier eine Anreicherung der Schadstoffe nicht vollständig auszuschließen. Zur Klärung dieser Problematik wurden deshalb 25 Sedimentproben aus den am stärksten belasteten Versenkungsgebieten entnommen. In keiner Probe konnten rüstungsspezifische Schadstoffe analysiert werden.

**Abb. 3.** Aufgefischte Kiste mit Wegwerfgranaten

Nach allem kann eine umfassende Räumung der Munitionsversenkungsgebiete aus ökologischer Sicht nicht begründet werden. Selbst die Teilräumung von Gebieten mit sehr hoher Munitionsbelegung ist ökologisch fragwürdig, weil derartige Aktionen zu einer Zerstörung der vorhandenen Population führen (Arbeitsgruppe für regionale Struktur- und Umweltforschung GmbH 1993). Nachteilige Auswirkungen der ehemaligen Munitionsversenkung sind somit nur in der Tatsache zu sehen, daß Küstenfischer mit ihren Grundschleppnetzen diese Munition auf dem Meeresboden unkontrolliert verbreiten und dabei nicht selten auffischen. Abbildung 3 zeigt eine Kiste mit Werfergranaten, die ungewollt an Bord genommen wurde.

## 4    Lösungsansatz und Ausblick

Bisher war es üblich, die aufgefischte Munition gleich wieder über Bord zu werfen. Bei dieser Praxis ist es absehbar, daß die Munition von einem anderen Fischer gelegentlich wieder aufgenommen wird. Durch die wiederholte mechanische Beanspruchung wird sie immer gefährlicher, so daß dieser Kreislauf unterbrochen werden muß.

Das Land Niedersachsen hat deshalb mit einem Fischer, der seit etwa 30 Jahren praktische Erfahrungen mit solcher Fundmunition gemacht hat, ein zunächst auf ein Jahr befristetes Projekt vereinbart. Danach hat dieser ständig einen Transportbehälter an Bord zu führen, der ihm vom Kampfmittelbeseitigungsdienst (KBD) zur Verfügung gestellt worden ist. Sobald er ungewollt Munition auffischt, hat er sie sicher in dem Transportbehälter zu verwahren. Auf seiner Rückfahrt hat der Fischer den KBD über die aufgenommene Munition zu unterrichten und ihm diese im Hafen zur fachgerechten Entsorgung zu übergeben.

Das Ergebnis dieses nunmehr abgelaufenen Projekts ist beeindruckend: Insgesamt wurde Fundmunition im Geamtgewicht von mehr als 3000 kg geborgen. Dabei handelte es sich im einzelnen um:

740 Sprenggrananten, 2 cm
282 brit. Granaten, 4 cm
36 Wurfgranaten
18 Sprenggranaten, 10,5 cm

Mit dieser Aktion soll langfristig eine praktikable Lösung für die Entsorgung unbeabsichtigt aufgenommener Kampfmittel gefunden werden. Wenn damit auch nicht die zügige oder gar vollständige Bergung der gesamten Munition verbunden ist, so wird dadurch doch der oben geschilderte Kreislauf durchbrochen und das Gefahrenpotential weiter abgebaut. Die ersten Erfahrungen mit diesem Projekt scheinen auf allgemeinen Zuspruch zu stoßen, so daß zu erwarten ist, daß sich in den kommenden Jahren mehrere Fischer daran beteiligen werden.

**Literatur**

Arbeitsgruppe für regionale Struktur- und Umweltforschung GmbH (1993, Mai) Ökotoxikologische Bewertung Rüstungsaltlasten – Munitionsversenkungsgebiete in der Nordsee, Oldenburg (unveröffentlicht).

Heinrich Hirdes GmbH (1992, September) Ergebnisbericht über die Untersuchung von Munitionsversenkungsgebieten in den niedersächsischen Küstengewässern, Berlin, (unveröffentlicht).

Kulturtechnik GmbH (1990, Oktober) Bericht zur Erfassung und Erkundung der Rüstungsaltlasten in der Nordsee, Bremen (unveröffentlicht).

Niedersächsisches Umweltministerium (1988, Juni) Bestandsaufnahme und Handlungskonzept für Rüstungsaltlasten in Niedersachsen, Hannover.

OSAE Gesellschaft für Seevermessung mbH (1992, Mai und November) Berichte über die geophysikalischen Untersuchungen in den Munitionsversenkungsgebieten Nr. 9, 10, 11, 12, 13 und 16, Bremen (unveröffentlicht).

Schollenberger K. (1991, November) Abschlußbericht der Untersuchungen im Munitionsversenkungsgebiet Nr. 15, Sande (unveröffentlicht).

# Möglichkeit der Erstbewertung von kontaminationsverdächtigen Flächen auf Truppenübungsplätzen

Karl-Werner Kiefer

Der folgende Beitrag beschäftigt sich mit der Möglichkeit der Erstbewertung von kontaminationsverdächtigen Flächen (kv-Flächen) auf Truppenübungsplätzen. Dieses Problem stellte sich im Rahmen einer beispielhaften flächendeckenden Erfassung von kv-Flächen auf einem größeren Übungsplatzareal in Bayern.

Um eine möglichst breite Übereinstimmung mit den landesspezifischen Vorgaben zu erlangen, erfolgte eine Anlehnung an den „Altlasten-Leitfaden für die Behandlung von Ablagerungen und kontaminierten Standorten in Bayern (Alf)", herausgegeben vom Bayerischen Staatsministerium für Landesentwicklung und Umweltfragen, München, Juli 1991.

Der Bayerische Altlasten-Leitfaden sieht für die Bildung der Bearbeitungspriorität ein mehrstufiges Verfahren vor. Die einzelnen Verfahrensschritte stellen sich wie folgt dar:

- 1. Schritt: Einstufung des Schadstoffpotentials,
- 2. Schritt: Einstufung der möglichen Auswirkungen,
- 3. Schritt: Ermittlung der Basispriorität,
- 4. Schritt: Ermittlung der endgültigen Priorität.

Die Ermittlung von „Schadstoffpotential", „Möglichen Auswirkungen" sowie der „Basispriorität" erfolgt hierbei über einfache Matrixverknüpfungen bestimmter Faktoren. Darüber hinaus liefert Alf keinerlei Hinweise, wie die einzelnen Schritte inhaltlich ausgefüllt werden. Aufgabe war es daher, die äußeren Vorgaben hinsichtlich ihrer Anwendung im konkreten Fall gewissermaßen „mit Leben zu erfüllen". Die einzelnen Schritte werden im folgenden hinsichtlich ihrer konkreten Anwendung näher beschrieben.

# 1    1. Schritt: Einstufung des Schadstoffpotentials

Gemäß ALf erfolgt die Einstufung des Schadstoffpotentials über eine einfache Matrixverknüpfung der Kriterien „Schadstoffmenge/Schadstoffkonzentration" und „Schadstoffgefährlichkeit" (Abb. 1).

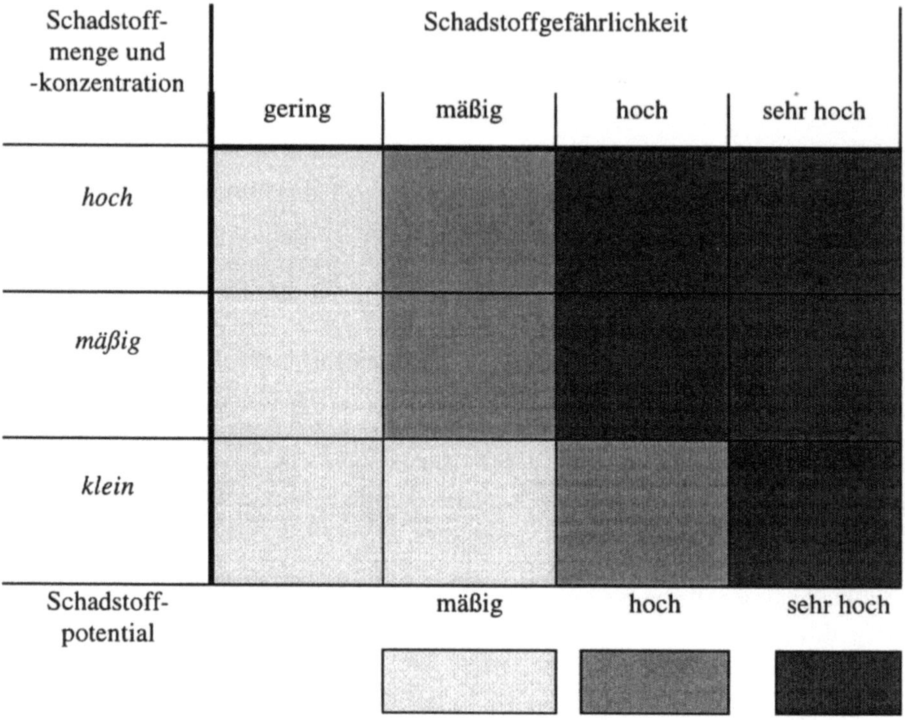

**Abb. 1.** Einstufung des Schadstoffpotentials (aus Altlasten-Leitfaden Bayern, Juli 1991)

## 1.1    Schadstoffmenge/Schadstoffkonzentration

Hinsichtlich der Beurteilung der Schadstoffmenge/Schadstoffkonzentration wurde eine Kategorisierung der unterschiedlichen Typen von kv-Flächen vorgenommen. Im wesentlichen können folgende 5 Hauptgruppen unterschieden werden:

1. Ablagerungen/Geländeauffüllungen usw.,
2. militärtypische Bereiche und Standorte,
   (Abschuß- und Einschlagsbereiche usw.),
3. Tanklager/Tankeinrichtungen,
4. Kfz-Bereiche (Waschanlagen, Reparaturbereiche, Abstellplätze),
5. sonstige Bereiche (Gebäude, Lagerplätze, Wüstungen usw.).

### 1.1.1  Einstufung der Ablagerungen/Auffüllungen usw.

Die Einstufung der Ablagerungen/Auffüllungen erfolgte zunächst nach einer Grobabschätzung der jeweiligen Fläche. Im Rahmen der Ermittlung der endgültigen Priorität wurde diese Grobabschätzung überprüft und, falls notwendig, entsprechend korrigiert. Als Grundlage hierzu diente die möglichst lagegetreue kartographische Darstellung der einzelnen Verdachtsflächen im Maßstab 1:5000.

Weiher/Seen, Granat-/Bombentrichter, Stellungen, Bunker und dergleichen wurden nur hinsichtlich einer möglichen Verfüllung betrachtet. Lagen keine konkreten Anhaltspunkte diesbezüglich vor, so waren grundsätzlich vor Einleitung weiterer Maßnahmen Ortsbegehungen durchzuführen. Es sei an dieser Stelle darauf hingewiesen, daß in der Regel das recherchierte Datenmaterial bezüglich Truppenübungsplätzen und militärischen Standorten meist deutlich geringer ist als bei Historischen Erkundungen im zivilen Bereich.

Die Einstufung für die weitere Bearbeitung der Ablagerungsbereiche erfolgte folgendermaßen:

*groß*    größere Ablagerungsbereiche
*mittel*   eher kleinere Ablagerungsbereiche sowie verfüllte Weiher
     und Teiche
*klein*    punkt- und linienförmige Ablagerungen wie Granat- und
     Bombentrichter, Stellungen, Bunker


### 1.1.2  Einstufung der militärtypischen Bereiche und Standorte

Unter diesem Punkt wurden all die Standorte und Bereiche aufgeführt und eingestuft, deren Nutzung rein militärischer Natur war. Für die kontaminationsverdächtigen, militärtypischen Bereiche und Standorte wurde folgende Einstufung gewählt:

*groß*    Einschlagsgebiete/-bereiche, Sprengplätze und dergleichen
*mittel*   Flak-/Artilleriestellung, Schießbahnen (d.h. Abschußbereiche)
*klein*    Schießstände (Pistole, Kleinkaliber usw.)

Nicht eingestuft wurden provisorische Militärbrücken, Tarnbereiche und unbekannte Objekte. Diese Objekte wurden allein durch die Luftbildauswertung erfaßt, darüber hinausgehende Informationen konnten nicht ermittelt werden. Die Identifizierung dieser Bereiche/Objekte durch Luftbilder ist wegen deren Mobilität eher Zufall. Zudem begründet die in der Regel nur kurzfristige Standdauer nicht die Einstufung als kv-Fläche. Bei den unbekannten Objekten ist die vorliegende Information zu gering, um eine Einstufung als kv-Fläche zu begründen.

### 1.1.3  Einstufung der Tanklager/Tankstellen/Tankeinrichtungen

Tanklager und Tankeinrichtungen sind strenggenommen keine rein militärischen Einrichtungen. Dies gilt insbesondere hinsichtlich der zu erwartenden Schadstoffe. Die Einstufung der Tanklager/Tankeinrichtungen erfolgte nach der jeweiligen Nutzungsdauer bzw. der Nutzungszeit in „mittel" und „groß"; die Einstufung „klein" wurde nicht vorgenommen, da erfahrungsgemäß ehemalige Tanklager und Tankeinrichtungen meist hoch bis sehr hoch belastet sind.

Die Differenzierung in „mittel" und „groß" wurde wie folgt begründet: Das Jahr 1945 markiert einen markanten Wendepunkt in der Historie deutscher Truppenübungsplätze. Vor 1945 erfolgte die Nutzung ausschließlich durch die deutsche Wehrmacht bzw. deren Vorgänger, seit 1945 erfolgt die Nutzung in erster Linie durch die Besatzungsarmeen.

Des weiteren ist für potentielle Verunreinigungen, die vor 1945 erfolgten, davon auszugehen, daß aufgrund der langen Verweildauer im Boden ein mikrobieller Abbau der Schadstoffe (in erster Linie Mineralölkohlenwasserstoffe) stattgefunden hat, so daß zumindest die leichtflüchtigen und mobilen Schadstoffanteile weitestgehend abgebaut und mineralisiert sind. Grundsätzlich kann man zudem davon ausgehen, daß vor 1945 die Menge der in den entsprechenden Einrichtungen umgeschlagenen Treibstoffe deutlich geringer war als nach 1945.

Für die Einstufung der Tanklager und Tankeinrichtungen wurde demnach folgende Einteilung gewählt:

*groß*    Nutzung nach 1945
*mittel*   Nutzung bis 1945
*klein*    keine Einstufung

### 1.1.4  Einstufung der Kfz-Bereiche

Analog der Einstufung der Tanklager/Tankeinrichtungen erfolgte auch die Zuordnung der Kfz-Bereiche nach der jeweiligen Nutzungsdauer bzw. derNutzungszeitraum. Die Einstufung der Kfz-Bereiche wurde wie folgt vorgenommen:

*groß*          Nutzung bis heute oder Nutzungsdauer mehr als 50 Jahre
*mittel*         Nutzungsdauer weniger als 50 Jahre
*klein*          Nutzung nur vor 1945, unabhängig von der Nutzungsdauer

### 1.1.5  Sonstige Bereiche

Von den sonstigen Bereichen wurden nur die Wüstungen sowie die Lagerplätze
eingestuft:

| | |
|---|---|
| *mittel* | Lagerplätze |
| *klein* | Wüstungen |

Nicht eingestuft wurden erfaßte Gebäude und Einrichtungen (z.B. Generatoranla-
gen, Feuerschutzeinrichtungen usw.). Für diese erfolgte anhand der jeweils vorhandenen Informationen eine Einzelfallbetrachtung. Ebenfalls nicht eingestuft
wurden die durch die Luftbildauswertung identifizierten Straßen und Wege, Bahn-
linien sowie Flüsse und Bäche, da diese zunächst keinen erhöhten Kontaminati-
onsverdacht begründen.


### 1.2    Schadstoffgefährlichkeit

Die Einstufung der Schadstoffgefährlichkeit erfolgte im wesentlichen anhand der
am Beitragsende angegebenen Literatur.

Besonderes Augenmerk wurde hierbei auf die Möglichkeit einer Wassergefähr-
dung durch die in den jeweiligen kv-Flächen zu vermutenden Stoffe gelegt. Hierzu
wurden die einzelnen kv-Flächen anhand der Tabelle 1 auf wassergefährdende
Stoffe überprüft und je nach Anzahl der relevanten Stoffe entsprechend zugeordnet. Vor diesem Hintergrund ergab sich die nachfolgende Einstufung:

| | |
|---|---|
| *gering* | keine wassergefährdenden Stoffe in größerem Maße zu vermuten |
| *mittel* | hohe Wahrscheinlichkeit des Vorhandenseins wassergefährdender Stoffe der WGK 2 und WGK 3 |
| *hoch* | Vielzahl wassergefährender Stoffe der WGK 3 zu vermuten |
| *sehr hoch* | Gemisch aller denkbaren umweltrelevanten wassergefährdenden Stoffe möglich |

Die unterschiedlichen kv-Flächen wurden wie folgt zugeordnet:

| | |
|---|---|
| *gering* | vorerst keine Einstufung |
| *mittel* | Schießstände, Flakstellungen, Artilleriestellungen, Schießbahnen, Lagerplätze |
| *hoch* | Einschlagsgebiete/Zielgebiete, Handgranatenwurfstände, Tanklager/Tankeinrichtungen, Waschanlagen, Abstellplätze, Reparaturbereiche, |
| *sehr hoch* | Ablagerungen/Verfüllungen, Sprengplätze. |

Von besonderer Bedeutung bei Ablagerungen auf Truppenübungsplätzen sind militärtypische Ablagerungen (Munition, Munitionsteile, Explosiv- und Kampfstoff-
reste usw.), wie sie für „normale" Ablagerungen in der Regel nicht üblich sind.

Auch bei fehlenden konkreten Hinweisen auf solche militärtypischen Ablagerungen ist davon auszugehen, daß dies doch der Fall sein kann („Worst-case-Betrachtung"). Dies ist für spätere Untersuchungsmaßnahmen und insbesondere für die damit verbundenen Arbeitsschutzmaßnahmen von großer Bedeutung. Daher wurden Ablagerungen/Verfüllungen grundsätzlich der Schadstoffgefährlichkeit „sehr hoch" zugeordnet. Sprengplätze wurden ebenfalls mit einer „sehr hohen" Schadstoffgefährlichkeit eingestuft. Hier muß davon ausgegangen werden, daß an diesen Plätzen möglicherweise Explosivstoffe aller Art gesprengt wurden und daher neben einer hohen Konzentration die gesamte für diese Stoffe typische Schadstoffpalette zu erwarten ist.

### 1.3    Zusammenfassende Darstellung der „Schadstoffpotentiale"

In Tabelle 1 sind die Zuordnungen der einzelnen Verdachtsflächentypen in bezug auf Schadstoffmenge/Konzentration, Schadstoffgefährlichkeit sowie die daraus resultierenden Schadstoffpotentiale im Überblick aufgeführt. Zusätzlich werden in der zweiten Spalte die für die einzelnen Verdachtsflächentypen bedeutsamen Schadstoffarten sowie deren chemische Hauptverbindungen und Parameter dargestellt. Salopp formuliert handelt es sich hierbei um ein „Sammelsurium" von potentiellen Schadstoffen. Die Auflistung darf nicht gleichgesetzt werden mit Parameterlisten für die späteren technischen Erkundungen an diesen Standorten.

Für die Ablagerungen/Verfüllungen wurde bei der Ermittlung des Schadstoffpotentials eine Änderung gegenüber den Vorgaben von ALf vorgenommen. Gemäß der ALf-Matrix wird allen kv-Flächen, die hinsichtlich der Schadstoffgefährlichkeit als „sehr hoch" eingestuft werden, unabhängig von der Schadstoffmenge/-konzentration, ein „sehr hohes" Schadstoffpotential zugeordnet. Bei strenger Anwendung der ALf-Matrixverknüpfung ist daher keine weitere Differenzierung zwischen großen Ablagerungen/Müllplätzen und z.B. Bunkern oder Stellungen möglich.

Um dennoch eine Differenzierung innerhalb dieser kv-Flächen vornehmen zu können, wurde ein Großteil dieser kv-Flächen prinzipiell herabgestuft. Grundsätzlich muß deutlich darauf hingewiesen werden, daß es sich bei den Einstufungen der Tabelle 1 um die Erstbewertung der kv-Flächen auf niedrigem „Beweisniveau" handelt. Aufgrund der sehr geringen Hintergrundinformationen sind daher im Einzelfall nach den Felduntersuchungen deutliche Abweichungen zu erwarten. So ist z.B. denkbar, daß es sich bei einer als Ablagerung identifizierten Fläche lediglich um einen Bereich handelt, in dem Erdbewegungen an der Erdoberfläche oder Ablagerungen von unbedenklichem Erdaushub stattfanden. In diesem Fall kann dann natürlich nicht von einem „sehr hohen" Schadstoffpotential gesprochen werden. Umgekehrt kann eine größere Stellung, die mit Munitions- und Kampfstoffresten verfüllt wurde, ein wesentlich höheres Schadstoffpotential aufweisen, als in Tabelle 1 aufgeführt.

**Tabelle 1.** Zusammenfassende Darstellung von Schadstoffmenge/Schadstoffkonzentration, Schadstoffgefährlichkeit und den daraus resultierenden Schadstoffpotentialen der unterschiedlichen kv-Flächen

| **Ablagerungen, Verfüllungen, Auffüllungen** | | | | |
| --- | --- | --- | --- | --- |
| Bereich | Potentielle Kontaminanten und chemische Parameter | Schadstoff-menge/ Konzen-tration | Schadstoff gefähr-lichkeit | Schad-stoff-potential |
| Altablagerungen, Müllplätze/ Geländever-/ -auffüllungen | Müll, Abfälle aller Art<br>- Kohlenwasserstoffe<br>- LHKW, PAK, BTEX<br>- Schwermetalle<br>- Asbest<br>- usw.<br><br>Militärtypische Rückstände | groß | sehr hoch | sehr hoch |
| Granat-/ Bombentrichter | Explosivstoffreste | klein | | hoch |
| Stellungen | - Nitrat<br>- Salpetersäureester<br>- Nitroaromaten<br>- aromatische Amine | klein | | mäßig |
| Bunker | - Chlorate<br>- Pb, Hg | klein | | mäßig |
| Halden, Dämme, Wälle | | mittel | | hoch |
| Weiher, Seen, Teiche | Munitionsreste<br>- Nitrat<br>- Pb, Cu, Ni<br>- Zn, Sn, Sb | mittel | | hoch |
| Hohlformen, Gruben, Feuerlöschteiche | Kampfstoffreste<br>- AOX, EOX | klein | | hoch |
| Weiher, Seen, Teiche | - Chlorid, Sulfat<br>- Cyanide<br>- Phosphor | klein | | hoch |
| Flüsse, Bäche | - Arsen, Pb<br>- Herbizide | klein | | mäßig |

| Abschußbereiche | | | | |
|---|---|---|---|---|
| Bereich | Potentielle Schadstoffe und chemische Parameter | Schadstoff-menge/ Konzen-tration | Schad-stoffgefähr-lichkeit | Schad-stoff-potential |
| Flakstellungen | aliphatische Kohlenwasserstoffe | mittel | mittel | hoch |
| | Munitionsreste<br>- Pb, Cu, Ni, Zn<br>  Sn, As, Sb, Ba | | | |
| | Explosivstoffreste<br>- Nitroaromaten<br>- Salpetersäureester<br>- aromatische Amine<br>- Nitrat, Chlorat<br>- Pb, Hg | | | |
| Schießstände | Munitionsreste<br>- Pb, Cu, Ni, Zn, Hg<br>  Sn, As, Sb, Ba, Cd | klein | mittel | mäßig |
| | sonstige Metalle<br>- Fe, Al, Cr, Co, Ni, Mn | | | |
| | Imprägniermittel<br>- EOX, AOX | | | |
| | Herbizide | | | |
| | Explosivstoffreste<br>- Nitroaromaten<br>- Salpetersäureester<br>- aromatische Amine<br>- Nitrat, Chlorat<br>- Pb, Hg | | | |
| Artilleriestellungen, Schießbahnen, Ab-schußbereiche | Metalle<br>- Fe, Al, Cr, Co, Ni,<br>  Mn | mittel | mittel | hoch |
| | Schmierstoffe<br>- Kohlenwasser-<br>  stoffe, AK, BTEX | | | |
| | Herbizide | | | |
| | Munitionsreste<br>- Pb, Cu, Ni, Zn, Sn,<br>  Ba, Sr, Sb | | | |
| | Nitroaromaten<br>- Salpetersäureester<br>- aromatische Amine<br>- Nitrat, Chlorat<br>- Pb, Hg | | | |

| Einschlagsbereiche | | | | |
|---|---|---|---|---|
| Bereich | Potentielle Schadstoffe und chemische Parameter | Schad-stoff-menge/ Konzen-tration | Schad-stoff-gefähr-lichkeit | Schad-stoff-potential |
| Einschlagsgebiete, Zielgebiete | Schwermetalle | groß | hoch | sehr hoch |
| | andere Metalle; Le-gierungsbestandteile <br> -  Mo, W, V, U, Zr, Fe, Al, Mn | | | |
| | TNT und Derivate <br> -  Nitroaromaten, aromatische Amine | | | |
| | Kampfstoffe <br> -  Arsen | | | |
| | Leuchtmunition <br> -  Ba, Sr, Cu | | | |
| Handgranatenwurf-stände | Schwermetalle <br> -  Cd, As, Cu, Zn | groß | hoch | sehr hoch |
| | andere Metalle; Le-gierungsbestandteile <br> -  Mo, W, V, U, Zr, Fe, Al, Mn, Sb | | | |
| | TNT und Derivate <br> -  Nitroaromaten, aromatische Amine | | | |
| | Ammongelite <br> -  Salpetersäureester | | | |
| Sprengplätze | Schwermetalle <br> -  Fe, Al | groß | hoch | sehr hoch |
| | TNT und Derivate <br> -  Nitroaromaten, aromatische Amine | | | |
| | Verbrennungsrückstände <br> -  PAK | | | |
| | Ammongelite <br> -  Salpetersäureester | | | |

| **Sonstige militärische Bereiche** | | | | |
|---|---|---|---|---|
| Bereich | Potentielle Schadstoffe und chemische Parameter | Schad-stoff-menge/ Konzen-tration | Schad-stoff-gefähr-lichkeit | Schad-stoff-potential |
| Pionierübungsplätze | Explosivstoffreste<br>- Nitrate<br>- Nitroaromaten aromatische Amine<br>- Chlorate<br>- Pb<br><br>Kampstoffreste<br>- AOH, EOH<br>- Chloride, Sulfate<br>- Cyanide<br>- Phosphate<br>- As, Pb | mittel | gering bis sehr hoch | mäßig bis sehr hoch |

| **Tanklager/Tankstellen/Tankbereiche** | | | | |
|---|---|---|---|---|
| Bereich | Potentielle Schadstoffe und chemische Parameter | Schad-stoff-menge/ Konzen-tration | Schad-stoff-gefähr-lichkeit | Schad-stoff-potential |
| Tanklager | Treibstoffe<br>- Kohlenwasserstoffe<br>- BTEX | mittel bis groß | mittel bis hoch | hoch bis sehr hoch |
| Tankstellen | Treibstoffe<br>- Kohlenwasserstoffe<br>- BTEX<br><br>Nitroverbindungen<br><br>Tenside<br><br>Tetraethylblei<br>- Pb<br><br>Frostschutzmittel<br>- ein- und mehrwertige Alkohole (z.B. Isopropanol, Diethylenglycol)<br><br>Schmiermittel<br>- Kohlenwasserstoffe | mittel bis groß | hoch | hoch bis sehr hoch |

| Kfz-Bereiche | | | | |
| --- | --- | --- | --- | --- |
| Bereich | Potentielle Schadstoffe und chemische Parameter | Schad-stoff-menge/ Konzen-tration | Schad-stoff-gefähr-lich-keit | Schad-stoff-potential |
| Waschanlagen | Treibstoffe, Schmier-stoffe, Waschbenzin<br>- Kohlenwasserstoffe<br>- BTEX, PAK | klein bis groß | hoch | hoch bis sehr hoch |
| | Tenside | | | |
| | Lösungsmittel, Kalt-reiniger<br>- LHKW | | | |
| Reparaturbereiche | Treibstoffe, Schmier-stoffe, Waschbenzin<br>- Kohlenwasserstoffe<br>- BTEX, PAK | klein bis groß | hoch | hoch bis sehr hoch |
| | Schwefelsäure | | | |
| | Nitroverbindungen | | | |
| | Lösungsmittel, Kalt-reiniger<br>- LHKW | | | |
| | Additive<br>- Ti, Cd, Cr | | | |
| | Frostschutzmittel<br>- ein- und mehrwer-tige Alkohole (z.B. Isopropanol, Diethylenglycol) | | | |
| Abstellplätze | Treibstoffe, Schmier-mittel, Waschbenzin<br>- Kohlenwasserstoffe<br>- BTEX, PAK | klein bis groß | mittel bis hoch | mäßig bis se[hr] hoch |
| | Tetraethylblei | | | |
| | Asbest | | | |

| **Sonstige Bereiche** | | | | |
|---|---|---|---|---|
| Lagerplätze | gesamte Schadstoffpalette | mittel | gering bis hoch | mäßig bis sehr hoch |
| Wüstungen | gesamte Schadstoffpalette | klein | gering bis hoch | mäßig bis hoch |
| Generatoranlagen | Fette, Mineralöle<br>-  Kohlenwasserstoffe<br>-  PCB | klein bis mittel | gering bis hoch | mäßig bis sehr hoch |
| Feuerschutz-einrichtungen | Halone, Frigene<br>-  LHKW | klein bis mittel | gering bis hoch | mäßig bis hoch |

# 2    2. Schritt: Einstufung der möglichen Auswirkungen

Gemäß ALf erfolgt die Einstufung der möglichen Auswirkungen über eine einfache Matrixverknüpfung der Kriterien „Berührte Nutzung" und den örtlichen „Ausbreitungsbedingungen" (s. Abb. 2).

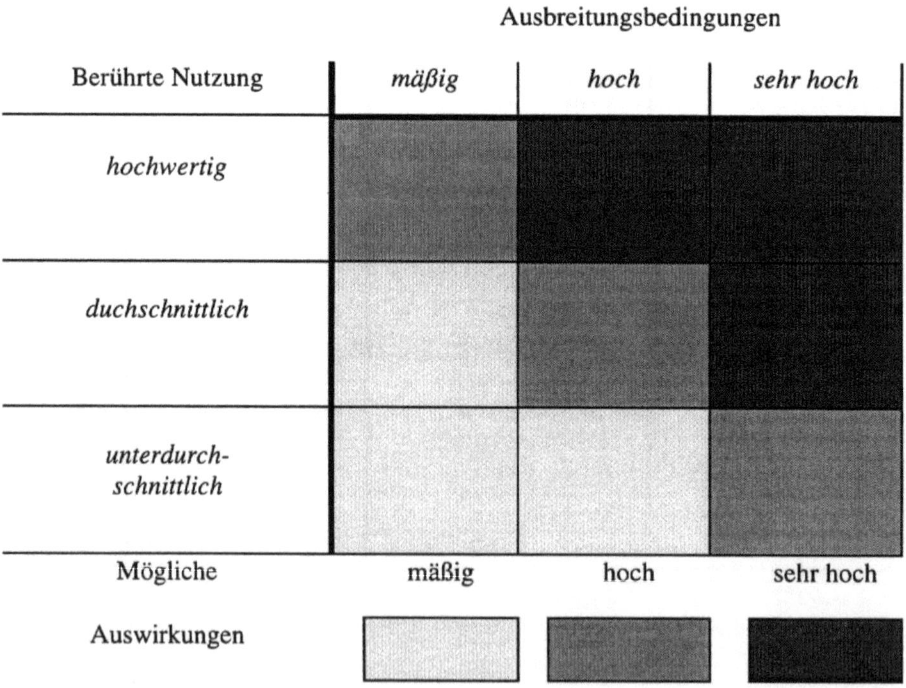

**Abb. 2.** Einstufung der möglichen Auswirkungen (aus Altlasten-Leitfaden Bayern, Juli 1991, Verknüpfung „unterdurchschnittlich – mittel" abgeändert)

Auch hier wurde eine Änderung gegenüber der ALf-Matrixverknüpfung vorgenommen. Um eine größere Differenzierung innerhalb der kv-Flächen zu erlangen, wurde die Verknüpfung „Berührte Nutzung – unterdurchschnittlich" mit „Ausbreitungsbedingungen – mittel" hinsichtlich der Möglichen Auswirkungen als „mäßig" eingestuft und nicht – wie gemäß ALf vorgesehen – als „groß".

## 2.1     Berührte Nutzung

Unter dem Punkt „Berührte Nutzung" wurde die aktuelle Nutzung im Untersuchungsbereich berücksichtigt. In Tabelle 2 erfolgt eine Übersicht über die Zuordnung der aktuellen sensiblen Nutzungsbereiche zu den ALf-Kriterien „hochwertig", "durchschnittlich" und „unterdurchschnittlich".

Wie aus Tabelle 2 ersichtlich wird, wurden insbesondere die dauerhaften Wohnbereiche innerhalb des Übungsplatzes sowie die nach § 19 WHG festgesetzten Wasserschutzgebiete als „hochwertig" eingestuft.

Als Kartengrundlage diente hierbei die offizielle Bestandskarte der Wasserschutzgebiete des Bayerischen Landesamtes für Wasserwirtschaft Maßstab 1:50 000. Andere Quellen (z.B. aktuelle Pläne der Standortverwaltung) wiesen zum Teil deutliche Abweichungen hinsichtlich der Lage und Größe der Wasserschutzgebiete auf, so daß in diesem Bewertungsschritt ein großer Unsicherheitsfaktor liegt.

Des weiteren wurden die Fassungsbereiche von vorhandenen und genutzten Brunnen sowie die näheren Anstrombereiche der Wasserschutzgebiete als hochwertig eingestuft. Hierbei wurde für die Brunnen ein radialer Sicherheitsabstand von rund 50 m als Fassungsbereich definiert. Der nähere Anstrombereich der Wasserschutzgebiete wurde mit ca. 500 m definiert. Bei der Festlegung dieser Sicherheitszone, insbesondere deren Orientierung, wurden die Ergebnisse einer hydrogeologischen Studie zur Festlegung von Grundwassereinzugsgebieten berücksichtigt.

Als weniger sensibel und daher von der Wertigkeit her mit „durchschnittlich" wurden die Lager im Außenbereich eingestuft. Diese werden in der Regel nur gelegentlich für kurze Truppenübungsplatzaufenthalte genutzt.

Darüber hinaus wurden weitere wasserwirtschaftliche Bereiche mit der Wertigkeit „durchschnittlich" belegt. Hierbei handelt es sich um die Anstrombereiche der bereits oben erwähnten Brunnen sowie die weiteren Anstrombereiche der Wasserschutzgebiete. Für die Brunnen wurde der Anstrombereich bis ca. 500 m als Sicherheitszone definiert, für die Wasserschutzgebiete wurde ein zusätzlicher weiterer Anstrombereich bis ca. 1000 m festgelegt. Bei der Festlegung dieser Sicherheitsbereiche wurden ebenfalls die Ergebnisse der oben zitierten Hydrogeologischen Studie berücksichtigt.

Weiterhin wurde für alle stehenden und fließenden Gewässer ein entsprechender Schutzbereich festgelegt und mit der Wertigkeit „durchschnittlich" definiert. Dieser Schutzbereich beträgt entlang von Fließgewässern beidseitig ca. 100 m. Bei stehenden Gewässern gilt entsprechend ein Uferabstand von ca. 100 m. Der gesamte restliche Bereich des Truppenübungsplatzes wurde als wenig sensibel, d.h. hinsichtlich der berührten Nutzung als „unterdurchschnittlich" eingestuft.

**Tabelle 2.** Zuordnung/Einstufung der berührten Nutzungsbereiche

| | |
|---|---|
| • **hochwertig**<br>  – Wohnbereiche<br>  – Wasserschutzgebiete (WSG)<br>  – näherer Anstrombereich der WSG<br>    (bis ca. 500 m)<br>  – Fassungsbereich der Brunnen<br>    (bis ca. 50 m) | **Quelle:**<br>Bestandsplan 1:5.000<br>Bestandskarte der WSG<br>definiert in Anlehnung an<br>Hydrogeologische Studie<br>definiert von UIO, unter Berücksichtigung der vorhandenen Gutachten |
| • **durchschnittlich**<br>  – alle Lager<br>  – weiterer Anstrombereich der WSG<br>    (bis ca. 1000 m)<br>  – Anstrombereich Brunnen<br>    (bis ca. 500 m)<br>  – Nähe zu Oberflächengewässer | Bestandsplan 1:5000<br>definiert in Anlehnung an<br>Hydrogeologische Studie<br>definiert unter Berücksichtigung<br>vorhandener Gutachten<br>TK 25 |
| • **unterdurchschnittlich**<br>  – restlicher Truppenübungsplatz | diverse, TK 25 usw. |

## 2.2    Ausbreitungsbedingungen

Die Berücksichtigung des Kriteriums „Ausbreitungsbedingungen" erfolgte allein hinsichtlich der Ausbreitungsbedingungen des Grundwassers. Die Einstufung der Ausbreitungsbedingungen wurde analog der Einteilung, wie sie die DIN 18130 vorsieht, vorgenommen. Hierbei ergab sich die folgende Untergliederung.

**Bezeichnung nach DIN 18130**

| | |
|---|---|
| *mäßig* | gering bis sehr gering durchlässig, $k_f$-Wert $< 10^{-6}$ |
| *hoch* | durchlässig, $k_f$-Wert $10^{-4}$-$10^{-6}$ |
| *sehr hoch* | stark durchlässig, $k_f$-Wert $> 10^{-4}$ |

# 3    3. Schritt: Ermittlung der Basispriorität

Gemäß ALf erfolgt die Ermittlung der Basispriorität über eine einfache Matrixverknüpfung der zuvor in Schritt 1 und Schritt 2 ermittelten Kriterien „Schadstoffpotential" und „Mögliche Auswirkungen" (Abb. 3).

**Mögliche Auswirkungen (aus Schritt 2)**

| Schadstoffpotential<br>(aus Schritt 1) | *mäßig* | *hoch* | *sehr hoch* |
| --- | --- | --- | --- |
| *sehr hoch* | III | II | I |
| *hoch* | III-IV | II-III | I-II |
| *mäßig* | IV | III | II |

| Basispriorität | höchste<br>Priorität | niedrigste<br>Priorität |
| --- | --- | --- |
| | I | IV |

**Abb. 3.** Ermittlung der Basispriorität (aus Altlasten-Leitfaden Bayern, Juli 1991)

Aufgrund der meist sehr langen Nutzungsdauer von Truppenübungsplätzen kann es in vielen Bereichen zu Mehrfachnutzungen gekommen sein. Wo dies frühzeitig ermittelt werden konnte, wurde jeweils die Nutzung mit der höchsten Schadstoffgefährlichkeit bzw. mit dem höchsten Schadstoffpotential für die Ermittlung der Basispriorität herangezogen.

Aufgrund der sehr hohen Anzahl an kv-Flächen wurde für die Ermittlung der Basispriorität ein spezielles EDV-Programm entwickelt. Hierzu wurde das Datenbanksystem „PARADOX für Windows", Version 5.0, eingesetzt.

# 4    4. Schritt: Ermittlung der endgültigen Priorität

Gemäß ALf kann in diesem Schritt, unter Berücksichtigung von weiteren, zusätzlichen Faktoren, eine Bewertung nach oben und unten erfolgen. In diesem Schritt wurde für alle kv-Flächen eine Plausibilitätsprüfung durchgeführt.

Im Rahmen dieser Plausibilitätsprüfung wurden sämtliche erfaßten Daten der jeweiligen kv-Flächen auf Vollständigkeit und Richtigkeit überprüft und gegebenenfalls ergänzt bzw. abgeändert. Gleichzeitig wurde die Einstufung in die jeweilige Bewertungsklasse auf Plausibilität geprüft. Hierbei konnte eine Vielzahl von kv-Flächen der Prioritäten I und I-II als weniger bedenklich eingestuft werden.

Als Beispiel hierfür sind eine ganze Reihe von als „ungeordnete Ablagerungen" identifizierten kv-Flächen zu nennen, bei denen mit hoher Wahrscheinlichkeit davon ausgegangen werden kann, daß es sich hierbei lediglich um Erdbewegungen im Rahmen von Baumaßnahmen handelte.

# 5    Ergebnis der Prioritätenbildung

Die ursprünglich mehr als 1000 erfaßten kv-Flächen reduzierten sich nach Durchführung des zuvor beschriebenen Bewertungsverfahrens auf weniger als 100 kv-Flächen der Basisprioritäten I und I-II. Durch die sich daran anschließende Plausibilitätsprüfung konnte diese Zahl um ca. 10% reduziert werden.

Zusätzlich ergab sich durch die Überlagerung einer Vielzahl von kv-Flächen eine nochmalige Reduzierung der Flächen um fast die Hälfte, so daß letztendlich rund 50 kv-Flächen bzw. Flächenbereiche den Prioritäten I und I-II zugeordnet werden konnten.

Für diese knapp 50 verschiedenen kv-Flächen wurden zeitaufwendige Ortsbegehungen durchgeführt, wobei nochmals der größte Teil der kv-Flächen als eher unbedenklich eingestuft wurde. Schließlich wurden rund 10 Flächen für weitere Untersuchungen vorgeschlagen.

## Literatur

Haas R., Thieme J. et al. (1993) Verdachtsflächen von Rüstungsaltlasten in Deutschland, Band 4, Teilvorhaben Explosivstofflexikon, Berlin.
Kopecz P., Thieme J. et al. (1993) Verdachtsflächen von Rüstungsaltlasten in Deutschland, Band 5, Teilvorhaben Kampfstofflexikon, Berlin.

Martinez D., Rippen G. (1993/94) Handbuch Umweltchemikalien, Band 3, Loseblattsammlung, ecomed Verlag, Landsberg/Lech.

Ministerium für Umwelt, Raumordnung und Landwirtschaft des Landes Nordrhein-Westfalen, Niedersächsisches Umweltministerium (Juli 1992) Wegweiser für den Umgang mit Altlast-Verdachtsflächen auf freiwerdenden, militärisch genutzten Liegenschaften, Düsseldorf/Hannover.

Umweltbundesamt (1990) Katalog wassergefährdender Stoffe, Berlin.

Zellmer D., Schneider J. F. (1993) Heavy-Metal Contamination on Training Ranges at the Grafenwöhr Training Area, Germany, Argonne National Laboratory, Illinois.

# Erkenntnisse aus 18 Gefährdungsabschätzungen für militärische Liegenschaften der ehemaligen sowjetischen Streitkräfte (WGT)

Thomas Franke

Als 1991 der Abzug der Westgruppe der Truppen (WGT) begann und vom Bundesministerium für Umwelt, Naturschutz und Reaktorsicherheit das Projekt „Erfassung und Erstbewertung von Liegenschaften der Westgruppe der Truppen" ins Leben gerufen wurde, war sich über den Zustand der baulichen Substanz und das Ausmaß der Umweltschäden auf diesen Liegenschaften niemand im Klaren. In der ehemaligen DDR waren diese Flächen i.allg. weiße Flecken auf den Landkarten und konnten bis auf Ausnahmen nicht betreten werden. Die Folge davon war, daß sich Gerüchte über Lebensweise, Zustand und ggf. Ökologie hielten, die nicht zu beweisen oder zu widerlegen waren. Im allgemeinen dachte jedermann, daß sich die Umweltsituation besonders dramatisch darstellt. Die Folge davon war wiederum, daß sich im Vorfeld des Abzuges und auch des WGT-Projektes teilweise überhöhte Befürchtungen aufgebaut haben. Im allgemeinen galten WGT-Liegenschaften als vollständig kontaminiert, dies flächendeckend und undifferenziert und nur mit einem astronomisch hohen Geldbetrag sanierbar.

Um dieses Bild wieder geradezurücken oder zu relativieren, sollen die Ergebnisse der Gefährdungsabschätzungen, die verallgemeinerbar sind, dargestellt werden. Dies soll anhand von 4 Thesen geschehen, die im folgenden behandelt werden. Diese Thesen lauten:

1. Es gibt bis auf wenige Ausnahmen nur Kontaminationen und Schadstoffe, die nicht originär aus dem Bereich der militärischen oder Rüstungsaltlasten stammen, d.h. fast alle angetroffenen Schadstoffe und chemische Substanzen sind auch auf zivilen Altlasten anzutreffen.
2. Der Grad der Kontaminationen auf den Liegenschaften ist abhängig vom Liegenschaftstyp und der Nutzung sowohl durch die WGT als auch durch Vornutzer (z.B. Wehrmacht), d.h. es lassen sich nutzungsspezifische Kontaminationsprofile aufstellen.
3. Die von den WGT-Liegenschaften ausgehenden Gefährdungen sind auf jeden Fall differenziert und nicht pauschal zu betrachten.
4. Ganz allgemein kann festgestellt werden, daß auch die auf WGT-Liegenschaften befindlichen Kontaminationen den allgemeinen

Gesetzmäßigkeiten unterworfen sind und sich nicht von Kontaminationen auf zivilen Liegenschaften unterscheiden, d.h. WGT-Liegenschaften sind, was das Gefährdungspotential betrifft, nichts Besonderes.

## Ausgangssituation

Insgesamt wurden 1026 Liegenschaften der WGT der Erfassung und Erstbewertung unterzogen. Im weiteren Sprachgebrauch wird diese Erstbewertung als Phase I entsprechend des Sondergutachtens des Rates von Sachverständigen für Umweltfragen (SRU) bezeichnet. Hierbei wurden ca. 33 000 ALVF erfaßt und hinsichtlich ihrer ökologischen Relevanz mit dem Erstbewertungsmodell MEMURA bewertet. Entsprechend der Aufgabenstellung im WGT-Projekt wurden im weiteren 18 Liegenschaften ausgewählt, für die eine Gefährdungsabschätzung entsprechend SRU durchgeführt wurde, d.h. eine Orientierende Untersuchung (Phase IIa) und eine Detaillierte Untersuchung (Phase IIb).

In Tabelle 1 ist dargestellt, welche Liegenschaften ausgewählt wurden. Kriterien für die Auswahl der Liegenschaften waren:

- Nutzung der Liegenschaften ( verschiedene Liegenschaftstypen),
- geplante Folgenutzung,
- Umweltrelevanz.

Aus Tabelle 1 ist ebenfalls ersichtlich, welchen Liegenschaftstypen den 18 untersuchten Liegenschaften zugeordnet werden. In den Abbildungen 1 und 2 sind zwei Liegenschaften ausgewählt und dargestellt. Es handelt sich um ein Tanklager und um einen Flugplatz.

## Verallgemeinerbare Ergebnisse aus den Gefährdungsabschätzungen

Hierbei wird vor allem Wert auf qualitative Gesichtspunkte gelegt, da eine reine Darstellung von Zahlenwerten sehr liegenschaftsspezifisch wäre. Dies würde den Rahmen dieses Beitrags sprengen.

### 1. Schadstoffinventar

Auf den 18 untersuchten Liegenschaften wurden die in Tabelle 2 angegebenen Schadstoffe gefunden. Wie sich unschwer erkennen läßt, handelt es sich überwiegend um Schadstoffe, die auch auf zivilen/industriellen Liegenschaften anzutreffen sind.

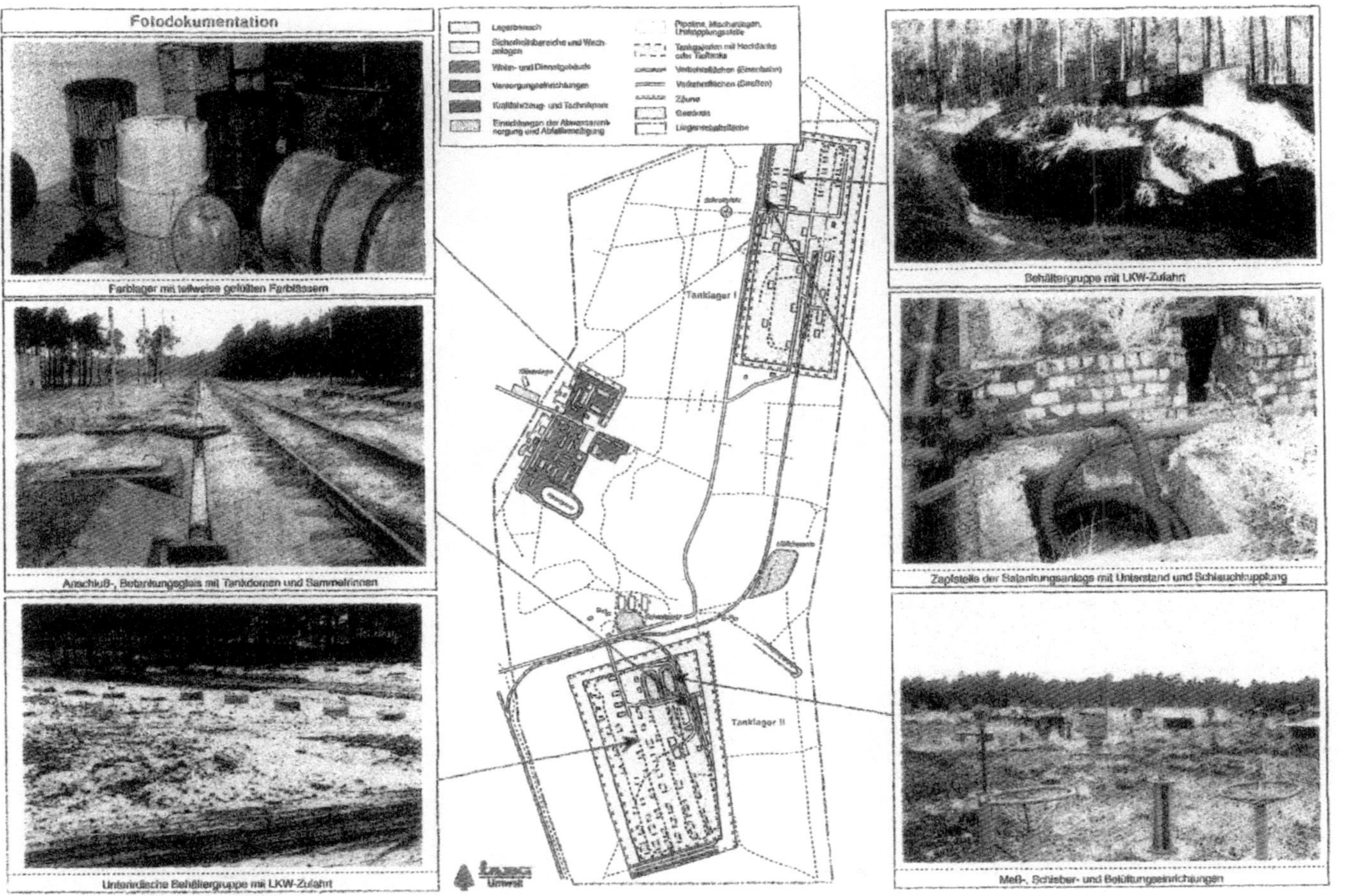


**Abb. 1.** WTG-Liegenschaftsübersicht – Depots, Tanklager und Bunker

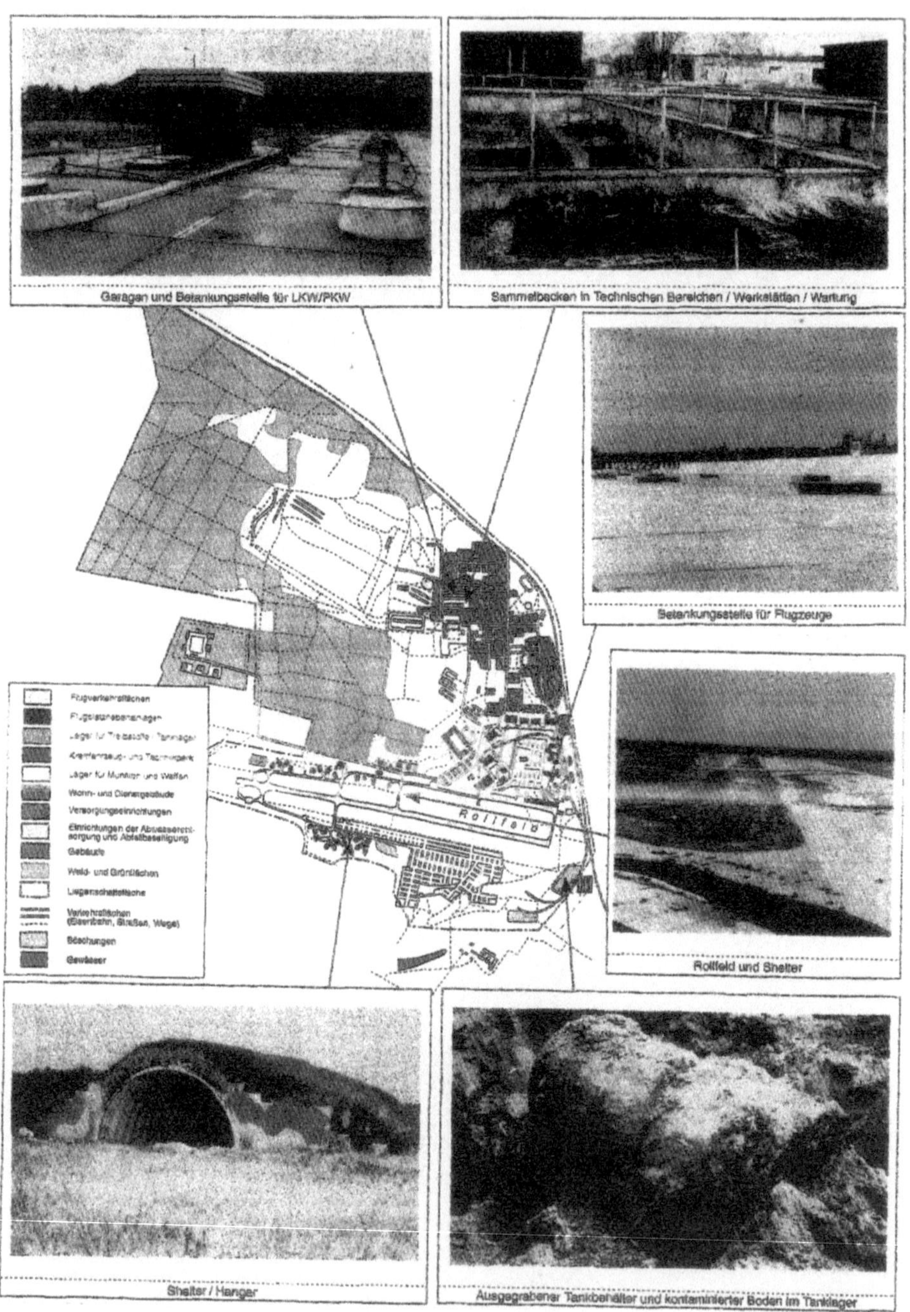


**Abb. 2.** WTG-Liegenschaftsübersicht – Flugplätze

**Tabelle 1.** Untersuchte Liegenschaften

| Liegenschaft | | Liegen-schaftsgruppe | Größe (ha) | Schutzgebiet |
|---|---|---|---|---|
| 01 BERL 010 | Kaserne Räder-technik Köpenik | Truppen-unterkünfte | 3,2 | innerhalb TWSZ II+III |
| 02 FRAN 062 | Panzerkaserne Bad Freienwalde | Truppen-unterkünfte | 16,4 | innerhalb TWSZ III und Landschafts-schutzgebiet |
| 02 POTS 945 | Garnison Perleberg | Truppen-unterkünfte | 350,0 | TWSZ III in 2-3 km Entfer-nung (abstromig) |
| 03 SCHW 023D | Garnison Hagenow | Truppen-unterkünfte | 195,3 | innerhalb TWSZ III |
| 03 SCHW 041A | Garnison Ludwigslust | Truppen-unterkünfte | 1,7 | innerhalb TWSZ III |
| 05 HALL 061 | Kaserne Merseburg, Geusaer Straße | Truppen-unterkünfte | 158,13 | |
| 05 MAGD 096 | Kaserne Cracau | Truppen-unterkünfte | 50,0 | |
| 05 MAGD 102 | Kaserne Schönebeck | Truppen-unterkünfte | 38,0 | |
| 06 ERFU 030A | Garnison Gotha | Truppen-unterkünfte | 14,4 | |
| 02 POTS 045A | Vogelsang, Objekte 15 und 16 | Depots, Lager, Bunker | 10 | innerhalb Bio-sphärenreservat Schorfheide |
| 06 ERFU 033A | TÜP Künkel, Großes Tank-lager | Depots, Lager; Bunker | 14,4 | im Einzugs-bereich von ge-nutzten Wasser-fassungen |
| 06 GERA 024 | Tanklager Mün-chenbernsdorf | Depots, Lager, Bunker | 47,9 | TWSZ III in weiterer Umge-bung TWSZ II |
| 02 POTS 086C | Altes Lager | Schul- und Ausbildungs-zentrum | 30,0 | Teile im NW und SE innerhalb von TWSZ III |
| 02 POTS 086D | Flugplatz Jüterbog | Fluplätze, Raketen- und Luftabwehrstel-lungen | 1118,0 | |

| | | | | |
|---|---|---|---|---|
| 03 ROST 014A, B | Radarstation Ribnitz-Damgarten | Fernmelde-einrichtungen | 44,0+21,0 | teilweise innerhalb TWSZ II+ III |
| 03 ROST 014C | Flugplatz Pütnitz | Fluplätze, Raketen- und Luftabwehrstel-lungen | 575,0 | |
| 02 POTS 115 | Lazarett Hermannswerder | Sonstige Einrich-tungen | 11,4 | Innerhalb TWSZ III und Landschafts-schutzgebiet |
| 04 CHEM 016 | Panzerreparatur-werkstatt Oberlungwitz | Reparatur- und Instandset-zungswerke | 2,9 | |
| 04 CHEM 033 | Schießplatz Kauschwitz | Truppenübungs- und Schießplätze | 720,5 | |
| 05 HALL 028A | ARADO Flug-zeugwerke Wittenberg | Dienst- und Verwaltungs-liegenschaft | 28,5 | |

## 2. Nutzungsbereiche

In Tabelle 3 ist dargestellt, daß auf den verschiedenen Liegenschaftstypen gleich-artige Nutzungsbereiche mit potentiellen Kontaminationen existieren. Ordnet man die gefundenen Schadstoffe den einzelnen Nutzungsbereichen zu und vergleicht gleiche Nutzungsbereiche miteinander, kann man Analogien der Kontaminationen feststellen. Der dabei angetroffene Kontaminationsgrad, d.h. die flächen- und teu-fenbezogene Ausbreitung der Schadstoffe ist dabei abhängig von den Schadstof-fen, dem Nutzungsbereich und den geologischen Verhältnissen. Daraus resultiert, daß man neben den geologisch-hydrogeologischen Betrachtungen auf jeden Fall die Kontaminationsbereiche (nutzungsbezogen) zu analysieren hat.

## 3. Liegenschaftstypen

Aus den obigen Feststellungen und der Betrachtung der Nutzung der Liegenschaf-ten ergibt sich, daß unterschiedliche Liegenschaftstypen differenziert zu betrachten sind. Es kann nicht allgemein geschlußfolgert werden, daß Liegenschaften mit einer unterschiedlichen Nutzungshistorie qualitativ und quantitativ gleichartig kontaminiert sind.

Zusammenfassend kann man feststellen, daß Kontaminationen auf WGT-Liegen-schaften in gleicher Weise zu bewerten und einzuordnen sind wie Kontaminatio-nen auf anderen militärischen oder zivilen Liegenschaften.

Damit konnte nachgewiesen werden, daß sich die Umweltrelevanz auf WGT-Liegenschaften relativiert, der Mythos somit von WGT-Liegenschaften genommen werden kann.

Unterstrichen wird dies durch Schätzungen der Sanierungskosten. Gingen Schätzungen zu Beginn des WGT-Projektes von ca. 28 Mrd. DM aus, so gehen neuere Schätzungen von ca. 20 Mrd. DM aus, also ca. 10 Mrd. DM weniger.

**Tabelle 2.** Schadstoffinventar

| Liegenschaftsbereiche | Verdachtsflächen und Kontaminationen | Schadstoffe |
|---|---|---|
| Kraftfahrzeug- und Technikpark | Treib- und Schmierstoffe, Entfettungs- und Reinigungsmittel, Anstrichstoffe | MKW, BTXE, Phenole, PAK, LHKW, Schwermetalle |
| Tanklager | Treib- und Schmierstoffe, Hydrauliköle, Bitumen, Altöl | MKW, BTXE, Phenole, PAK, LHKW |
| Verkehrs- und Flugverkehrsflächen, Umschlagflächen, Gleisanlagen | Treib- und Schmierstoffe, Altöl, Enteisungsmittel, Entfettungsmittel, Herbizide, Holzschutzmittel | MKW, BTXE, Phenole, PAK, Schwermetalle, Nitrat |
| Einrichtungen zur Abwasserentsorgung | Kläranlagen, Sanitäreinrichtungen, Tierhaltung, Kanalisation | Schwermetalle, Nitrat, Nitrit, Ammonium, Bakterien, MKW, SHKW |
| Einrichtungen zur Abfallbeseitigung | Schrottplätze, ungeordnete Ablagerungen | Schwermetalle, MKW, BTXE, PAK, Phenole, SHKW, LHKW |
| Lager für Munition und Waffen | Sprengstoffe und Munition Entfettungsmittel, Schmierstoffe | PAK, Schwermetalle, Nitroaromaten, LHKW, MKW, BTXE |
| Wohn- und Versorgungseinrichtungen | Heizhäuser, Kohle- und Ascheablagerungen Brandplätze | MKW, PAK, Schwermetalle |
| Flugplatznebenanlagen | Treib- und Schmierstoffe, Entfettungs- und Reinigungsmittel, Anstrichstoffe | MKW, BTXE, Phenole, PAK, PCB, LHKW, SHKW, Schwermetalle |

**Tabelle 3.** Gleichartige Nutzungsbereiche mit potentiellen Kontaminationen

| Flugplätze | Truppenunterkünfte | Lager, Depots | Sonstiges |
|---|---|---|---|
| Wohn- und Dienstgebäude | Wohn- und Dienstgebäude | Wohn- und Dienstgebäude | Wohn- und Dienstgebäude |
| Versorgungseinrichtungen | Versorgungseinrichtungen | Versorgungseinrichtungen | Versorgungseinrichtungen |
| Kraftfahrzeug- und Technikpark | Kraftfahrzeug- und Technikpark | Kraftfahrzeug- und Technikpark | Kraftfahrzeug- und Technikpark |
| Tanklager | Tanklager | Tanklager | |
| Flugverkehrflächen | Fahrschulstrecken | Verkehrsflächen | Verkehrsflächen |
| Einrichtungen zur Abwasserentsorgung und Abfallbeseitigung | Einrichtungen zur Abwasserentsorgung und Abfallbeseitigung | Einrichtungen zur Abwasserentsorgung und Abfallbeseitigung | Einrichtungen zur Abwasserentsorgung und Abfallbeseitigung |
| | Schießplätze | | |
| Lager für Munition und Waffen | Lager für Munition und Waffen | | |
| | Übungsplätze und Sturmbahnen | | |
| Sicherheitsbereiche und Wachanlagen | Sicherheitsbereiche und Wachanlagen | Sicherheitsbereiche und Wachanlagen | Sicherheitsbereiche und Wachanlagen |
| Flugplatznebenanlagen | | | |

# Modellhafte Sanierung von Altlasten am Beispiel des kampfstoffkontaminierten Rüstungsaltlastenstandortes Löcknitz/Mecklenburg-Vorpommern

Elisabeth Görge

## 1    Einleitung

Die Heeresmunitionsanstalt (HMA) Löcknitz wurde von 1938-1945 in einem Waldstück in Vorpommern, nahe der heutigen polnischen Grenze im Auftrag des Heereswaffenamtes errichtet und betrieben (Abb. 1). Die HMA bestand aus zwei produktionstechnisch unterschiedlichen Betriebsbereichen. Im ca. 400 ha großen Anlagenteil I wurde konventionelle Heeresmunition gefüllt und gelagert, und im ca. 100 ha großen Anlagenteil II wurden Kampfstoffe (S-Lost, Arsinöl) gelagert und in Munition verfüllt. Die HMA wurde im April 1945 durch russische Streitkräfte eingenommen, die die Kampfstoffe vernichteten und die Anlage sprengten. Anschließend waren mehrfach Räum- und Entsorgungsdienste tätig, bevor das Gelände 1955 der NVA übergeben wurde. Während der Anlagenteil I von der NVA durch die Stationierung einer KFZ-Einheit weitergenutzt wurde, war der Anlagenteil II bis 1990 als Sperrzone ausgewiesen. Heute ist die HMA Löcknitz ein vom Wald überwuchertes Trümmergelände.

Aufgrund des hohen Gefährdungspotentials und in der Vergangenheit bereits aufgetretener Vorfälle im Bereich der HMA wurde 1992 das Gelände zum Schutz der Bevölkerung umzäunt. Weiterhin gab der Landkreis Uecker-Randow als zuständige untere Wasserbehörde die Untersuchung, Erkundung und Bewertung der Rüstungsaltlast HMA Löcknitz in Auftrag, die durch das Land Mecklenburg-Vorpommern finanziert wurden. Die Schwerpunkte der bisherigen und auch der weiteren Untersuchungen liegen in der Erkundung und Gefährdungsabschätzung der vom kampfstoffkontaminierten Anlagenteils II der HMA ausgehenden Gefahren sowie der Erkundung der Kampfstoffvernichtungsplätze außerhalb des umzäunten Geländes. Ende 1994 wurden große Teile des Geländes der HMA II durch die Treuhandanstalt dem Vermögen der Bundesrepublik Deutschland zugeordnet, so daß heute der Bund Haupteigentümer und damit Zustandsstörer ist. Kleinere, allerdings stark kontaminierte Teilflächen befinden sich im Privatbesitz.

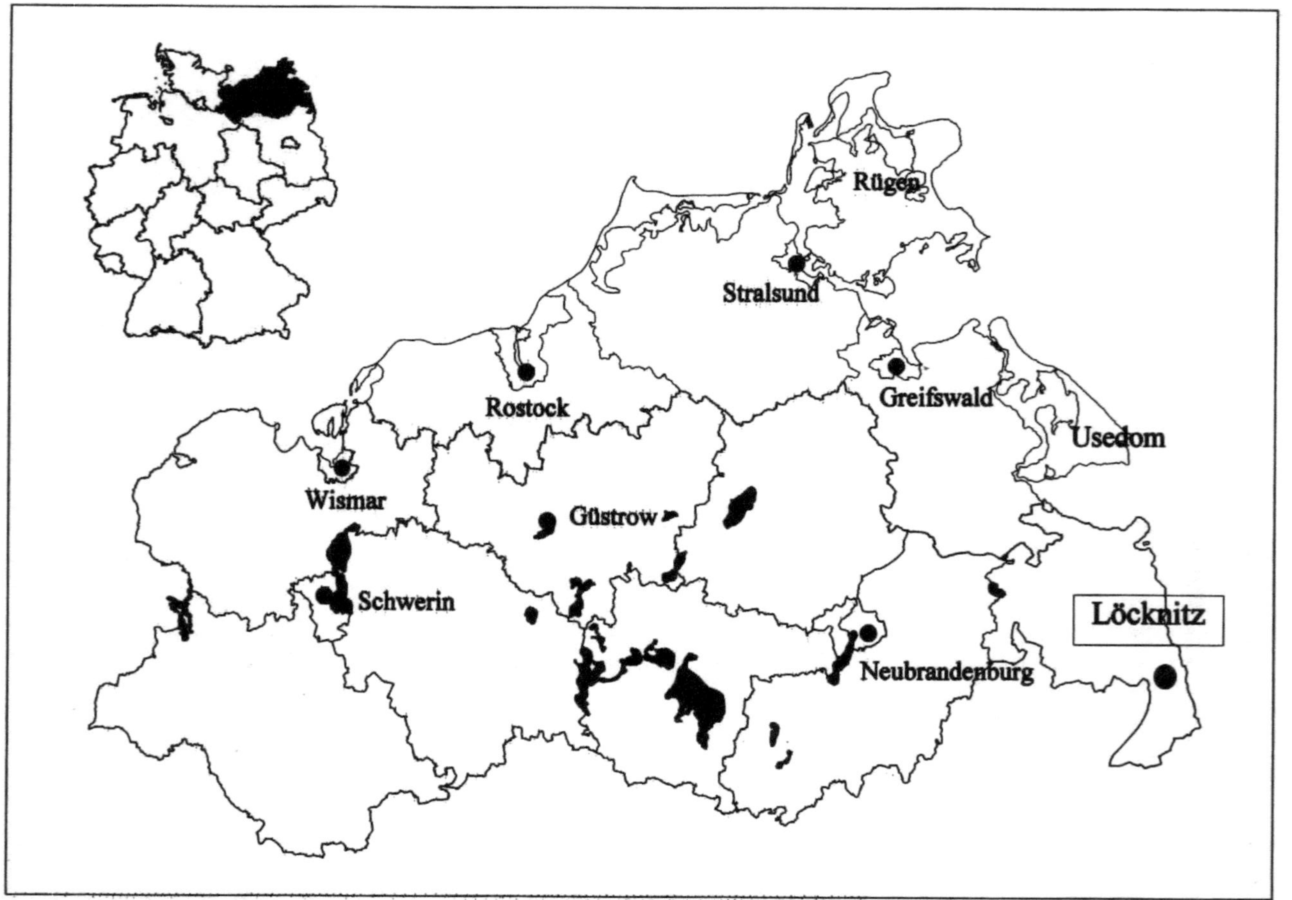


**Abb. 1.** Schematische Karte von Mecklenburg-Vorpommern. Eingezeichnet sind der Standort der HMA Löcknitz, die Städte > 50 000 Einwohner und die Seen

Das Gelände der HMA I wurde z.T. noch bis Dezember 1995 von der Bundeswehr genutzt und wird derzeit von Munition beräumt. Auch diese Flächen sind in das Vermögen des Bundes übergegangen.

Die derzeit vorliegenden Erkenntnisse und Erfahrungen mit kampfstoffkontaminierten Standorten sind nur gering. Daher gestaltet sich die detaillierte Untersuchung eines solchen Standorts und die Gefährdungsabschätzung mit gängigen ingenieurtechnischen Methoden als schwierig. Zur Unterstützung der Erkundungsmaßnahmen wurde daher ein Forschungs- und Entwicklungsvorhaben des Landes M-V in gemeinsamer Finanzierung mit dem BMBF initiiert, welches die Arbeiten am Standort wissenschaftlich begleiten und offene Fragen klären soll.

## 2    Vorgehensweise bei der Erkundung des Standorts

Zur Erkundung und Sicherung des Standortes Heeresmunitionsanstalt Löcknitz werden derzeit zwei Vorhaben durchgeführt (Abb. 2).

1992 beauftragte der Landkreis Uecker-Randow als untere zuständige Wasserbehörde die Fa. G.E.O.S., Freiberg, mit der Ersterkundung des Standorts. Aus den Ergebnissen ergab sich die Notwendigkeit, weitere Untersuchungen mit dem Ziel der Gefahrenerkundung und Durchführung von Sicherungsmaßnahmen zu veranlassen. Diese Untersuchungen zur „Gefährdungsabschätzung" werden auch 1996 fortgeführt, um einerseits weitere Flächen zu erkunden und andererseits Gefahrenabwehrmaßnahmen zu erarbeiten und umzusetzen.

Aus den bisherigen Untersuchungsergebnissen ergeben sich viele Fragen, die vor allem das Verhalten von chemischen Kampfstoffen in der Umwelt, die Sanierbarkeit kontaminierter Flächen sowie Fragen der Toxikologie betreffen. Da derzeit deutschlandweit keine großen Erfahrungen und Kenntnisse in diesem Bereich vorliegen, wurde durch das Land M-V zur Unterstützung und Begleitung der Standortuntersuchungen das F&E-Vorhaben „Modellhafte Sanierung von Altlasten am Beispiel des kampfstoffkontaminierten Rüstungsaltlastenstandortes Löcknitz/M-V" in gemeinsamer Finanzierung mit dem BMBF initiiert. Die Projektleitung wurde dem Landesamt für Umwelt und Natur M-V in Gülzow übertragen.

Das Gesamtkonzept für den Standort sieht vor, daß im F&E-Vorhaben modellhaft relevante Fragestellungen für die Bearbeitung kampfstoffkontaminierter Standorte wissenschaftlich vertieft bearbeitet werden. Die Fragestellungen ergeben sich aus den Erkenntnissen der Standortuntersuchungen, und die Ergebnisse fließen wiederum unmittelbar in die laufenden Standortarbeiten ein. Das F&E-Vorhaben schafft die wissenschaftlich-technischen Voraussetzungen für eine umweltverträgliche und zweckmäßige Sanierung dieses komplizierten Standorts.

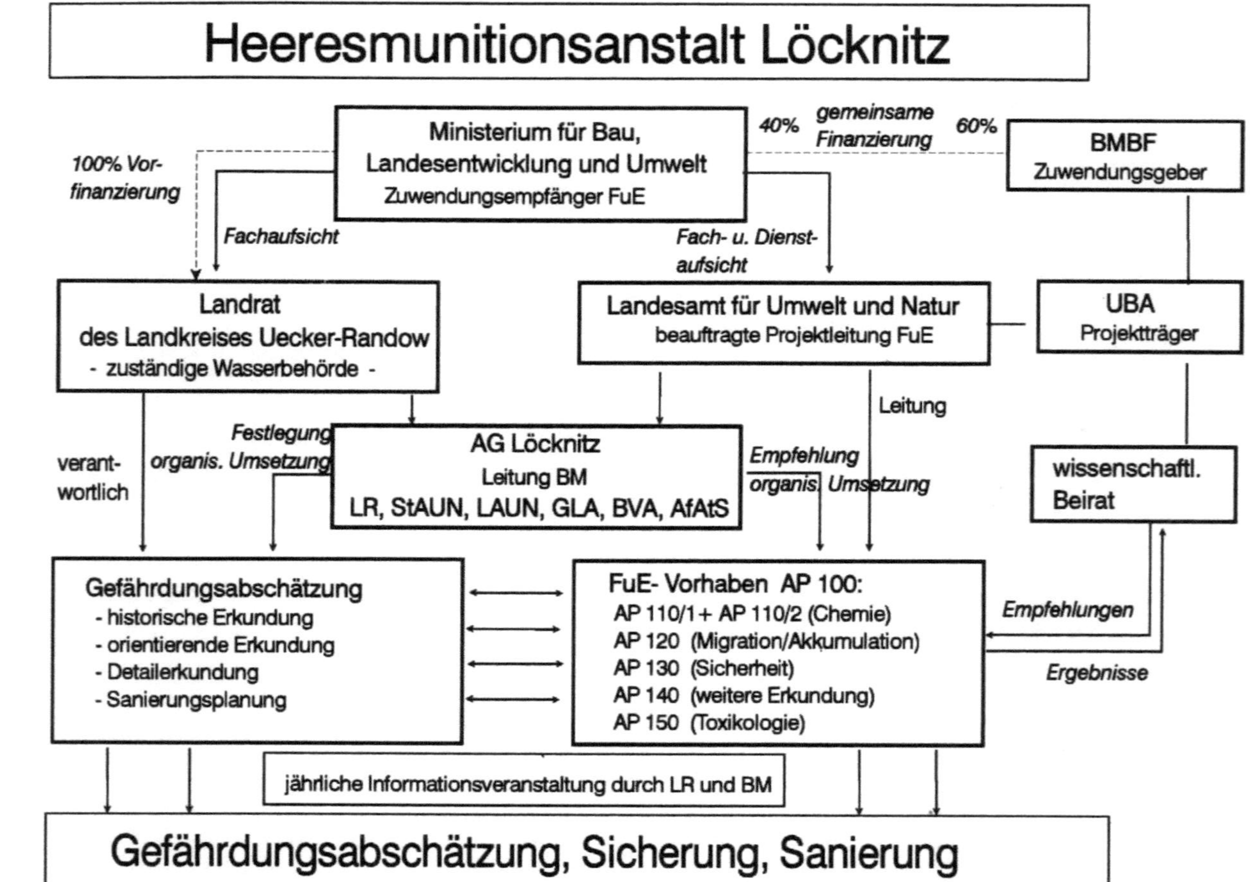


**Abb. 2.** Organisationsstruktur der beiden Vorhaben zur Untersuchung des Standortes HMA Löcknitz

Um diese enge Kooperation und Koordination beider Projekte zu ermöglichen, wurde unter Leitung des Ministeriums für Bau, Landesentwicklung und Umwelt (BM) eine landesweite Behördengruppe, die AG Löcknitz, gebildet, die notwendige Maßnahmen beider Projekte abstimmt. In der AG Löcknitz sind Behörden vertreten, die mit der HMA Löcknitz verantwortlich befaßt sind: BM, Bundesvermögensamt (BVA), LAUN, Geologisches Landesamt (GLA), Staatliches Amt für Umwelt und Natur, Ueckermünde (StAUN), Amt für Arbeitsschutz und technische Sicherheit – Gewerbeaufsicht (AfAtS). Bei Bedarf werden weitere Behörden zur Beratung eingeladen. Unterstützung erfährt die AG Löcknitz durch die Fa. G.E.O.S., die derzeit die Untersuchungen des Standortes im Auftrag des Landkreises durchführt und auch ins F&E-Vorhaben über das Projektmanagement eingebunden ist.

# 3    Die Heeresmunitionsanstalt Löcknitz

In den folgenden Abschnitten wird der Standort Löcknitz vorgestellt. Die Erkenntnisse wurden vor allem im Rahmen der schrittweisen Erkundung des Standortes durch die Fa. G.E.O.S. im Auftrag des Landkreises Uecker-Randow gewonnen.

Leider konnten bei den bisherigen Archivrecherchen keine Originalanlagenpläne und Produktionsaufzeichnungen oder Aufzeichnungen über die Kampfstoffvernichtung durch die russischen Streitkräfte aufgefunden werden, daher stützen sich die nun bekannten Daten im wesentlichen auf Aktenauswertung, multitemporale Luftbildauswertungen, Zeitzeugenbefragungen und Untersuchungen vor Ort. Anhand dieser Daten wurde ein schematischer Anlagenplan entwickelt (Abb. 3).

## 3.1    Standortgeschichte

Die aus zwei produktionstechnisch unabhängigen Anlagenteilen bestehende HMA wurde im Auftrag des Heereswaffenamtes in einem Waldgelände nördlich von Löcknitz errichtet. Sie bildete für das Reichskriegsministerium ein wichtiges Munitionsdepot an der Oder-Linie. Im Anlagenteil I wurden bis 1945 auf 300 ha ca. 18 Hallen und 100 Munitionsbunker errichtet, in denen konventionelle Munition gefüllt, bezündert, geprüft, beschriftet und delaboriert wurde.

1938 wurde durch das Heereswaffenamt der Bau einer Kampfstoffüllanlage und eines Kampfstoffvorratslagers im nördlichen Bereich des HMA-Geländes angeordnet. Die Bauausführung übernahm die Gruppe Baudurchführung Montanindustrie GmbH des Heereswaffenamtes, die den Bauauftrag an die Orgacid GmbH, Ammendorf, erteilte.

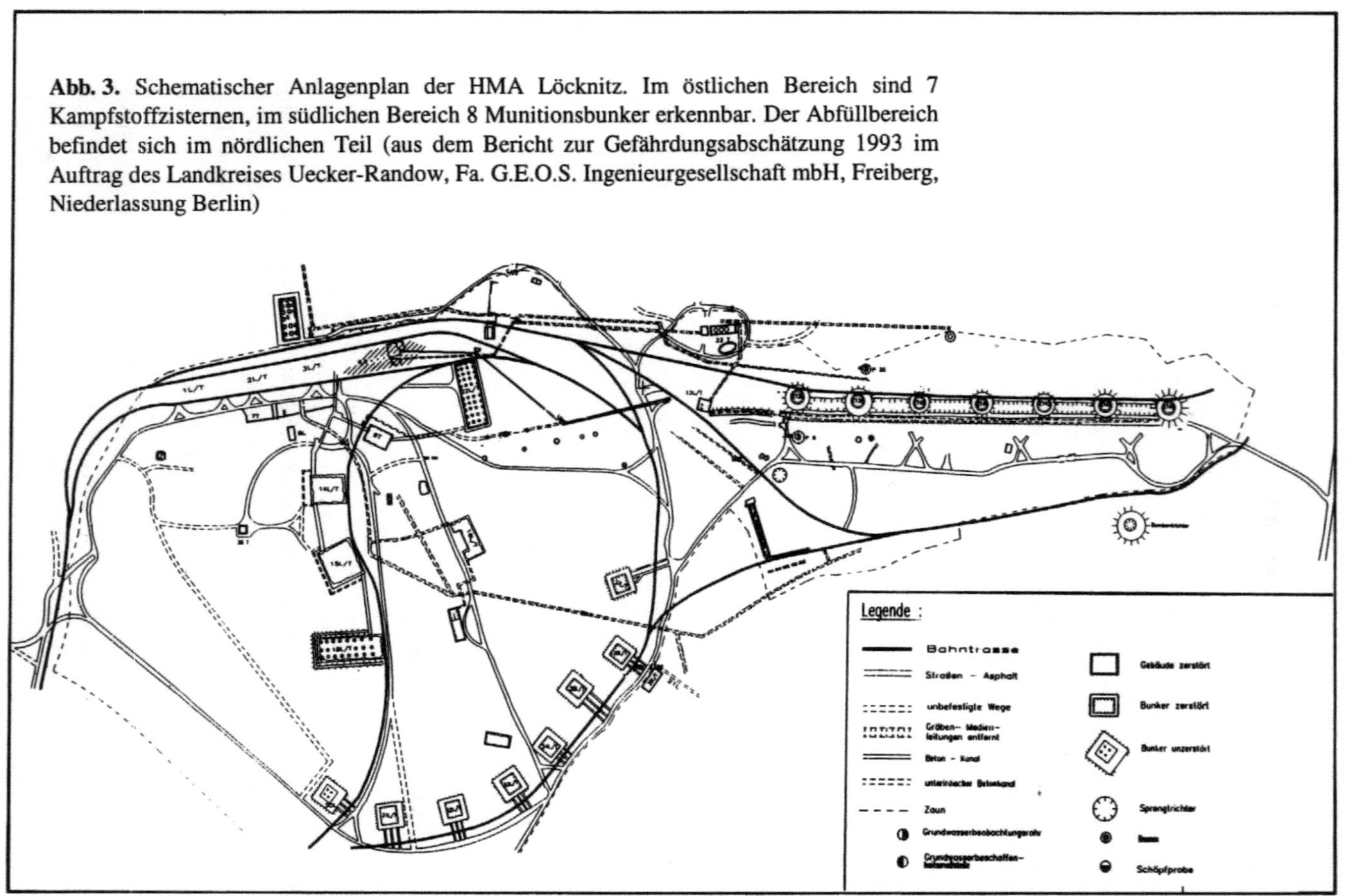



**Abb. 3.** Schematischer Anlagenplan der HMA Löcknitz. Im östlichen Bereich sind 7 Kampfstoffzisternen, im südlichen Bereich 8 Munitionsbunker erkennbar. Der Abfüllbereich befindet sich im nördlichen Teil (aus dem Bericht zur Gefährdungsabschätzung 1993 im Auftrag des Landkreises Uecker-Randow, Fa. G.E.O.S. Ingenieurgesellschaft mbH, Freiberg, Niederlassung Berlin)

Der kampfstoffverarbeitende Anlagenteil II umfaßte ca. 100 ha und bestand nach den Recherchen aus einem Lagerbereich für Kampfstoffe, einem Abfüllbereich, einem Bereich zur Lagerung für Kampfstoffmunition, Dekontaminations- und Neutralisationsanlagen, einem Labor sowie Wirtschafts- und Verwaltungsgebäuden.

Der Kampfstoff S-Lost sowie als Zumischstoff Arsinöl wurde in Kesselwagen per Bahn aus Halle/Ammendorf und Stassfurt angeliefert und in großen Zisternen (Gesamtfassungsvermögen 3000 t) gelagert. In Füllanlagen wurden in der HMA Löcknitz Granaten, Sprühbüchsen sowie Bomben verfüllt und anschließend in Munitionsbunkern gelagert.

Bis kurz vor Kriegsende wurde in der HMA gearbeitet. Am 2. Februar 1945 erging der Führerbefehl, daß Kampfstoffe und Kampfstoffmunition nicht in Feindeshand fallen dürfen und daher der rechtzeitige Abtransport sicherzustellen ist. Mitte April begann daher die Räumung und Demontage sowie die Vernichtung von Dokumenten und Produktionsunterlagen. Es kam allerdings nicht mehr zur vorbereiteten Sprengung durch die Wehrmacht, so daß die Anlage am 26. April 1945 unzerstört und mit voll gefüllten Kampfstoffzisternen durch eine sowjetische Schützendivision eingenommen wurde.

Im Zuge des Potsdamer Abkommens wurden die Kampfstoffe vernichtet und die Anlage bis Februar 1946 durch eine sowjetische Spezialeinheit gesprengt.

**Standortgeschichte**

| | |
|---|---|
| 1938-1945 | Betrieb der Heeresmunitionsanstalt Löcknitz, Lagerung und Verfüllung von Kampfstoffen |
| 1945 | Beräumung und Sprengung durch die sowjetische Armee |
| bis 1955 | Enttrümmerungsarbeiten |
| 1955-1990 | NVA-Sperrgebiet |
| 1992-1995 | Untersuchungen zur Gefährdungsabschätzung finanziert durch das Land M-V im Auftrag des Landkreises Uecker-Randow |

Anfang bis Mitte der 50er Jahre wurde das Gelände durch mehrere deutsche Firmen erneut beräumt. Die Firma „Gärungschemie Dessau, Kapen" führte weitere Kampfstoffvernichtungen und Dekontaminationen durch, so daß Buntmetalle, Stahl und Moniereisen geborgen werden konnten. Während das Gelände der HMA I nach 1955 von der NVA durch die Stationierung einer KFZ-Einheit weitergenutzt wurde, erhielt das Gelände des Anlagenteils II Sperrzonenstatus und war somit vor dem Betreten der Bevölkerung gesichert. 1990 entfiel dieser Sperrzonenstatus, so daß sich Landkreis, Innenministerium und Treuhand zum Schutz der Bevölkerung veranlaßt sahen, das kampfstoffkontaminierte Gelände durch Umzäunung zu sichern.

## 3.2    Geologische/hydrogeologische Verhältnisse

Bereits in den 70er Jahren wurde die Löcknitzer Gegend intensiven geologischen Erkundungen unterworfen, da hier große Ton- und Kalklagerstätten vorkommen. Das betroffene Gebiet wird charakterisiert durch germanotype Bruchschollentektonik und mesozoische halokinetische Prozesse, die zur Bildung der Löcknitzer Salzkissenstruktur führten. Es wird durchzogen von zwei tektonisch relevanten Linien, der Plöwenschen und der Mewegener Störung. Die einzelnen Schichtenpakete setzen sich aus Geschiebemergel und Sanden in Wechsellagerung zusammen.

Im Bereich der HMA befinden sich mindestens drei Grundwasserstockwerke. Das oberste, pleistozäne ist unbedeckt. Hydraulische Verbindungen zur 2. und 3. Grundwasseretage sind nicht auszuschließen, zumal einige Sprengtrichter solche Tiefen erreichen, daß sie den obersten Grundwasserstauer durchbrochen haben können.

Durch das Gebiet der HMA ziehen mehrere Grundwasserscheiden, so daß die hydrogeologische Bewertung recht schwierig ist. Vor allem im Bereich des verlandeten Regowsees herrschen flurnahe Grundwasserstände vor, so daß mit permanenter Ausspülung von Schadstoffen aus den Kontaminationsflächen in einen Vorfluter, den Plöwenschen Abzugskanal, zu rechnen ist.

## 3.3    Art und Ausdehnung der Kontaminationen

Ausgehend von den Erkenntnissen der historischen Erkundung sowie den (hydro)geologischen Gegebenheiten wurden Ansatzpunkte für Boden- und Grundwassersondierungen festgelegt. Schwerpunkte der bisherigen Sondierungsarbeiten waren vermutete Vernichtungsstellen von Kampfstoffen außerhalb des umzäunten Geländes der HMA sowie Grundwasserbeprobungen und Hausbrunnenuntersuchungen im unmittelbaren Einflußbereich der HMA II. Der Anlagenteil I der HMA sowie der durch Umzäunung gesicherte Innenbereich der HMA II wurden bisher nur ansatzweise erkundet.

Die bisherigen Untersuchungsarbeiten zur Gefahrenbewertung ergaben, daß Boden sowie Grund- und Oberflächenwasser an einigen Stellen sehr hoch belastet sind. Das Schadstoffspektrum erstreckt sich entsprechend den verwendeten Stoffen über eine sehr große Stoffpalette. Hauptkontaminanten sind Arsen (in verschiedenen Bindungsformen), Clark I, Diphenylarsinchlorid und weitere arsenorganische Verbindungen aus dem Arsinöl, Chlorphenole, PAK, PCB. An den Verbrennungsstellen wurden zudem hohe Konzentrationen an Dioxinen gefunden, deren Bildung derzeit noch unklar ist. Die Schadstoffbelastungen liegen an den Kampfstoffvernichtungsplätzen stellenweise bis zu 250 g/kg As, 1300 mg/kg Clark I und mehr als 80 000 ng/kg TEq Dioxine (BGA). Vom Hautkampfstoff Lost wurden zwar Abbauprodukte wie 1,4-Dithian und andere nachgewiesen, nicht jedoch Lost in der Originalsubstanz, da es in der Umwelt rasch hydrolysiert wird.

Die derzeit bekannten Hauptkontaminationsflächen sind die Vernichtungsstellen der Kampfstoffe, die nach bisherigen Kenntnissen nicht im Anlagenbereich selbst, sondern in der Nähe eines verlandeten Sees 2 km östlich der HMA liegen. Zu Produktionszeiten wurden in den Regowsee die vorgereinigten Abwässer hingeleitet. Am Auslauf der alten Abwasserleitung sowie an der bis zum Regowsee verlaufenden Bahnlinie wurden mehrere Vernichtungsstellen von Kampfstoffen identifiziert, die sehr hoch mit Arsen, Clark I und Dioxinen belastet sind. Weitere Verdachtsflächen, wie z.B. die ehemalige Neutralisationsanlage oder Vergrabungsstellen von Kampfstoffen im Innen- und Außenbereich, sind vorhanden, wurden jedoch bisher nicht im Detail erkundet.

Neben den Bodenkontaminationen wurden weitere Kontaminationen in Grundwassermeßpegeln nachgewiesen, deren Kontaminationsquellen bislang noch nicht in allen Fällen zugeordnet werden konnte.

Bei der chemischen Analytik wurden stets Arsen und AOX als Leitparameter betrachtet. Analysen auf Kampfstoffe und Dioxine wurden im Einzelfall durchgeführt.

## 4    Forschungs- und Entwicklungsvorhaben

Wie schon erwähnt, sind bei den bisherigen Erkundungsmaßnahmen eine Vielzahl von Fragen aufgetreten, die detaillierter bearbeitet werden müssen. Daher beantragte das BM des Landes M-V Unterstützung durch den Förderschwerpunkt des BMBF „Modellhafte Sanierung von Altlasten". Die Projektbegleitung erfolgt durch die Projektträgerschaft Altlasten im Umweltbundesamt.

Das F&E-Vorhaben wird die weiterhin durchgeführten Untersuchungsmaßnahmen wissenschaftlich begleiten und vor allem dort ansetzen, wo große Kenntnislücken im Hinblick auf Analytik, Umweltverhalten der Schadstoffe, Bewertung der toxischen Relevanz der Kontaminationen, Transferpfade und Expositionsabschätzung vorliegen und offene Fragen der Sicherheitstechnik anstehen. Auch weitere Detailerkundungen des Standortes mit innovativen Methoden sind vorgesehen.

Das F&E-Vorhaben wird gemeinsam finanziert vom BM des Landes M-V und dem BMBF. Die Durchführung wurde dem Landesamt für Umwelt und Natur (LAUN) übertragen. Das F&E-Vorhaben wird einerseits begleitet durch einen wissenschaftlichen Beirat, der die Projektleitung in allen fachlichen Fragen berät, und andererseits durch die AG Löcknitz, die die Projektleitung bei der organisatorischen Umsetzung der Arbeiten und Ergebnisse unterstützt (s. Abb. 2). Zur Unterstützung der Durchführung wurde die Fa. G.E.O.S. mit dem Projektmanagement beauftragt.

Derzeit sind sieben Forschungspakete geplant, die bis Ende 1996 bearbeitet werden sollen. Die AP bauen aufeinander auf und ermöglichen im Abschluß die qualifizierte Bewertung des Standortes und eine effiziente Sanierungsplanung. Unter Berücksichtigung der Modellhaftigkeit der Forschungsaufgaben für andere Standorte in der Bundesrepublik sind folgende Arbeiten geplant:

### AP 110/1 „Chemische Reaktionen"

Das Arbeitspaket 110/1 beschäftigt sich vor allem mit der Klärung offener Fragen zur Analytik und zum physikochemischen Verhalten von Kampfstoffen
- Recherchen und Bewertung von bestehenden Probenahmetechniken und Analysenmethoden im Hinblick auf das Schadstoffspektrum und Erstellung eines Leitfadens;
- Aufklärung und Bewertung chemischer bzw. mikrobieller Abbau- und Umwandlungsreaktionen beim Arsinöl, die zur Bildung wasserlöslicher Arsenverbindungen führen können, unter Beachtung von standortspezifischen Milieubedingungen;
- im Hinblick auf den Arbeitsschutz auf kontaminierten Standorten werden Recherchen durchgeführt, unter welchen Bedingungen intaktes Lost (z.B. Lostklumpen) in der Umwelt auftreten kann.

### AP 110/2 „Randbedingungen bei der Kampfstoffvernichtung – Dioxinentstehung"

Im Arbeitspaket 110/2 wird das Auftreten sehr hoher Dioxinkonzentrationen (> 80 000 ng TEq/kg) an Stellen der Kampfstoffvernichtung mittels Recherchen und Bewertungen der internationalen Literatur erklärt werden.

### AP 120/1 „Migration/Akkumulation von Kampfstoffen in der Geosphäre/Hydrosphäre"

In diesem Arbeitspaket sollen Untersuchungen zur Migration und Akkumulation von Kampfstoffen in der Umwelt vorgenommen werden. Auf kontaminierten Flächen der HMA II sollen horizontale und vertikale Migrationspfade betrachtet und chemisch-analytisch bewertet werden. Wichtige Erkenntnisse werden schon aus den Versuchen im AP 110/1 erwartet.

### AP 120/2 „Untersuchungen zur Migration und Akkumulation in biologischen Systemen"

Im Rahmen dieses AP werden Voruntersuchungen durchgeführt zur

- Akkumulation von Arsen in Pflanzen und Tieren,
- Auswirkungen der hohen Schadstoffbelastung auf das Ökosystem.

**AP 130 „Sicherheitsleitfaden, Sicherheitstechnik"**
Im AP 130 ist die Erstellung eines Sicherheitsleitfadens sowie die sicherheitstechnische Begleitung bei Standortarbeiten vorgesehen.

**AP 140 „Ergänzende Standorterkundung"**
In diesem AP werden Mittel bereitgehalten für ergänzende Standorterkundungen, die über den Rahmen einer Untersuchung zur Gefährdungsabschätzung im Auftrag einer verantwortlichen Behörde hinausgehen. Schwerpunkte werden hydrogeologische Untersuchungen und Schadstofftransportmodellierungen sein.

**AP 150 „Toxikologie Schadstoffbelastung"**
Im AP 150 sind Aussagen zur Toxizität kampfstoffbelasteter Umweltproben und Aussagen zum Ausmaß der Exposition für den Menschen zu erarbeiten. Für die Beantwortung dieser Fragen sind umfangreiche Vorarbeiten und Vorinformationen notwendig, die jeweils bei der Erarbeitung der anderen Arbeitspakete Berücksichtigung finden.

Das F&E-Vorhaben wird nach Abschluß der Arbeiten die technisch-wissenschaftlichen Grundlagen zur Entwicklung eines zweckmäßigen und umweltgerechten Sanierungsplans des Standorts liefern.

**Auftragsvergabe**
Die Auftragsvergabe im F&E-Vorhaben erfolgt durch die Projektleitung nach § 2, VOL/A an Anbieter, die fachkundig, leistungsfähig und zuverlässig sind. Nach Angebotsaufforderung – getrennt in ein fachliches und finanzielles Gebot – werden die Angebote unter Beteiligung des wissenschaftlichen Beirats begutachtet. Entscheidende Auswahlkriterien sind die durch Referenzen belegbare fachliche Qualifikation der Anbieter und die Plausibilität der vorgeschlagenen Untersuchungen. Des weiteren ist das Land an einer Unterstützung der Kapazitätsentwicklung von einheimischen Firmen interessiert, so daß Unternehmen und Forschungseinrichtungen des Landes M-V in die Ausschreibung zur Lösung von Teilaufgaben einbezogen werden.

Für die Bearbeitung der AP 110/1 und 110/2 konnten bereits leistungsfähige Auftragnehmer gefunden werden. Die weiteren AP werden ausgeschrieben, sobald die inhaltlichen Voraussetzungen gegeben sind.

# Sensorik zur Erfassung von ferromagnetischen und nichtferromagnetischen Metallen auf militärischen Altlasten

Oskar Dietz

## 1    Sensorik

### 1.1    Passiv: Magnetometer

Magnetometer sind weltweit mit Abstand am häufigsten im praktischen Einsatz bei der Detektion von ferromagnetischen Körpern. Die militärischen Anwender, die Räumdienste der Bundesländer als auch die Privatfirmen verwenden diese Geräte täglich. Meist werden sie als Gradiometer (Fluxgate-Gradiometer) eingesetzt, wobei die bislang übliche Suche von Hand kontinuierlich zurückgeht und der computergestützte Einsatz zunimmt.

Die über 30jährige Erfahrung im Hause Vallon hat dazu geführt, daß heute für die Sucharbeit leichte, handliche und höchst empfindliche Magnetometer zu günstigen Preisen erhältlich sind.

Die computergestützte Detektion hat Vallon 1982 mit dem Battelle-Institut begonnen und seit 1990 gibt es das eigene Software-Paket EVA. Enge Zusammenarbeit mit den militärischen und zivilen Anwendern haben zu einem effizienten, anwenderfreundlichen Tool geführt, welches die tägliche Arbeit erleichtert und das Niveau und die Qualität des Räumergebnisses drastisch verbessert.

Die computergestützte Detektion wird in den nächsten Jahren wesentlichen Aufschwung erhalten durch die Kombination mit der satellitengestützten Navigation. Zur Zeit sind die GPS-Geräte noch sehr teuer und teilweise auch nicht genau genug für eine sinnvolle Anwendung. Es ist jedoch absehbar, daß sich dies in den nächsten ein bis zwei Jahren ändert, so daß bei der Detektion von Altlasten ein neuer Innovationsschub kommt.

In Deutschland nimmt auch die sogenannte Bohrlochdetektion mehr und mehr zu. Gelände, das durch Landdetektion, d.h. durch Begehen der Fläche meßtechnisch erfaßbar ist, wird immer weniger und das in den vergangenen Jahrzehnten nicht bearbeitete Gelände, das durch Oberflächenaufschüttungen und starke ferromagnetische Verseuchungen (Spundwände und ähnliches) mit Landdetektion nicht bearbeitet werden kann, wird prozentual gesehen immer mehr. Hier gibt es zur Zeit nur die relativ teure Bohrlochdetektion als Lösung.

Vallon bietet seit 1990 die computergestützte Auswertung und hat als erster die® vollautomatische Tiefenbestimmung durch das Sensor-Positions-System SEPOS eingeführt. Die auf dem Land verwendete Software EVA beinhaltet automatisch die entsprechenden Tools und Algorithmen für Bohrlochdetektion.

## 1.2    Aktiv: Pulsinduktions- und Dämpfungsprinzip

Das Problem, daß Magnetometer nur ferromagnetische Materialien erfassen und auf Buntmetalle sowie auf einige Edelstahllegierungen nicht reagieren, kann durch aktive Detektoren beseitigt werden. Hier sind vor allem Metallsuchgeräte, die nach dem Dämpfungsprinzip arbeiten, verbreitet. Diese auch als Minensuchgeräte bekannten Typen (Vallon ML 1614A) sind leicht, handlich und erreichen eine Eindringtiefe bis zu 1 m bei großen Objekten. Zur Zeit wird nur in Ausnahmefällen computergestützt gearbeitet.

Die Tatsache, daß die Bundeswehr nach umfangreichen Vergleichstests im November 1995 entschieden hat, die Vallon-Metallsuchgeräte als Minensuchgeräte in der Bundeswehr einzuführen und diese unter anderem für den Einsatz in Ex-Jugoslawien zu verwenden, zeigt, daß Vallon auch hier technisch mit an der Spitze steht.

## 1.3    Georadar

Georadar hat nach wie vor einen konstanten, wenn auch geringen Anteil bei der Erfassung von militärischen Rüstungsaltlasten. Die Firma Vallon bietet auf diesem Bereich keine Sensorik an. Firmen mit Georadar sind in der nachstehenden Übersicht (Spalte *Sensor Type*, unter *G*) zu finden.

## 1.4    Infrarot

Auch auf diesem Segment hat die Firma Vallon keine Produkte in der Palette. Insgesamt ist die Infrarottechnik nur sehr bedingt geeignet, um militärische Altlasten zu erfassen.

| Ground System Performance for 2 meter Critical Radius | | | | | | | 40 Acre Area |
|---|---|---|---|---|---|---|---|
| Demonstrator | Platform[1] | Sensor Type[2] | Overall Detection Ratio | Ordnance Detection Ratio | False Positive Ratio | False Negative Ratio | Search Coverage |
| ADI - 31 | H/V | M | 48% | 46% | 92% | 74% | 100% |
| ARETE - 19 | H | M | 17% | 16% | 89% | 67% | 55% |
| Battelle (Ground) - 16 | V | G | 7% | 0% | * | 100% | 5% |
| CHEMRAD (GSM-19) - 6 | H | M | 5% | 4% | 100% | 97% | 100% |
| CHEMRAD (G822-L) - 7 | H | M | 28% | 27% | ** | ** | 100% |
| CHEMRAD (EG&G) - 10 | V | M/G | 13% | 9% | 100% | 97% | 35% |
| Coleman - 23 | V | M/G | 33% | 36% | 100% | 94% | 88% |
| Dynamic Systems 36 | H | M | 35% | 29% | * | 65% | 12% |
| ENSCO - 29 | V | G | 3% | 4% | * | 100% | 23% |
| EODT - 25 | H | M | 7% | 7% | * | 87% | 24% |
| Foerster - 44 | H/V | M | 41% | 37% | 100% | 89% | 52% |
| GDE - 2 | V | G | 23% | 32% | * | 99% | 16% |
| GeoCenters - 1 | H/V | M | 47% | 44% | 100% | 76% | 100% |
| Geometrics - 43 | H | M | 23% | 24% | 100% | 74% | 83% |
| GeoRadar - 42 | H | G | 14% | 20% | * | 96% | 4% |
| Jaycor - 22 | V | G | 0% | 0% | * | 100% | 46% |
| METRATEK - 33 | H/V | M/G | 25% | 31% | * | 90% | 11% |
| Security Search - 37 | V | M | 65% | 59% | * | 98% | 29% |
| SRI (Ground) - 24 | V | G | 1% | 0% | ** | ** | 29% |
| UXB - 13 | H | M | 43% | 36% | ** | ** | 70% |

[1] Transport Mode, V = Vehicular/Towed, H = Handheld/Manportable/Man-towed, H/V = Multimodal

[2] G = GPR, M = Magnetometer (Active & Passive), M/G = Multi-Sensor

* Demonstrator did not discriminate between ordnance and non-ordnance targets

** Demonstrator declared all targets as ordnance

# 2 Großangelegte Vergleichserprobung in USA: JPG I

## 2.1 Die Ausgangssituation

Die Regierung der Vereinigten Staaten hat das Problem, daß Militärbasen im In- und Ausland geschlossen und aufgelöst werden sollen. Riesige Geländeteile sind jedoch mit Blindgängern munitionsverseucht.

Die Regierung beauftragte daraufhin die amerikanischen Streitkräfte, ein Programm durchzuführen, welches weltweit alle „fortschrittlichen Technologien" miteinander vergleicht. Dazu wurde ein 180-acre- und ein 40-acre-Gelände präpariert, in dem definiert Blindgänger in großer Stückzahl eingebracht wurden.

Das Programm wurde bezahlt, wobei man von einem Gesamtaufwand von US $ 50 000 000 spricht. Die politische Weisung war, daß es sich um ein existierendes System handeln mußte, welches mindestens einmal im Einsatz ist (dies impliziert, daß das Geld nicht für Forschung und Entwicklung aus-gegeben werden durfte) und daß keinerlei Restriktionen im Hinblick auf Technologie vorgegeben wurden.

## 2.2   Die Vergleichserprobung

Nachdem das Projekt benannt – JPG I – und aus der Taufe gehoben war, wurde weltweit in Fachzeitschriften und auf Messen Werbung betrieben.

Von den über 100 teilnahmewilligen Firmen, Organisationen und Institutionen wurden insgesamt 29 Systeme zugelassen und von April bis Oktober 1994 wurden die Tests am Jefferson Proving Ground durchgeführt.

Jeder Teilnehmer hatte exakt 40 Stunden Arbeitszeit auf dem Gelände zur Verfügung, verteilt auf maximal 7 Tage. Während der Datenaufnahme wurden die Firmen von der Firma PRC, die im Auftrag der Regierung handelte, komplett überwacht – ohne dabei behindert zu werden. Die Regierung selbst entsandte dann jeweils noch direkt einen Kontrolleur, um die korrekte Durchführung gemäß abgeschlossenem Vertrag zu überwachen. Sämtliche anfallende Kosten wurden bezahlt.

## 2.3   Das Ergebnis

Die Detektionsleistung der verschiedenen Systeme bewegt sich in einem Bereich von 0-59 %, wobei die landgestützten Systeme wesentlich besser abschnitten als die luftgestützten. Die Magnetometersysteme zeigten wiederum bessere Ergebnisse als Georadar und andere Sensortypen. Alle Teilnehmer waren grundsätzlich nicht in der Lage zu klassifizieren, ob es sich um einen echten Blindgänger oder Stahlschrott handelt.

Die Systeme mit den besten Ergebnissen waren Systeme, die kombiniert fahrzeuggestützt und tragbar gleichzeitig einsetzbar waren. Aufgrund der gewonnenen Daten wurden Kennziffern herausgearbeitet. Im Endergebnis haben alle gezeigten Systeme die Erwartungen der amerikanischen Regierung nicht erfüllt. Jedoch haben einige wenige Systeme sehr gute Ansätze, welche in weiterführenden Programmen optimiert werden sollen.

Die veröffentlichten Ergebnisse zeigen sehr deutlich, daß Vallon die Nummer 1 ist in Prozent der insgesamt detektierten Objekte.

Die Darstellung in Abb. 1 veranschaulicht diese Aussage:

- kritischer Radius 1 m: Vallon 54%, Nächstbester 45%,
- kritischer Radius 2 m: Vallon 65%, Nächstbester 48%,
- kritischer Radius 5 m: Vallon 79%, Nächstbester 56%.

Auch in der obenstehenden Übersicht ist der erste Platz von Vallon in der Spalte *Ordnance Detection Ratio* (Prozentsatz der detektierten Blindgänger) klar ersichtlich:

Vallon 59%, Nächstbester 46%.

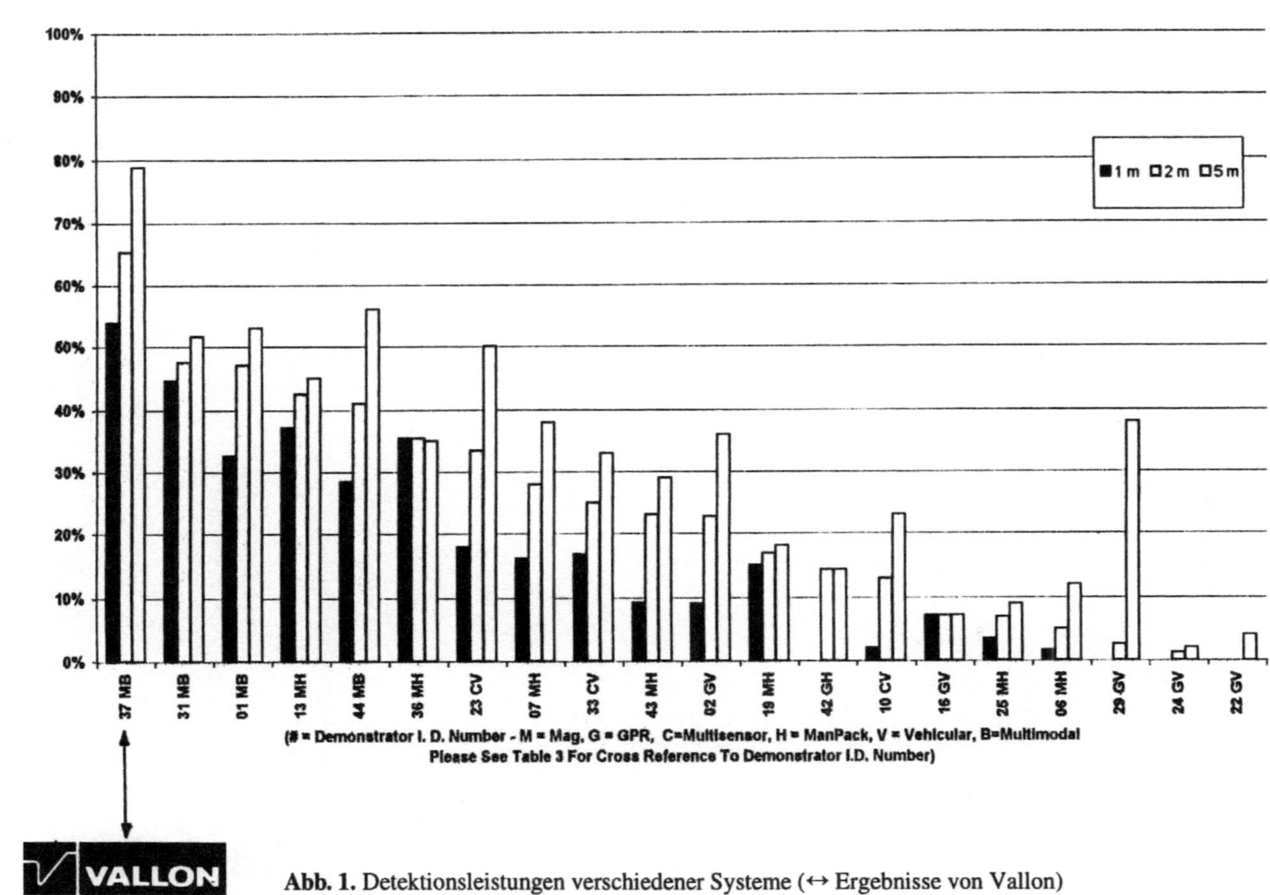


**Abb. 1.** Detektionsleistungen verschiedener Systeme (↔ Ergebnisse von Vallon)

# 3    Weiterführende Programme

## 3.1    JPG II

In Weiterführung des JPG I wurde im Jahre 1995 das Programm Jefferson Proving Ground (Phase II) durchgeführt. Die Firma Vallon war im Juli 1995 auf dem Gelände und hat die Fläche sondiert. Es wird erwartet, daß die Ergebnisse im Februar 1996 veröffentlicht werden.

## 3.2    *Live-site* (Detektion echter Blindgänger)

Das Programm Jefferson Proving Ground Phase I und Phase II wurde jeweils mit nicht scharfen Blindgängern durchgeführt. Um die Fähigkeit der Systeme an scharfen Blindgängern zu testen, wurden weitergehende Projekte, sog. Live Site Projects, durchgeführt.

Die Firma Vallon war im August 1995 auf dem großen Luftwaffenstützpunkt Eglin Airforce Base. Dort wurde eine sehr große Fläche computergestützt aufgenommen und ausgewertet. Die Veröffentlichung dieser Ergebnisse wird im März 1996 erwartet.

## 3.3    Das U.S.-Forces SITCAPS System

In den Vereinigten Staaten ist der Aufbau einer großen Datenbank im Gange, die Umweltdaten mit Positionsdaten verknüpft, um eine systematische, strukturierte Erfassung und spätere Beseitigung von militärischen Altlasten zu ermöglichen (Abb. 2).

Zu diesem Zweck werden Größen wie

IDS – Interplatform Data Set,
STD – Standard Data Set,

systemübergreifend abgespeichert. Die Firma Vallon hat von der US-Regierung den Auftrag erhalten, ihr Computersystem EVA auf dieses Datensystem abzustimmen.

# 4    Blick in die Zukunft

Es zeichnet sich ab, daß ein Sensortyp allein nicht in der Lage ist, alle notwendigen Informationen zu liefern. Die Überlagerung von Daten verschiedener Sensoren – Schlagwort Mulitsensorsysteme – ist der einzige heute sichtbare Weg aus unseren doch recht beschränkten Möglichkeiten.

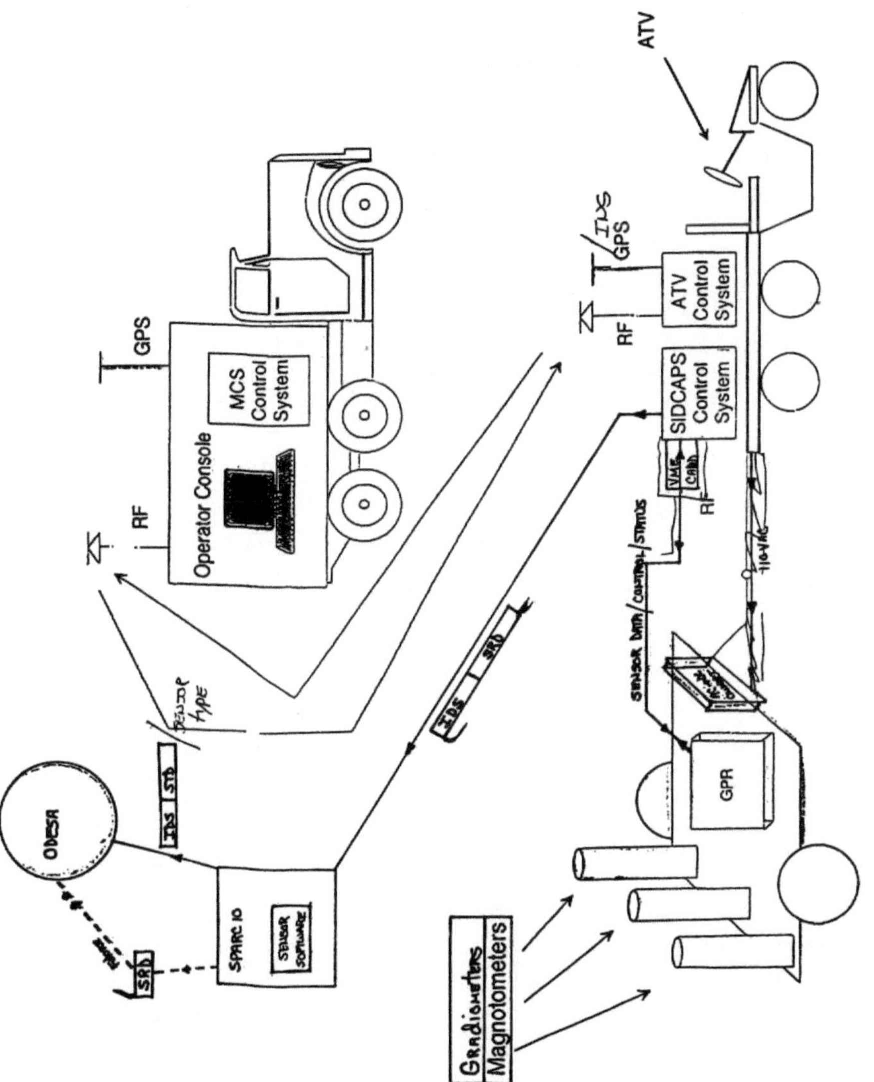


**Abb. 2.** Systemschema – SITCAPS-System

# Reinigung sprengstoff- und schwermetallbelasteter Böden am Beispiel der Rüstungsaltlast in Hallschlag – Ergebnisse von Demonstrationsversuchen aufgrund einer europaweiten Ausschreibung

Horst Miska, Matthias Stoffel

Über die Entstehung der Rüstungsaltlast in Hallschlag (Eifel) sowie erste Maßnahmen zur Gefahrenabwehr ist schon früher [1,2] berichtet worden, so daß hier zunächst nur ein kurzer Statusbericht zur Entmunitionierung gegeben wird. Anschließend werden die ersten Ergebnisse der Demonstrationsversuche zur Bodenreinigung dargelegt.

## 1 Stand der Entmunitionierungsarbeiten

Eine Skizze der C-Zone, die im wesentlichen das ehemalige Produktionsgelände umfaßt, zeigt Abb. 1. Dieser eingezäunte Bereich umfaßt etwa 30 ha, wovon bisher knapp 10 ha von Munition beräumt wurden; diese beräumten Bereiche sind in der Skizze schraffiert oder dunkel hinterlegt. Es wurden bisher etwa 95 000 m$^3$ Erde bewegt; dieses große Volumen ist auch durch die Beräumung des Explosionskraters von 1920 mit einem Durchmesser von 30 m und einer Tiefe von 8 m bedingt.

Bisher wurden über 800 Granaten aus dem 1. Weltkrieg geborgen, wovon etwa ein Viertel flüssigen Inhalt aufwiesen und daher als kampfstoffverdächtig eingestuft wurden. Die übrigen enthielten konventionelle Sprengstoffe, so daß die übliche Entsorgung möglich ist.

In der Regel sind die gefundenen Granaten aus dem 1. Weltkrieg unbezündert, aber auch scharfe Blindgänger des 2. Weltkriegs kommen in diesem Bereich vor. Insgesamt etwa 2,5 t an Sprengstoffen, hauptsächlich TNT und DNB, wurden auf dem Gelände in größeren Brocken gefunden und zwischenzeitlich kontrolliert verbrannt. Zusätzlich wurden 4 t an Kampfmitteln (Zünder und dergleichen) und über 40 t Schrott geborgen und entsorgt.

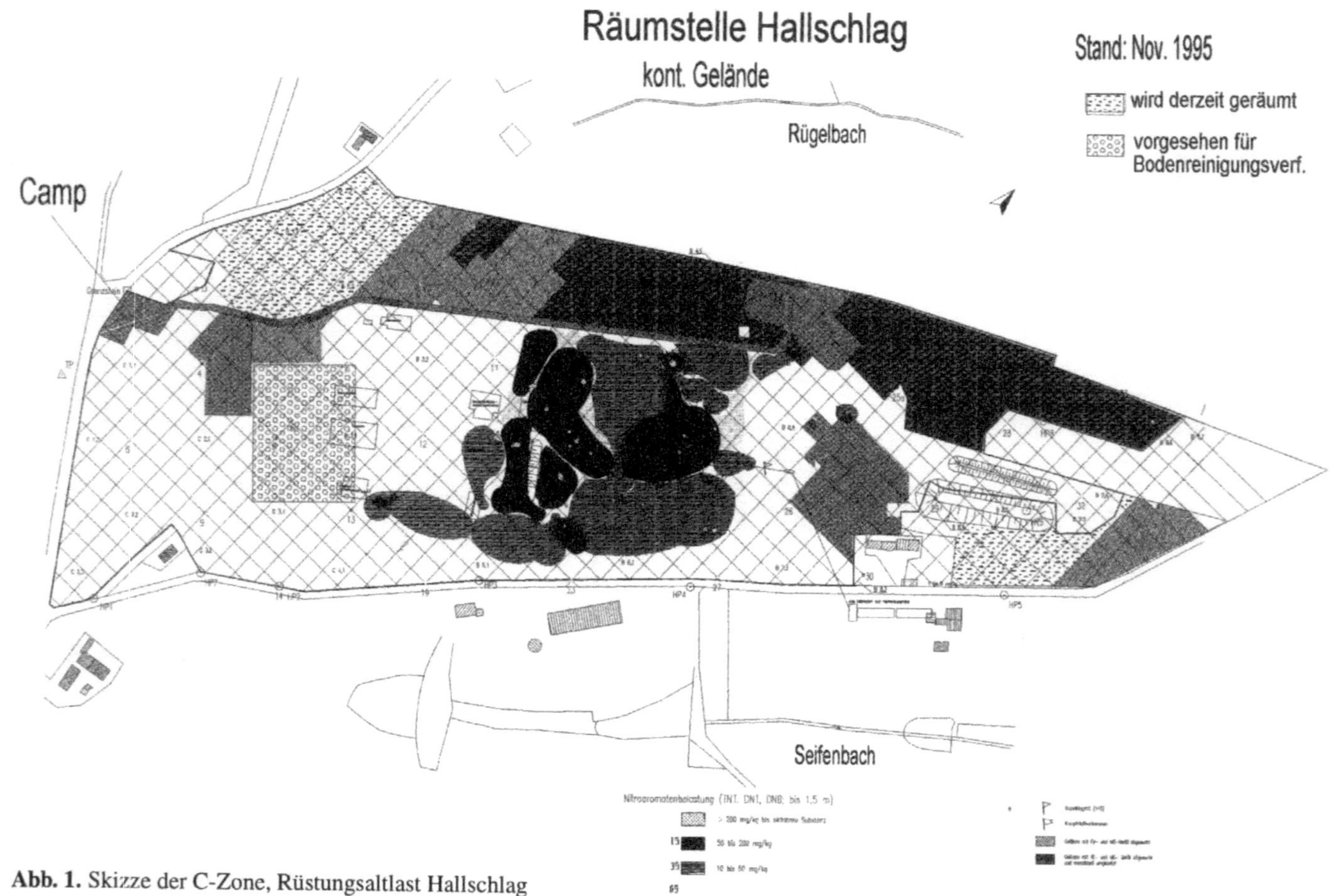


**Abb. 1.** Skizze der C-Zone, Rüstungsaltlast Hallschlag

## 2    Vorbereitung der Sanierung

Der Kernbereich, in dem sich die meisten ehemaligen Gebäude befinden (siehe Abb. 1), weist die höchsten Kontaminationen auf. Dieser Bereich wurde bisher bei der Munitionsräumung ausgespart, da die Behandlung der kontaminierten Böden noch nicht gelöst war. Bei den bisherigen Arbeiten sind schon 650 m$^3$ Erde angefallen, die über den vorläufigen Eingreifrichtwerten für Nitroaromaten von 10 mg/kg TS Boden oder mit Schwermetallen über dem B-Wert der Holland-Liste kontaminiert sind. Diese Böden sind, vorläufig in Big Bags verpackt, in Containern zwischengelagert.

Ursprünglich war geplant worden – wie in [2] erläutert –, zunächst alle Munition aus dem Gelände zu beseitigen und danach erst die Sanierung der Böden, die mit Sprengstoffen, Schwermetallen und teilweise mit Kampfstoffen kontaminiert sind, in Angriff zu nehmen. Dies hätte aber den Bau, Betrieb und späteren Rückbau eines Zwischenlagers für kontaminierte Böden erfordert, was Kosten von 20-40 Mio. DM – je nach anfallender Masse – verursacht hätte. Zur Munitionsbeseitigung muß der Boden bearbeitet und teilweise gesiebt werden, wobei die Oberfläche vergrößert wird und bisher im Boden gebundene Schadstoffe wieder mobilisiert werden könnten. Dadurch würde die Gefahr von Auswaschungen in das Oberflächen- und Grundwasser entstehen, weshalb eine ungesicherte Lagerung nicht vertretbar wäre.

Da seit einiger Zeit verschiedene Firmen unterschiedliche Verfahren zur Reinigung sprengstoffbelasteter Böden anbieten, andererseits aber zu Beginn 1995 keine großtechnische Anlage in Betrieb oder genehmigt war, hat das Land Rheinland-Pfalz Demonstrationsversuche zur Bodenreinigung europaweit [3] ausgeschrieben. Ziel dieser Ausschreibung war es, verschiedene Verfahren zur Bodenreinigung vor Ort zu erproben, um verläßliche Grundlagen für eine Auftragsvergabe zu schaffen.

Die Auftragnehmer sollten etwa 50 t verschiedenartig kontaminierte Böden in einem Zeitraum von maximal 2 Monaten reinigen und darüber einen Bericht abfassen. Zudem sollten sie auf der Grundlage der dabei gemachten Erfahrungen ein Angebot für das Hauptverfahren der Bodenreinigung, bei dem grob geschätzt 100 000 t Erde zu behandeln sein werden, abgeben.

Zur wissenschaftlichen Beratung hat das Innenministerium, dem in der Interministeriellen Arbeitsgruppe Hallschlag (IMA) die Federführung obliegt, die Humboldt-Universität zu Berlin hinzugezogen. Sie soll sowohl Vorschläge für Eingreifrichtwerte erarbeiten als auch die Versuche kritisch begleiten und bewerten helfen.

# 3    Ausschreibungsverfahren

Bis zur gesetzten Frist hatten sich über 10 Firmen um die Durchführung der Demonstrationsversuche beworben. Einige schieden aus, da sie die Voraussetzungen nicht erfüllten; sechs Firmen wurden zur Abgabe eines Angebots aufgefordert. Daraus wurden schließlich drei Firmenkonsortien ausgewählt, die verschiedene Verfahren erproben sollten. Alle Auftragnehmer nutzen Verfahrenskombinationen, wobei thermische, biologische sowie chemisch-physikalische Verfahren zur Anwendung kommen.

Den Auftragnehmern wurden erste Anhaltspunkte über die Eigenschaften der zu behandelnden Böden wie Siebkurven und typische Gehalte an Schadstoffen geliefert. Doch schon hier zeigten sich die ersten Schwierigkeiten. Die Kontaminationen sind sehr inhomogen verteilt, die Böden enthalten Reste der ehemaligen Werksanlagen (Munitionsteile und Metallteile > 30 mm werden durch die Munitionsberäumung entfernt), und Blei kommt z.B. in Form von Schrapnellkugeln oder von Fäden und Tropfen vor, die infolge der Explosionen entstanden sind. Zudem besteht eine relativ hohe geogene Belastung durch Blei und Arsen. Diese wird durch anorganische Arsenverbindungen und Blei, die aus der Munition (Rauchkörper, Schrapnells) stammen, sowie durch organische Arsenverbindungen aus Kampfstoffen anthropogen stark erhöht.

Einige typische Werte für Kontaminationen sind in Tabelle 1 angegeben; Einzelwerte können davon stark abweichen, Blei und Zink kommen als Metallstückchen vor, TNT/DNB in Brocken mit Massen bis zu vielen Kilogramm. Die Tabelle enthält zusätzlich die entsprechenden B-Werte der Holland-Liste sowie die oSW2-Werte des Merkblattes ALEX 02 [4]. Für die Nitroaromaten ist die Summe gemäß der „23-Liste" nach FoBiG [5], aber nicht als TNT-Äquivalentwert, sondern als unbewerteter Konzentrationswert (Absolutwert) angegeben.

Als Reinigungszielwerte für relevante Schadstoffe bei den Demonstrationsversuchen, nicht für das Hauptverfahren, waren von der IMA zunächst folgende Werte, bezogen auf TS Boden, festgelegt worden:

| | |
|---|---|
| Summe Nitroaromaten | 10 mg/kg TNT-Äquivalent nach FoBiG [5] |
| Summe PAK (1-16 nach EPA) | 20 mg/kg |
| Schwermetalle | B-Werte der Holland-Liste. |

Da bei der Bestimmung des TNT-Äquivalentwertes 2,6-DNT und 2,4-DAT Bewertungsfaktoren von 150 bzw. von 100 (bei langfristiger Exposition) erhalten und damit auch die Analyseunsicherheiten (Bestimmungsfehler) zu multiplizieren sind, kann die Nachweisgrenze für den TNT-Äquivalentwert bei 10-20 mg/kg, je nach Anteil dieser Isomere am Gesamtgehalt, liegen. Daher sowie aus Gründen der toxikologischen Bewertung wurden für die Reinigungszielwerte später 10 mg/kg

TS für Summe der Nitroaromate (Absolutwert) sowie der oSW2-Wert für Schwermetalle nach ALEX 02 festgelegt. Die vorläufigen und die endgültigen Zielwerte sind in Tabelle 1 angegeben.

**Tabelle 1.** Reinigungszielwerte für die Demonstrationsversuche und Gehalte des Originalbodens an Schadstoffen (alle Angaben in mg/kg TS Boden, *nn*: nicht nachgewiesen, da unter der Nachweisgrenze)

| Schadstoff | vorläufiger Zielwert/B-Wert Holland-Liste | Zielwert/oSW2 | typische Gehalte |
|---|---|---|---|
| Summe 23 Nitroaromaten | 10 (äquivalent) | 10 (abs.) | nn-80 000 (abs.) |
| Summe PAK 1-16 | 20 | 20 | 30-100 |
| | | | |
| Arsen | 30 | 40 | 10-560 |
| Cadmium | 5 | 2 | nn-10 |
| Chrom | 250 | 100 | 20-30 |
| Quecksilber | 2 | 2 | nn-3 |
| Nickel | 100 | 100 | 20-44 |
| Blei | 150 | 200 | 200-1800 |
| Zink | 500 | 300 | 140-2300 |
| Clark I | – | – | nn-24 |

Zusätzlich wurden Zielwerte für das Eluat festgelegt; auf diese sowie auf die Problematik der Analysen wird im nächsten Beitrag näher eingegangen.

## 4    Durchführung der Demonstrationsversuche

Von den drei Auftragnehmern wurden die Versuche nacheinander bzw. teilweise zeitlich parallel durchgeführt. Dabei entstanden bisweilen kleinere Schwierigkeiten bei der Nutzung der von der Räumfirma bereitgestellten Infrastrukur (Camp, Schwarz-Weiß-Anlage etc.). Auch wurde vom Auftraggeber der notwendige Umfang der Analytik unterschätzt. Je nach Verfahren waren neben der Analytik zur Feststellung der Anfangs- und Endkontaminationen – vom Auftraggeber wurden nur stichprobenartige Kontrollen vorgenommen – von den Firmen aufwendige Analysen zur Prozeßsteuerung zu erbringen. Wegen der stark inhomogenen Schadstoffverteilung war es dabei nicht möglich, eine genügend große Zahl von Beprobungen der Originalböden durchzuführen, um repräsentative Angaben zu den vorhandenen Kontaminationen zu ermöglichen.

Der teilweise hohe Wassergehalt der zu behandelnden, stark schluffigen Böden führte zu Problemen schon bei der Siebung zur Entmunitionierung und später auch bei der Reinigung. Wegen des Schadstoffgehalts mußten bei allen Arbeiten entsprechende Arbeitsschutzmaßnahmen wie z.B. Atemschutz beachtet und angewandt werden. Vom zuständigen Gewerbeaufsichtsamt wurden dazu Kontrollen durchgeführt.

Die einzelnen Verfahren werden derzeit aufgrund der bis Mitte Dezember 1995 vorgelegten Abschlußberichte bezüglich ihrer Effizienz und Wirtschaftlichkeit bewertet. Vor der Auftragsvergabe zum Hauptverfahren kann diese detaillierte Bewertung nicht öffentlich diskutiert werden; daher werden die Verfahren im folgenden nur kurz vorgestellt, eine ausführlichere Veröffentlichung [6] erfolgte schon früher.

## 4.1    Thermisches Verfahren

Bei dem hier erprobten thermischen Verfahren wird die gesamte Bodenmasse, nach Brechen des Überkorns > 50 mm, in den Drehrohrofen einer Heißluft-Strippanlage gegeben und dort von organischen Schadstoffen befreit. Der Verbrennungsprodukte, organische Verbindungen, Wasserdampf und Staub enthaltende Abgasstrom wird über Filter einer Nachbrennkammer zugeführt. Ein Grundfließbild der Anlage zeigt Abb. 2.

Endprodukte dieser thermischen Behandlung sind gröberes Bodenmaterial, das keine organischen und nur noch wenige anorganische Schadstoffe enthalten sollte, Filterstaub mit im wesentlichen nur noch anorganischen Schadstoffen und Abgase der Nachbrennkammer, die durch entsprechende Nachbehandlung schadstoffarm sind. Der anfallende Staubanteil war aufgrund des schluffigen Bodens höher als erwartet (im Mittel 24% des Austrags).

Soweit die Schadstoffgehalte noch über den Reinigungszielwerten liegen, ist eine weitere Reinigungsstufe – eventuell nur für bestimmte Fraktionen – notwendig, oder die Schadstoffe müssen wasserunlöslich gebunden werden. Der Auftragnehmer hat dazu verschiedene Varianten erprobt, wobei seitens des Auftraggebers eine Extraktion gegenüber einer Fixierung bevorzugt wird. Vor Wiedereinbau der Böden sind diese durch Zugabe von organischen Reststoffen wie Kompost zu beleben.

Das thermische Verfahren vermag organische Schadstoffe sicher und effizient zu beseitigen, der Schwermetallgehalt der Böden erfordert dabei zusätzliche Maßnahmen zur Reinigung oder Bindung.

**Maximalvariante**

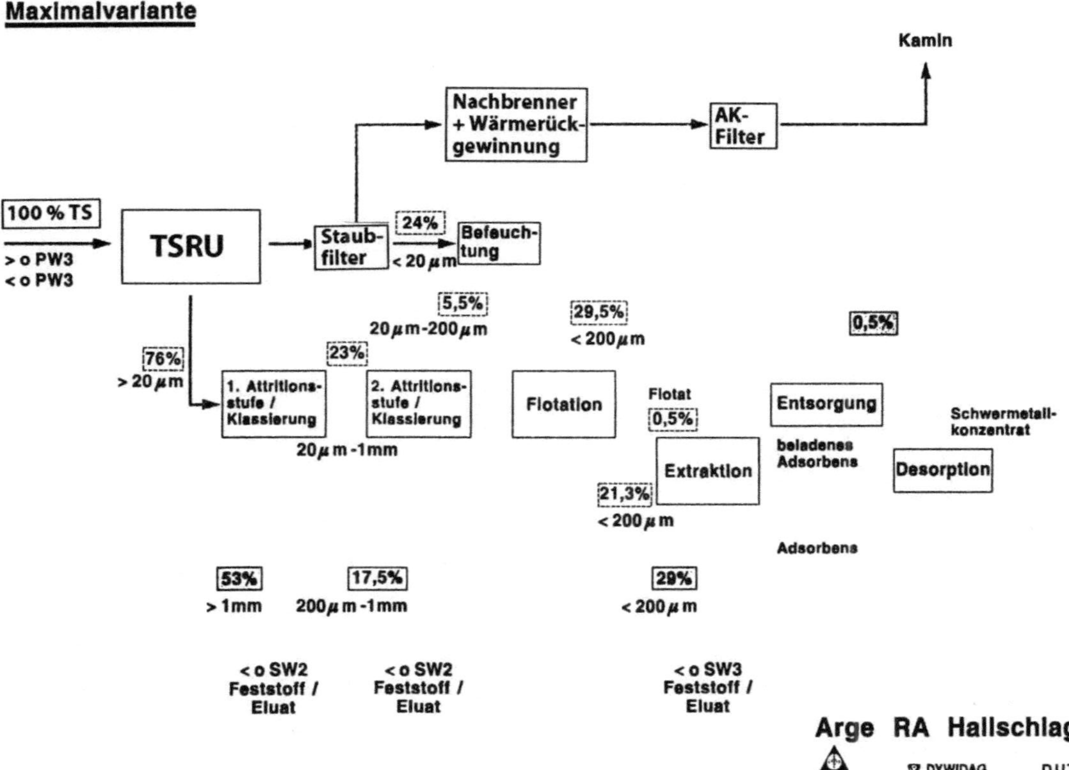


**Abb. 2.** Grundfließbild thermisches Verfahren (die Abbildung wurde freundlicherweise von den Auftragnehmern zur Verfügung gestellt)

## 4.2    Biologisches Verfahren

Zur biologischen Behandlung des Bodens wurden zwei Verfahren erprobt; einmal ein Reaktorverfahren, bei dem der Boden aufgeschlämmt und mit Nährstoffen versetzt regelmäßig homogenisiert wird. Abschließend wird er entwässert, aufgesetzt und mehrfach gewendet. Im anderen Verfahren wird der Boden mit einem hohen Anteil an Zuschlagsstoffen (Kompost, organische Dünger etc.) versetzt und in Mieten bei häufiger mechanischer Durchmischung und Belüftung behandelt. Die einzelnen Schritte sind in Abb. 3a und b dargestellt.

Durch mikrobiologische Prozesse werden die Nitroaromaten schrittweise zu anderen Verbindungen umgewandelt, die in der Bodenmatrix fixiert werden. Sie sind damit nicht mehr verfügbar, und entsprechende Tests ergaben keine Hinweise mehr auf Toxizität. Die Böden sind sofort kulturfähig, weisen aber aufgrund der Zuschlagsstoffe einen hohen Anteil an organischen Düngern auf.

Bei der biologischen Bodenbehandlung können organische Reststoffe verwertet werden, und sie benötigt keinen großen maschinellen Aufwand. Daher ist die Behandlung leicht bis mittel kontaminierter Böden damit einfach und wirtschaftlich. Extrem hohe Sprengstoffgehalte und Schwermetalle können durch die biologische Behandlung allein nicht entfernt werden.

Zur Behandlung reiner Sprengstoffe wurde vor Ort eine mobile Verbrennungsanlage betrieben, die in Azeton gelöstes TNT/DNB verbrennen konnte. Neben der Erprobung des Lösevorgangs, bei dem entsprechende Sicherheitsmaßnahmen notwendig sind (ein Sprengstoffbrocken enthielt einen Zünder!), wurde der Betrieb der Verbrennungsanlage optimiert. Da vor Ort nicht ausreichend Kühlmittel zur Verfügung gestellt werden konnte und eine Verwertung der Abwärme in der Demonstrationsphase nicht wirtschaftlich war, werden restliche Mengen an TNT bei dem Auftragnehmer entsorgt.

## 4.3    Waschverfahren zur Bodenreinigung

Beim hier erprobten Waschverfahren werden die Böden in der nassen Phase nach Körnungen in Grobgut (> 40 mm), Kies (2-40 mm), Sand (0,02-2 mm) und Schlamm (< 0,02 mm) getrennt. Die einzelnen Fraktionen werden sodann verschiedenen Reinigungsschritten unterworfen, wobei etwa 70% gereinigter Boden aus 7% Grobgut, 42% Kies, 36% Sand und 15% Schlamm entsteht. Die restlichen 30% Schadstoffkonzentrat müssen einer thermischen Nachbehandlung unterworfen werden.

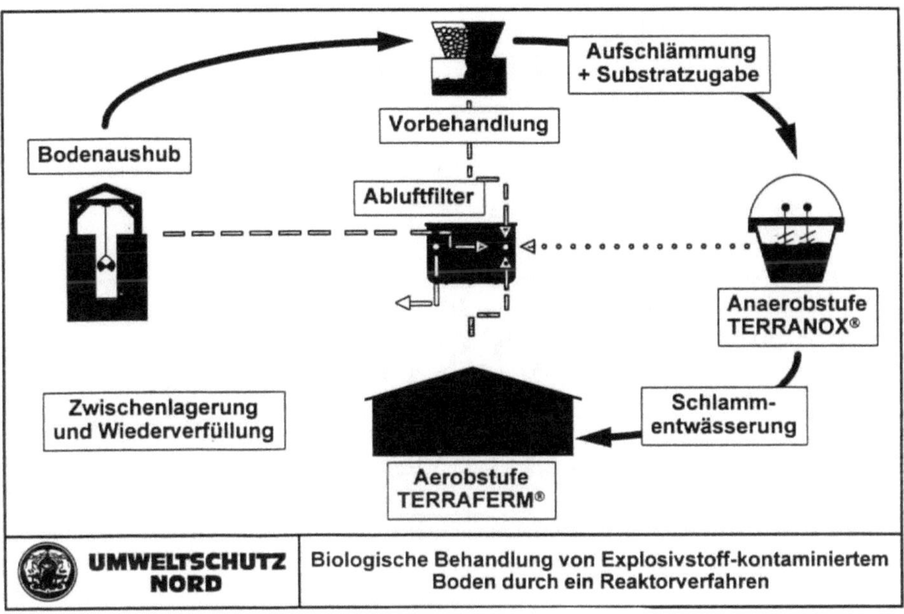


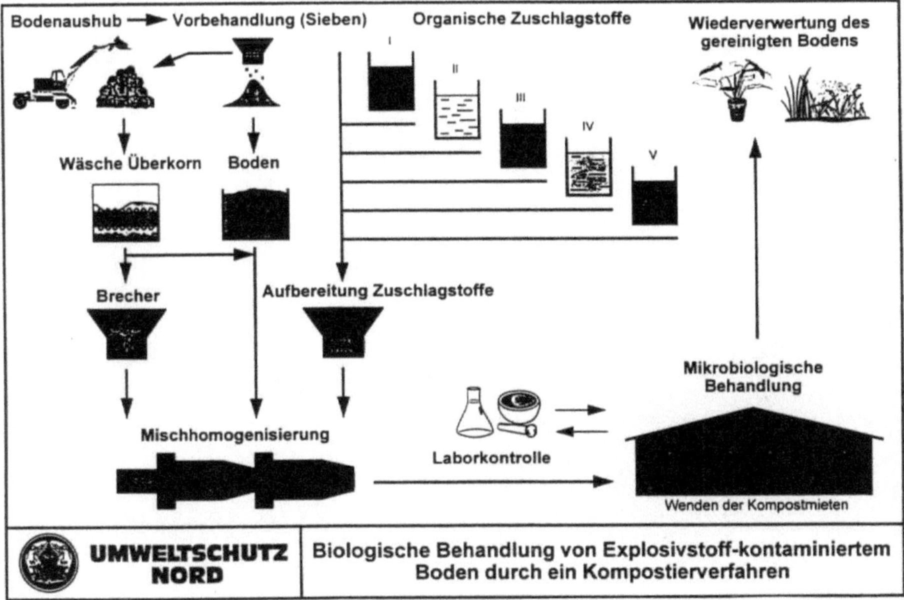


**Abb. 3 a,b.** Biologische Behandlung von explosionsstoffkontaminiertem Boden durch ein Reaktorverfahren (**a**) und ein Kompotsierverfahren (**b**); (die Abbildungen wurden freundlicherweise von den Auftragnehmern zur Verfügung gestellt)

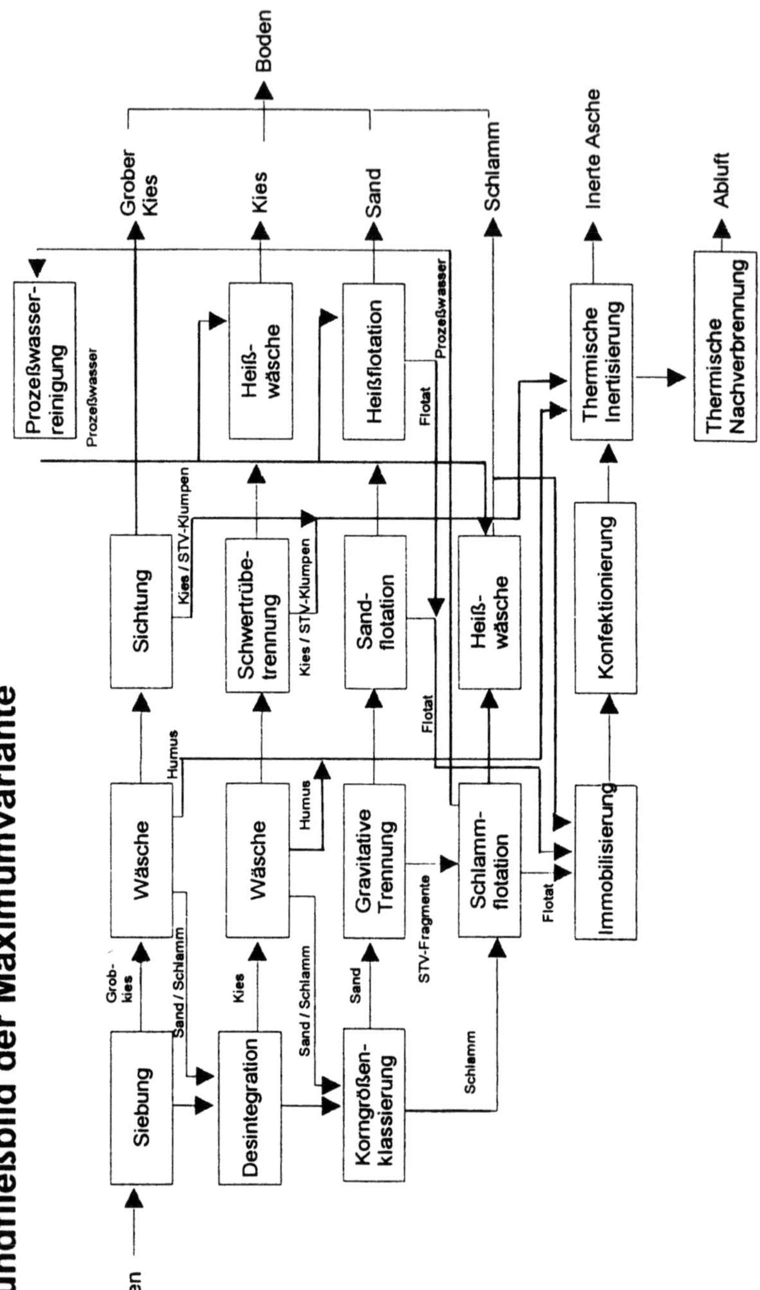


**Abb. 4.** Waschverfahren (die Abbildung wurde freundlicherweise von den Auftragnehmern zur Verfügung gestellt)

Das anfallende Prozeßwasser wird gereinigt und wiederverwendet. Die bei der Verbrennung entstehende Abluft muß entsprechend überwacht und gefiltert werden. Das Grundfließbild dieses Verfahrens ist in Abb. 4 dargestellt.

Bei diesem prozeßtechnisch aufwendigsten Verfahren werden die Schadstoffe in der nassen Phase abgetrennt, und nur ein Teilstrom muß einem thermischen Verfahren unterzogen werden. Ebenso ist die Abtrennung von Schwermetallkontaminationen einfacher. Die verschiedenen Fraktionen des Austrags, wie z.B. Kies, können einzeln verwendet oder wieder zu einem sauberen Boden vermischt werden. Obwohl nicht der gesamte Bodenanteil thermisch behandelt wurde, ist vor dem Wiedereinbau die Zumischung von Kompoststoffen empfehlenswert.

### 4.4    Weitere Bodenreinigungsverfahren

Einige Anbieter auf dem Markt hatten die europaweite Ausschreibung übersehen oder ihr Angebot zu spät eingereicht. Sie baten das Land Rheinland-Pfalz, auf ihre Kosten Verfahren zur Bodenreinigung mit Erde der Altlast Hallschlag erproben zu dürfen. Dieser Bitte ist das Land bei vier Unternehmen nachgekommen, die dann ein Verfahren vor Ort oder am Firmensitz erprobt haben. Seitens des Landes wurde dazu die entmunitionierte Erde zur Verfügung gestellt, und Proben des Ein- und Austragmaterials wurden einer Kontrollanalytik unterzogen.

## 5    Allgemeine Bewertung der Vorversuche

Die während der Demonstrationsphase aufgetretenen Probleme haben die Notwendigkeit solcher Vorversuche bestätigt. Vor allem konnten wertvolle Erfahrungen für die Analytik gewonnen und das Wissen über die Böden und Art der Kontaminationen erweitert werden. Den Auftragnehmern stehen damit verläßlichere Daten zur Verfügung, um ein Angebot schärfer kalkulieren zu können. Dies ist auch vorteilhaft für den Auftraggeber. Es verbleibt aber die Unsicherheit bezüglich der Masse des zu behandelnden Bodens; auch wird der noch festzulegende Reinigungszielwert für das Hauptverfahren einen Einfluß auf die Kosten haben.

## 6    Weiteres Vorgehen

Wegen der notwendigen Maßnahmen zur Sicherung des Oberflächen- und Grundwassers während der Beräumung der kontaminierten Bereiche und zur Entkopplung der einzelnen Arbeitsschritte wird das in Abb. 5 gezeigte Schema zum Arbeitsablauf vorgeschlagen.

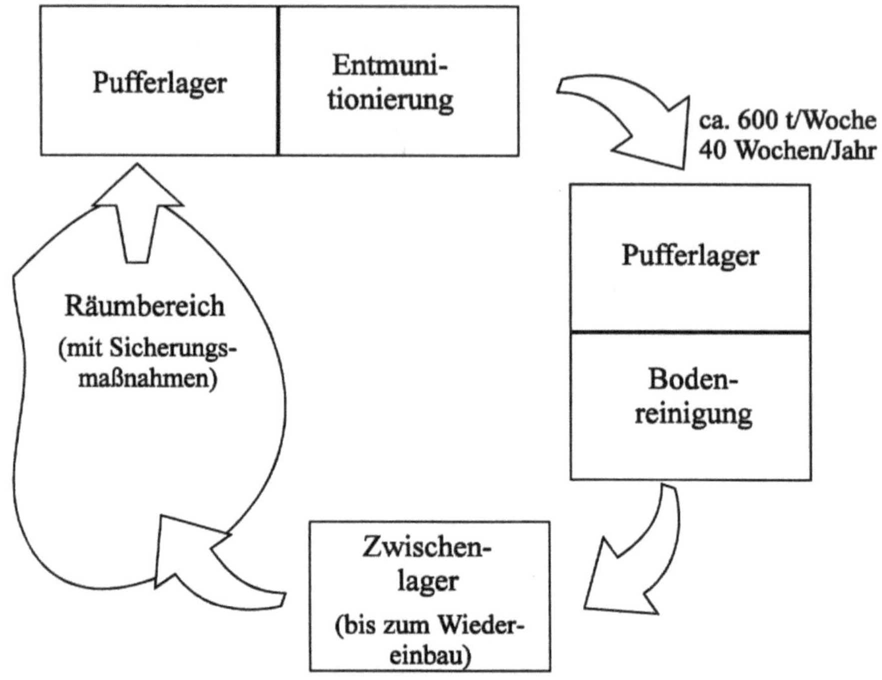


**Abb. 5.** Arbeitsschritte bei Beräumung des kontaminierten Geländes

Derzeit laufen weitere Untersuchungen zur Hydrogeologie, um möglichst einfache und wirtschaftliche Verfahren zur Grundwassersicherung und Wasserhaltung zu finden. Dabei ist zwischen der Sicherung während der Beräumung und einer evtl. später notwendigen langfristigen Sicherung zu unterscheiden. Ob und in welchem Umfang eine langfristige Sicherung, die auch Kosten verursacht, erforderlich wird, hängt auch von den Reinigungszielwerten ab.

Da andererseits niedrig angesetzte Reinigungszielwerte erhöhte Kosten bei der Bodenreinigung verursachen können, ist eine Optimierung der Zielwerte nach wirtschaftlichen Gesichtspunkten notwendig, wie in Abb. 6 schematisch dargestellt.

Bei dieser Abwägung ist zwischen dem Eingreifrichtwert einerseits, bei dessen Überschreitung der Boden aufgenommen und behandelt werden muß, und dem Reinigungszielwert andererseits, der aufgrund der Optimierung festzulegen ist, unterschieden werden. Beide müssen niedriger als die Richtwerte sein, die nach einer Gefährdungsabschätzung zu bestimmen sind. Wie in der Abbildung dargestellt, kann das Optimierungsverfahren durchaus zu dem Ergebnis führen, daß es wirtschaftlicher ist, den Reinigungszielwert niedriger anzusetzen als nach Gesichtspunkten der Gefahrenabschätzung notwendig.

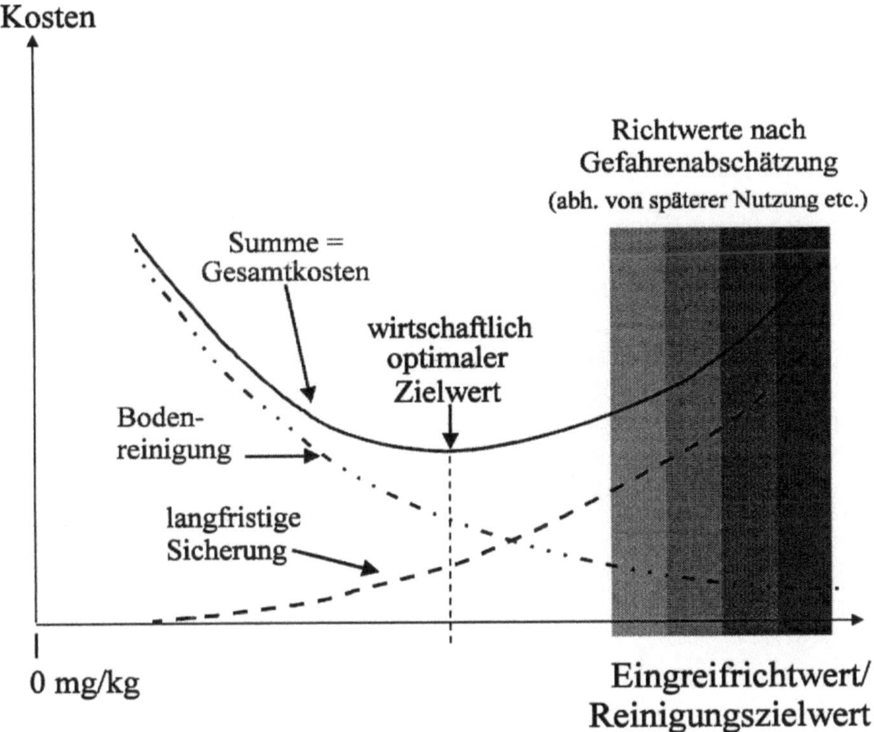


**Abb. 6.** Optimierung der Zielwerte (schematisch)

Die Richtwerte werden, abhängig von der später zugelassenen Nutzung der Geländeteile, vom Umweltressort auf der Grundlage der Beratung durch die Humboldt-
Universität festgesetzt. Sodann sind die Eingreifrichtwerte und Reinigungszielwerte gemäß oben beschriebenem Verfahren zu optimieren. Dazu können die Kosten
der Bodenreinigung gemäß den Angeboten berücksichtigt werden; die späteren
Folgekosten für evtl. notwendige Sicherungsmaßnahmen sind dagegen schwieriger
abzuschätzen.

# 7     Abschließende Hinweise

Auf der Grundlage der bei den Demonstrationsversuchen und deren Auswertung
gemachten Erfahrungen wurden folgende plakative Hinweise für Sanierungsver-
antwortliche zusammengestellt:

– Prüfen Sie die Empfehlungen von Gutachtern sehr kritisch auf ihre
   Praktikabilität!        (0,0x mg/kg TS ?)
– Lassen Sie Versuche in großtechnischem Maßstab durchführen, um
   Verfahren zu testen und Ihr Problem besser kennenzulernen!
– Ist überhaupt eine repräsentative Probenahme möglich? Ist die Analytik in
   Ordnung?     („Wir haben x mg/kg gefunden" bedeutet nicht, daß der Gehalt
   tatsächlich (nur) x mg/kg beträgt!)
– Weniger anspruchsvolle Reinigungszielwerte müssen nicht die wirtschaftlich
   günstigste Lösung sein!

– Beachten Sie den Grundsatz der Verhältnismäßigkeit,
   sonst  . . . vergeuden Sie Steuergelder!!!

## Literatur


[1] Hans-Christian Gaebell H.-C. (1992) Rüstungsaltlast Hallschlag, Abfallwirtschaft in
    Forschung und Praxis, Bd. 49 „Rüstungsaltlasten ´92", E. Schmidt Verlag.
[2] Miska H (1994) Behördliche Aufgaben zum Schutz der Bevölkerung bei der Sanierung
    von Rüstungsaltlasten, Abfallwirtschaft in Forschung und Praxis.
[3] Supplement zum Amtsblatt der Europäischen Gemeinschaften, S. 41, 1. März 1995,
    S. 173.
[4] Landesamt für Umweltschutz und Gewerbeaufsicht Rheinland-Pfalz (Stand Mai 1995)
    Altablagerungen und Altstandorte, Merkblatt 02, Orientierungswerte.
[5] nach FoBiG, aktualisiert in „Gesamtgefährdungsabschätzung Rüstungsaltstandort Stadt-
    allendorf", Institut für Umwelt-Analyse GmbH, Gutachten für HIM vom 31.8.94.
[6] Vorversuche zur Sanierung des Rüstungsaltstandortes Hallschlag,–schm–TerraTech 6,
    Nov/Dez 1995, S. 31.

# Rüstungsaltlast Hallschlag -Teil II –
# Problemstellungen und Lösungsansätze zur
# Sicherung und Sanierung des Standorts

Frank Riesbeck, Peter Koehler

Seit März 1995 begleitet und berät die Humboldt-Universität zu Berlin das Ministerium des Innern und für Sport des Landes Rheinland-Pfalz im Rahmen eines Forschungs- und Entwicklungsvertrages zur Problematik der Rüstungsaltlast Hallschlag, wobei folgende Aufgabenstellungen zu realisieren sind.

a. Erfassung und Bewertung des Ist-Zustandes des Standorts Rüstungsaltlast Hallschlag/Landkreis Daun im Land Rheinland-Pfalz auf Grundlage der seit 1987 vorgenommenen Recherchen, Gutachten und Arbeiten;

b. auf Grundlage der vorhandenen Daten Durchführung einer Gefährdungsabschätzung im Rahmen der auftretenden Gefährdungspfade und Aufzeigen des Gefährdungspotentials;bei nicht ausreichender Datenlage, Erarbeiten von Empfehlungen zur weiteren Herangehensweise;

c. Recherche zum Stand der Wissenschaft hinsichtlich der Eingreifwerte zur Sanierung TNT-belasteter Böden, Erarbeiten von Empfehlungen für Sicherungs- und Sanierungszielwerte für den Standort Hallschlag in Abhängigkeit der auftretenden Kontaminationspfade und der Nachnutzung;

d. Einschätzung bzw. Bewertung der gegenwärtig durchgeführten und vorgeschlagenen praktischen Verfahren und Maßnahmen der Munitionsberäumung, Munitionsentsorgung, Sicherungs- und Sanierungsverfahren sowie, falls notwendig, Erarbeiten von praktikablen und kostengünstigen Lösungsvorschlägen für die weitere Verfahrensweise in Abhängigkeit der Gefährdungspfade.

Die Komplexität dieser unterschiedlichen Aufgabenstellungen erforderte ein interdisziplinäres Zusammenwirken verschiedener Fachleute.

Im Mittelpunkt der Aufgaben stand zunächst die Erarbeitung von zukünftigen Eingreifrichtwerten hinsichtlich des Schadstoffinventars und dessen toxikologischen Gefährdungspotentials in Abhängigkeit der potentiellen Gefährdungspfade für die Schutzgüter und der Nachnutzung. Da diese vorgeschlagenen Eingreifrichtwerte gegenwärtig in der Interministeriellen Arbeitsgruppe (IMA) noch zur Diskussion stehen, wird nicht weiter auf diese Problematik eingegangen.

Bei der Erarbeitung dieser Eingreifwerte stellte sich die Frage, mit welchem Schadstoffinventar und vor allen Dingen mit welcher vertikalen und horizontalen Verteilung diese Schadstoffe auftreten.

Belegt durch viele Untersuchungen wurde das Hauptkontaminationspotential ursprünglich in dem Auftreten von sprengstofftypischen Verbindungen gesehen, wobei erhöhte Gehalte an Schwermetallen und polyzyklische aromatische Kohlenwasserstoffe punktuell vorkommen können. Dementsprechend wurden im Rahmen der Demonstrationsversuche anfänglich der Schwerpunkt auf die Abreinigung der sprengstofftypischen Verbindungen gelegt.

Schon bei der Bereitstellung der ersten Bodenchargen und der von den Firmen durchgeführten Analytik für die Demonstrationsversuche zeigte sich die Gleichrangigkeit der Schwermetallproblematik am Standort.

Bedingt durch die Munitionsdelaborierungsarbeiten, das Sprengen von Granaten und die Explosion im Jahre 1920 ist in der Kernzone sowie an Sprengplätzen mit einem flächendeckenden Auftreten von Schwermetallen, insbesondere von Arsen und Blei, zu rechnen.

Einen Überblick über das relevante Schadstoffpotential am Standort Hallschlag gibt Tabelle 1.

**Tabelle 1.** Relevantes Schadstoffpotential am Standort Hallschlag

| | | | |
|---|---|---|---|
| 2-Nitrotoluen | 3-Nitrotoluen | 4-Nitrotoluen | |
| 2,4-Dinitrotoluen | 2,5-Dinitrotoluen | 2,6-Dinitrotoluen | 3,4-Dinitrotoluen |
| 2,3,4-Trinitrotoluen | 2,4,5-Trinitrotoluen | 2,4,6-Trinitrotoluen | |
| 1,2-Dinitrobenzen | 1,4-Dinitrobenzen | | |
| 2-Amino-4,6-Dinitotoluen | 4-Amino-2,6-Dinitrotoluen | 2,4,6-Trinitrophenol | 1-Amino-3-Nitrobenzen |
| Clark I | Triphenylarsin | PAK | |
| Arsen | Blei | Zink | andere Schwermetalle punktuell |

Das Auftreten der Kombination von sowohl organischen als auch anorganischen Schadstoffen bedingt auch die Anwendung kombinierter Bodenreinigungsverfahren, wie die Ergebnisse der Demonstrationsversuche am Standort belegen.

Ein weiteres Problem stellte die vergleichbare Analytik zur Kontrolle der Demonstrationsversuche dar. Um diese zu gewährleisten, beauftragte nach einer Ausschreibung die Bezirksregierung Trier das Analytische Zentrum Berlin-Adlershof (AZB) mit der Kontrollanalytik. Die Arbeit des AZB umfaßte u.a. auch die Beratung hinsichtlich der Analysenmethoden für den Nachweis des Reinigungserfolgs bei sprengstofftypischen Verbindungen.

Zur analytischen Bestimmung der sprengstofftypischen Verbindungen sind geeignete Probenvorbereitungsschritte mit verschiedenen Nachweisverfahren zu kombinieren.

Die günstigste Wiederfindungsrate ist durch Heißextraktion gefriertrockener Proben bei verschiedenen pH-Werten, wobei die Probe stets mit frischem Lösungsmittel zusammengeführt wird, zu erreichen. Bei Flüssigproben sind mehrfache Extraktionen mit verschiedenen Lösungsmitteln und bei verschiedenen pH-Werten erforderlich.

Nur für schnelle Übersichtsanalysen (Prozeßüberwachung) werden Extraktionen mit wassermischbaren Lösungsmitteln (Methanol, Azeton, Azetonitril) im Ultraschall praktiziert, die aber zu erheblichen Minderbefunden führen (Wiederfindung 2-70%).

Das Wissen über das potentielle Schadstoffinventar sagt noch nichts über dessen Verteilung auf der Fläche aus, und dementsprechend können Aussagen zum Gefährdungspotential für die jeweiligen Schutzgüter nicht vollständig getroffen werden.

Im Ergebnis der Auseinandersetzung mit den historischen Unterlagen, auf Grund der topographischen und klimatischen Lage des Standorts und des Vorhandenseins teilweise noch funktionierender Kanalisationssysteme aus der Zeit der Produktion wurde seitens der IMA beschlossen, die Untersuchung hinsichtlich kontaminierter Flächen auf Teile der B-Zone auszudehnen, mit der Zielstellung diese auszugrenzen, eine momentane Gefährdungsabschätzung vorzunehmen und, falls eine Gefährdung vorhanden ist, Maßnahmen zur Sicherung und Sanierung zu ergreifen.

Um die Ausgrenzung eventuell kontaminierter Flächen schneller, effektiver und kostengünstiger vornehmen zu können, wird momentan der vom Institut für chemische Technologie der Frauenhofer-Gesellschaft entwickelte TNT-Sensor für die Analytik von sprengstofftypischen Verbindungen in Hallschlag getestet. Die ersten Ergebnisse der Untersuchungen sind vielversprechend, gegenwärtig läuft noch die Kontrollanalytik im Labor des AZB zu den Ergebnissen.

Hinsichtlich des Gefährdungspfades Oberflächen- und oberflächennahes Grundwasser wird eine Kontrollüberwachung vorbereitet. Gleichzeitig erfolgt im Frühjahr dieses Jahres die Projektierung der Sicherungsmaßnahmen in Bezug zum Wasserpfad für die zukünftigen Arbeiten der Munitionsberäumung im hochgradig kontaminierten Gelände.

Bisherige Untersuchungen von Wasserproben bei den Munitionsberäumungsarbeiten im nicht bzw. nur punktuell kontaminierten Gelände zeigten keine Belastungen des Wassers. Im Laufe der letzten 80 Jahre scheint sich ein Gleichgewichtszustand zwischen Bodenmatrix und Schadstoffpotential hinsichtlich der Auswaschungsgefährdung eingestellt zu haben.

Welches Gefährdungspotential für den Wasserpfad bei Arbeiten im kontaminierten Bereich besteht, zeigen die ermittelten Eluatwerte von gestörten Proben, nach Entnahme bei der Munitionsberäumung (Tabelle 2).

**Tabelle 2.** Maximale an gestörten Originalproben gefundene Eluatgehalte

| Parameter | Konzentration (mg/l) | Zielwert oSW2 (mg/l) |
|---|---|---|
| Nitroaromaten | 69,8 | |
| As | 1,12 | 0,04 |
| Cd | 0,01 | 0,005 |
| Cr | < 0,05 | 0,05 |
| Pb | 1,02 | 0,04 |
| Cu | 0,5 | 0,1 |
| Hg | 0,1 | 0,001 |
| Ni | 0,09 | 0,04 |
| Zn | 0,8 | 0,5 |

Die Gesamtproblematik am Standort der Rüstungsaltlast Hallschlag sowie die Ergebnisse der Demonstrationsversuche zur Reinigung kontaminierter Böden machen deutlich, daß man nach dem Feststellen einer Gefährdung nicht mehr über die Gefahr philosophieren, sondern Anstrengungen unternehmen sollte, diese durch geeignete Sicherungs- und Sanierungsmaßnahmen zu minimieren bzw., wenn möglich, auszuschließen.

Bei allen Betrachtungen zu Bodensanierungen an Rüstungsaltlaststandorten, am Standort Hallschlag stellt das Hauptgefährdungspotential die anzutreffende Munition dar.

Mit der Beseitigung dieser Gefahr wurde 1991 begonnen, der Prozeß der Munitionsberäumung ist langwierig und bedingt bei Arbeiten im hochkontaminierten Bereich Zwischenlösungen hinsichtlich der Sicherung des Wasserpfades.

Die Gesamtsicherung und Sanierung des Geländes bedarf eines logistisch sinnvollen Zusammenspiels zwischen der Munitionsberäumung und -entsorgung, der vorläufigen Sicherung des Wasserpfades, der Bodenreinigung, des Rückbaus des gereinigten Materials, der Entsorgung von Reststoffen, der endgültigen Sicherung des Wasserpfades und der Rekultivierung und Begrünung der Fläche für die Nachfolgenutzung. Dieser Prozeß wird noch mehrere Jahre in Anspruch nehmen und bedarf einer ständigen Überwachungsanalytik.

Je sicherer die Bodenreinigungstechnologien die noch festzulegenden Sanierungszielwerte erreichen, desto geringer wird der zukünftige analytische Aufwand. Hinsichtlich der Kostenproblematik sind am Standort die gesamten Verfahrensschritte im Kontext zu betrachten.

# Entsorgung arsenorganischer Rüstungsaltlasten durch Kombination von Pyrolyse und thermisch-katalytischer Spaltung (TKS)

Walter Katzung, Hein Klare

## Ein alternatives Umwandlungsverfahren zur Entsorgung von Gefahrstoffen, besonders von arsenorganischen Kampfstoffen (AsKS)

Rüstungsaltlasten auf der Basis arsenorganischer Verbindungen (AsOV) beeinträchtigen noch über 50 Jahre seit Beendigung des II. Weltkrieges in vielfacher Weise unser Umweltbefinden und stellen nach wie vor eine nicht zu unterschätzende Gefahr, insbesondere hinsichtlich realer und/oder potentieller Kontaminationen des Grundwassers, dar. Erinnert sei in diesem Zusammenhang nur an die während und nach dem II. Weltkrieg erfolgten Vergrabungen auf dem Truppenübungsplatz Munster und die Versenkung AsKS-enthaltender chemischer Munition in den Detlinger Teichen. Arsenorganische Rüstungsaltlasten haben ihren Ursprung in der Produktion inkl. der unsachgemäßen Beseitigung der aus ihr resultierenden Abfälle arsenorganischer Kampfstoffe (AsKS) sowie aus der damals meist sehr unqualifiziert erfolgten Vernichtung der AsKS sowohl nach dem 1. als auch nach dem II. Weltkrieg, die, dem Verständnis der damaligen Zeit entsprechend, überwiegend durch Vergrabung oder Versenkung realisiert wurde.

AsKS sind chemisch Alkyl- bzw. Aryldichlorarsine (I) oder Diarylchlorarsine (II). Zu (I) gehört das in den USA und in der Sowjetunion ehemals bereitgestellte LEWIST (III) und das in Deutschland und Italien im sogenannten „Arsinöl" zu etwa 59% enthaltene Phenyldichlorarsin (IV):

| | | | |
|---|---|---|---|
| $R\text{–}AsCl_2$ | $(Ar)_2AsCl$ | $ClCH{=}CH\text{–}AsCl_2$ | $C_6H_5\text{–}AsCl_2$ |
| (I) | (II) | (III) | (IV) |

| | |
|---|---|
| $HN(C_6H_4)AsCl$ | $(C_6H_5)_2AsCl$ |
| (V) | (VI) |

Alle Chemiewaffen (CW) besitzenden Staaten verfügten im II. Weltkrieg über Adamsit (Phenarsazinchlorid, V), teilweise auch über CLARK I (Diphenyl-chlorarsin, VI), das in Deutschland zu etwa 35% Bestandteil des „Arsinöls" war oder allein verfüllt wurde. Dieser AsKS wurde deutscherseits bereits im I. Weltkrieg zusammen mit der analogen Cyanverbindung, dem CLARK II, angewandt.

Chemisch verhalten sich (I) und (II) unterschiedlich. Verbindungen vom Typ (I) hydrolisieren schneller als solche vom Typ (II), sind leichter mineralisier-, reduzier- und oxidierbar. Verbindungen vom Typ (I) sind im Boden mobiler als (II). Verbindungen vom Typ (II), besonders Adamsit (V), sind thermisch stabiler als solche vom Typ (I).

Länder, die noch über den hautschädigenden AsKS LEWISIT verfügen, müssen diesen nach Inkrafttreten der CW-Konvention vernichten. So verfügt u.a. noch Rußland über LEWISIT und LEWISIT-LOST-Gemische. Internationale und nationale Gremien empfehlen, mit den nicht unter die CW-Konvention fallenden reizerregenden AsKS, wie Adamsit und CLARK, ebenso zu verfahren. Solche Kampfstoffe finden sich, meist aus militärischen Altlasten des I. und/oder II. Weltkrieges stammend, in Belgien, Deutschland, Italien, Polen u.a. europäischen Ländern. Reizerregende AsKS sind oft auch Bestandteil sogenannter Aufruhrkontrollmittel, wie sie z.B. in den USA bereitgestellt und auch in Deutschland als Altlast vorgefunden wurden, z.B. in Form von durch die Alliierten in nicht unbeträchtlichen Mengen durch Verfüllen in Sprengtrichter „entsorgten" amerikanischen Reizstoffhandgranaten M6 (enthalten DM und CN).

Daneben existieren in verschiedenen Ländern einige größere Areale, die ehemals mit AsKS kontaminiert wurden und von denen heute potentielle Gefährdungen der Umwelt ausgehen. In Deutschland sind es wenigstens 5, in den USA wenigstens 10 und in Rußland mindestens 8. Dazu zählen die ehemaligen CW-Test- und Übungsplätze, Produktionsstätten, Verdichtungs- und Vernichtungsstätten für CW nach den beiden Weltkriegen, Erddeponien und nicht zuletzt einige Gefechtsfelder des I. Weltkrieges.

Das Problem der alternativen Umwandlung von AsKS besteht also nicht alleine in der Beseitigung der in Munition verfüllten oder anderweitig vorhandenen Kampfstoffe, sondern auch hinsichtlich ihrer z.T. ebenso toxischen Bei- und Folgeprodukte, die in Sanierungsrückständen, z.B. nach Bodenwäschen, anfallen.

Eine umweltgerechte und von der Öffentlichkeit gebilligte Beseitigung militärisch relevanter arsenorganischer Verbindungen (AsOV) erfordert Umwandlungstechnologien mit vollständigen quantitativen Umsetzungen. Ursprünglich praktizierte Beseitigungsmethoden, bevorzugt die Versenkung ins Meer, das Anlegen von Erd- und Untertagedeponien, sind keine Praxis mehr. Diese Methoden trugen nicht dazu bei, daß die ehemals als chemische Kampfmittel produzierten und militärisch bereitgestellten Stoffe „entmilitarisiert" wurden. Durch diese Art der Beseitigung entstanden im Meer und auf dem Lande Bereiche, deren Umweltgefährdungen generell anerkannt werden. Wenigstens 80% der deutschen Produktion von arsenorganischen Kampfstoffen (AsKS) wurden 1946/47 durch die alliierten Besatzungstruppen in der Nord- und Ostsee versenkt.

Die bisher in Deutschland praktizierte Verfahrensweise, die AsKS über die Hochtemperaturverbrennung, also mittels eines oxidativen Verfahrens, zu entsorgen, ist begrenzt. In anderen Ländern, so auch in Rußland, wird die direkte Verbrennung als hinsichtlich Arsen schwer zu beherrschendes oxidatives Entsorgungsverfahren abgelehnt.

Neben anderen Alternativen werden Verfahren in die engere Wahl gezogen, bei denen die Umwandlung mit einer Rückgewinnung des Arsens als Wertstoff verbunden ist (TerraTech 6/1994, 12). Das so gewonnene Arsen ist umweltschonend und wirtschaftlich zugänglicher als das herkömmlich aus sulfidischen Erzen über Röstprozesse gewonnene. Zudem existiert ein Markt für Arsen. Die USA verbrauchen gegenwärtig etwa 37 000 Jahrestonnen bei einer Eigenproduktion von ca. 18 000 Jahrestonnen, von denen ca. 68% für Holzschutzmittel, etwa 23% in der Landwirtschaft (Herbizide und Desikkanzien, ca. 4% in der Glasindustrie, ca. 3% für Legierungen und etwa 2% für andere Produkte inkl. in der Elektronikbranche für die Herstellung von Halbleitermaterialien Verwendung finden (Silverplatter 1995 ).

## Herkömmliche oxidative Entsorgung (Hochtemperaturverbrennung)

In Deutschland werden die aus Altlasten stammenden Kampfstoffe in der Verbrennungsanlage nahe Munster beseitigt. Diese Anlage ist für das hohe Aufkommen an AsKS nicht ausgelegt. Eine geplante zweite Anlage mit einem Plasmaofen (TerraTech 4/1994, 38; 1/1995, 12) soll dem gerecht werden. Eine Arsenrückgewinnung ist nicht beabsichtigt. Die durch die Schmelze nicht aufgenommenen und aus dem Reaktor flüchtigen Arsenprodukte werden im Anschluß an die (oxidative) Nachverbrennung bei der Rauchgaswäsche entfernt. Nach Klein et al. weisen die in einem mit Drehstrom betriebenen Plasmareaktor bei der thermischen Behandlung von Filterstäuben erhaltenen Schlacken im Vergleich zu anderen Metallen in der Relation weniger Quecksilber oder Arsen auf. So fanden sich von eingangs < 1 g As/kg Staub in der Schlacke in einem Fall nur 0,0006 g As/kg, in einem anderen nur 0,026 g As/kg wieder gegenüber Zink mit 21 bzw. 18,6 von eingangs 24 g/kg Schlacke oder Nickel mit 0,2 bzw. 0,144 von eingangs 0,9 g/kg Schlacke.

## Alternative reduktive Entsorgung mittels Pyrolyse und TKS

Das von uns entwickelte innovative chemisch-physikalische Verfahren beruht auf der thermisch-katalytischen Spaltung (TKS), die optional mit einer thermischen (Pyrolyse) oder hydrothermalen Vorbehandlung gekoppelt werden kann. Das Verfahren gestattet die gezielte Entsorgung arsenorganischer und anderer gefährlicher Kampf- und Schadstoffe, die zumeist organische Heteroverbindungen darstellen. Für die Untersuchung der Reaktionsabläufe und die Ermittlung der wesentlichen Parameter für die Auslegung der Anlagen und die Prozeßführung haben wir mit dem nicht mehr unter die CW-Konvention fallenden ehermaligen AsKS Phenarsazinchlorid (Adamsit, DM) gearbeitet. Diese AsOV ist von den in Frage kommenden militärisch relevanten Verbindungen die beständigste und aus diesem Grunde bisher auch kaum vernichtet, sondern nach Bergung meist nur eingelagert. Eine Umsetzung dieser Verbindung mit der Kombination aus Pyrolyse und TKS ist Gewähr für die analoge Umsetzung der chemisch nicht so stabilen anderen As-organischen Rüstungsaltlasten. Eine Übersicht zum Verfahren am Beispiel des Gefahrstoffs Phenarsazinchlorid (Adamsit, DM) beinhaltet Abb. 1.

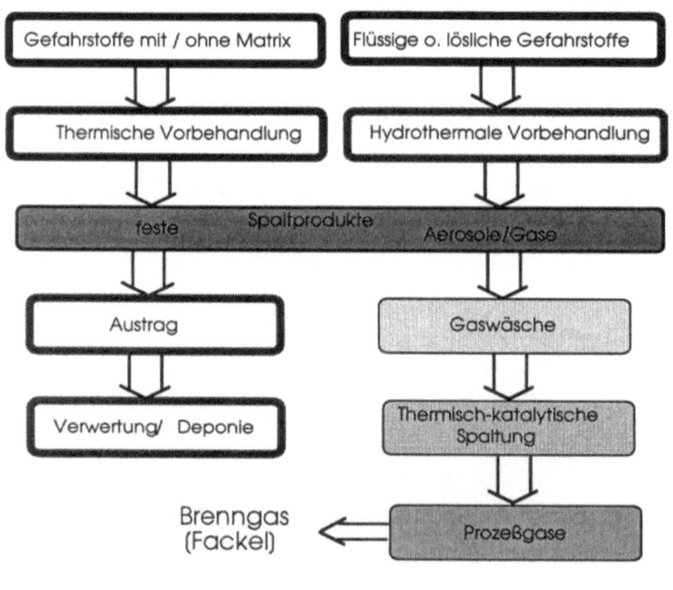


**Abb. 1.** Schema der Entsorgung von Gefahrstoffen durch Kombination von Pyrolyse und TKS am Beispiel des Phenarsazinchlorid (Adamsit, DM)

Das Verfahren besteht im wesentlichen aus drei Verfahrensschritten:

1. thermische Vorbehandlung (Pyrolyse),
2. Gaswäsche (Extraktion),
3. thermisch-katalytische Spaltung,

Das Verfahren unterscheidet sich von anderen darin, daß es sehr flexibel ist, geringere zu handelnde Gasvolumina liefert, die Rückgewinnung von Endprodukten ermöglicht (so z.B. des Arsens der AsKS), einen geringeren Energiebedarf hat und ein verwendbares Brenngas liefern kann. Es besitzt selbst im kleinen Maßstab eine ausreichende Kapazität für eine kontinuierliche Umwandlung von Kampf- und anderen Gefahrstoffen. Die TKS eignet sich auch als Vorlaufanlage zur Einspeisung ihrer Reaktionsprodukte in andere Verfahren wie auch als Folgeanlage zur Umwandlung nichtverwendbarer Nebenprodukte anderer Verfahren. Sie kann sowohl als mobile, als Klein- oder auch als stationäre Großanlage vor Ort arbeiten bzw. in einem Betrieb bisher unzulänglich entsorgte Abfälle beseitigen oder in ein anderes chemisches Entsorgungsverfahren integriert sein.

Das *Arbeitsprinzip* des zum Patent angemeldeten Verfahrens ist in den Abbildungen 2 und 3 für den Reizstoff Adamsit (Phenarsazinchlorid, DM) inkl. NC-haltiger Schwelgemische dargestellt:

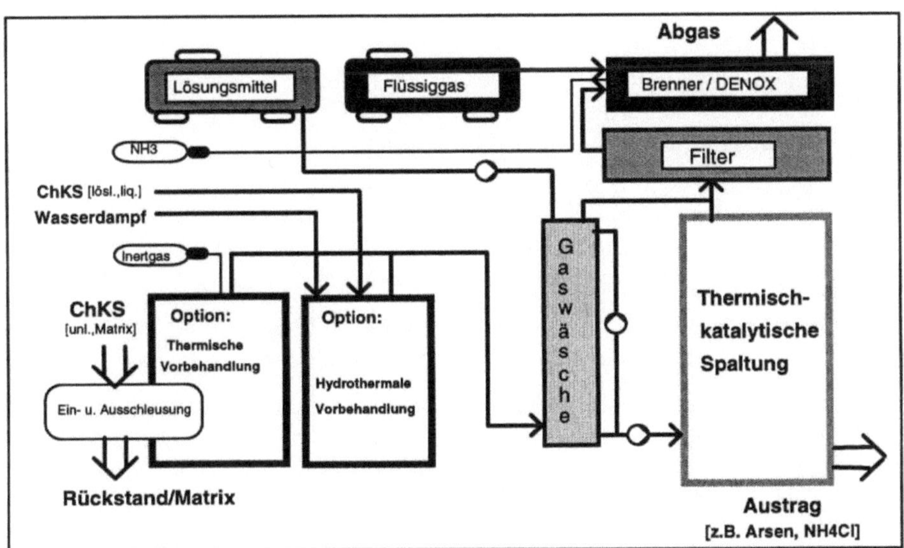


**Abb. 2.** Thermisch-katalytische Zerstörung von chemischen Kampfstoffen (ChKS)

Aus dem bei der unter Inertgas ($CO_2$, $N_2$) verlaufenden *thermischen Vorbehandlung* entstehendem Pyrolysegas werden die organischen Bestandteile extraktiv ausgewaschen (Gaswäsche, z.B. mit MeOH).

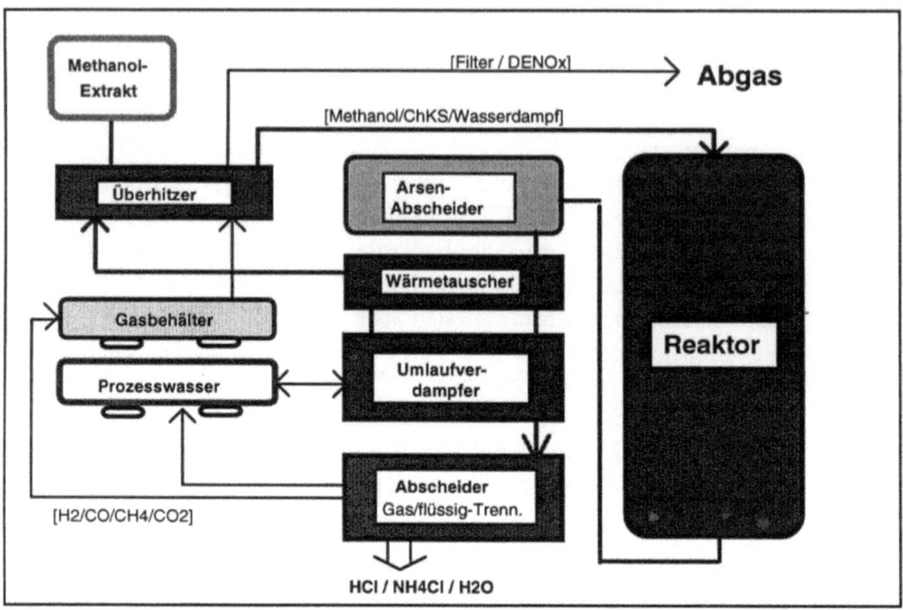


**Abb. 3.** Schema eines TKS-Moduls am Beispiel der Entsorgung von Phenarsazinchlorid (Adamsit, DM)

Das mit den extrahierten Pyrolyseprodukten beladene Lösungsmittel wird bei einem bestimmten Anreicherungsgrad aus dem Kreislauf entnommen und der thermisch-katalytischen Spaltung (TKS) zugeführt.

Bei labor- und kleintechnischen Versuchen mit technischem Phenarsazinchlorid (Adamsit, DM), das in dieser Form als Rüstungsaltlast vorkommt, wurden im Methanol der Gaswäsche mittels HPLC nachgewiesen (in $\mu$g/ml):

Adamsit 3,38; Diphenylamin 49,55; Carbazol 21,29 sowie
Benzen, Toluen, Phenanthren und 9,10-Dihydroanthracen in Spuren.

Das bei der thermischen Vorbehandlung von Adamsit nach der Gaswäsche erhaltene Gasgemisch (mit $N_2$ als Inertgas), das dann nach Passieren eines Sicherheitsfilters der Nachverbrennung zugeführt wird, hatte eine durchschnittliche Zusammensetzung (in Vol.-%) von:

$H_2$ 5-10; $O_2$ 0,6-1,4; CO 2-3; $CO_2$ 8-10; $CH_4$ 0,04-0,3; $N_2$ 60-80
sowie Spuren von $C_2$-$C_4$ und Benzen.

In sauerstoffhaltigen organischen Lösungsmitteln (z.B. Alkohole, Ketone) gut lösliche feste oder flüssige organische Gefahrstoffe lassen sich als Lösungen direkt der TKS zuführen.

Die *thermisch-katalytische Spaltung (TKS)* ist der die vollständige Umsetzung des Gefahrstoffs bestimmende Verfahrensschritt. Die Umsetzung erfolgt im Gemisch mit Kohlenwasserstoffen und Wasserdampf an einem basischen Katalysator vom Typ TZ 70 (uve/ITCU, patentiert.). Dabei entstehen letztlich stabile gasförmige Endprodukte wie Wasserstoff, Methan, Kohlenmonoxid und Kohlendioxid, die keiner weiteren Umsetzung mehr unterliegen und als Brenngase eingesetzt werden können bzw. abgefackelt werden, wobei Kohlendioxid und Wasser entstehen.

Die TKS übernimmt analog zu den oxidativen Verfahren die Funktion der Nachverbrennung, *aber als hydrierendes Nachverfahren und ohne Bildung gasförmiger Nichtkohlenstoffoxide.* So entsteht bei der TKS einer methanolischen Adamsitlösung bzw. des methanolischen Gaswaschextraktes der Adamsit-Pyrolyse ein Reaktionsgas mit der durchschnittlichen Zusammensetzung (in Vol.-%):

$H_2$ 40-70, CO 8-11, $CO_2$ 8-17, $CH_4$ 0,6-5

sowie Spuren von Ethan, Ethen, Propan und Propen.

Das verwendete *Reaktionsprinzip* basiert im wesentlich auf zwei Reaktionen, die hinsichtlich Qualität und Quantität über die Art des eingesetzten Katalysators und die Wahl der Reaktionsbedingungen beeinflußbar sind und somit stoffspezifische Optimierungen gestatten:

1. **Wassergasreaktion**
   Erzeugung von Wasserstoff

$$-CH_2 + x\ H_2O \rightarrow 2\ H_2 + CO/CO_2$$

$$-C + 2\ H_2O \rightarrow 2\ H_2 + CO_2$$

2. **Spaltungsreaktion**
   hydrierende bzw. hydrospaltende Wirkung des Wasserstoffs auf die abzubauenden Schadstoffe
   $\rightarrow$ Spaltung von

C–C–, C–H–, C–O–, C–N–, C–S–, C–As–, C–P– und C–Hal-Bindungen
   $\rightarrow$ Bildung der Hydride

$H_2O$, $H_2S$, $NH_3$, H–Hal sowie Wasserstoff

Die TKS läuft, abhängig von den zu entsorgenden Gefahrstoffen, bei etwa 700-800°C ab. Die an sich mögliche Bildung von Arsenwasserstoff (Arsin, $AsH_3$) erfolgt nicht, da die Reaktionstemperaturen über der Stabilitätsgrenze liegen. Das sich hingegen bildende metallische Arsen wird mit dem Gasstrom aus dem Reaktor ausgetragen und unterhalb seines Sublimationspunktes (613 °C) in einem speziellen Arsenabscheider aufgefangen. Es kann, wie auch der Rückstand aus der thermischen Vorbehandlung, der bis zu 20% Arsen enthält, einer Verhüttung oder anderen Aufarbeitung zugeführt werden. Das bei der TKS von Adamsit aus Ammoniak (vom Amin-Stickstoff) und Chlor im Reaktor entstehende NH$_4$Cl reichert sich im Prozeßwasser an und kann ausgetragen werden.

Die Prozeßkontrolle erfolgt on- und off-line mittels Gaschromatographie, Gasspürröhrchen, HPLC und Stripping-Potentiometrie (für Arsen).

Es können feste und flüssige Stoffe verarbeitet werden und, nach Zusatz eines Moderators, auch Nitrozellulosen (NC) und NC-haltige Gemische wie z.B. Schwelkörper von Reizstoffhandgranaten.

Beim Einsatz unseres Moderators entstehen beim Abbau von Nitrozellulosen keine nitrosen Gase, sondern Ammoniak. Bei der Entsorgung von Nitrozellulosen und anderen Gefahr- und Schadstoffen eventuell entstehende nitrose Gase werden mit einer üblichen DENOx-Anlage in Stickstoff umgewandelt und mit den Abgasen entsorgt.

Eine Kombination aus Schwebstoff- und A-Kohlefilter sowie die Nachverbrennung der Abgase inkl. der DENOx-Stufe dienen gleichzeitig als Sicherheitsreserve bei eventuellen Gasdurchbrüchen oder Havarien in der Extraktion (Gaswäsche). Mobile Anlagen können hermetisiert ausgelegt werden.


## Zusammenfassung

Das von uns entwickelte und vorgestellte reduktiv arbeitende Verfahren besteht im wesentlichen aus drei Verfahrensschritten:

1. thermische Vorbehandlung (Pyrolyse),
2. Gaswäsche (Extraktion),
3. thermisch-katalytische Spaltung.

Es ermöglicht die handhabungs- und umweltsichere Aufarbeitung bzw. Vernichtung flüssiger und fester sowie an eine Matrix gebundener arsenorganischer Verbindungen und anderer militärisch relevanter chemischer Altlasten inkl. Nitrozellulose (NC) sowie von strukturell ähnlichen nichtmilitärischen Schadstoffen wie Pestizide und Zwischen- bzw. Abprodukte der chemischen Industrie und von kontaminierten Böden, Konzentraten aus Bodenwaschanlagen, Munitions- und Behältnisteilen etc.

Die thermisch-katalytische Spaltung (TKS) läuft, abhängig von den zu entsorgenden Gefahrstoffen, bei Temperaturen > 700°C ab. Die an sich mögliche Bildung von Arsenwasserstoff erfolgt nicht, da die Reaktionstemperaturen über der Stabilitätsgrenze liegen. Das sich bildende metallische Arsen wird aus dem Reaktor ausgetragen und in einem speziellen Arsenabscheider aufgefangen. Es kann, wie auch der Rückstand aus der thermischen Vorbehandlung, der bis zu 20% Arsen enthält, einer Verhüttung oder anderen Aufarbeitung zugeführt werden.

Der patentierte basische Katalysator (uve/ITCU) bewirkt bei den angegebenen Temperaturen eine beschleunigte Wassergas-Shift-Reaktion gemäß

$$-CH_2 + HOH \rightarrow 2\,H_2 + CO/CO_2$$

$$-C- + 2\,HOH \rightarrow CO_2 + H_2$$

Der gebildete Wasserstoff greift hydrierend bzw. hydrospaltend in die Reaktion ein. Das führt zu hydrierten bzw. partiell hydrierten Endprodukten wie $NH_3$, HCl, $H_2S$ anstelle $NO_x$ und $SO_2$. Die reduktive Atmosphäre schließt eine Rekombination beispielsweise zu Dioxinen, wie dies in der Abkühlungsphase von Verbrennungsgasen möglich ist und beobachtet wird, aus.

Die parallel verlaufenden Spaltungen anderer Bindungen wie C–C–, C–H–, C–O–, C–N, C–Hal, C–S-, und C–As– in Kohlenwasserstoffe und die zutreffenden Hydrierprodukte, lassen sich mit der Wassergasreaktion über die Zusammensetzung des Katalysators und die Wahl der Reaktionsbedingungen beeinflussen. Dadurch kann eine gegenwärtig noch nicht übersehbare große Palette organischer Gefahrstoffe, einschließlich polyzyklischer aromatischer Kohlenwasserstoffe (PAK), zu stabilen und als Brenngas verwendbaren Endprodukten umgewandelt werden.

Das Verfahren ist damit speziell für die Beseitigung von Rüstungsaltlasten anwendbar, da es neben den As-organischen Kampfstoffen auch für die Entsorgung halogen-, schwefel-, stickstoff- und phosphorhaltiger Kampfstoffe, ihrer Bei- und Zersetzungsprodukte sowie Gemische, inkl. solche mit Nitrozellulosen (NC), geeignet ist.

Die Entsorgung der Gefahrstoffe erfolgt dabei

*ohne Verbrennung* mit der Gefahr der Entstehung von Dioxinen und Furanen,
*mittels Mobilanlagen direkt vor Ort* und damit ohne lange Transportwege,
mit der Gefahr von Unfällen/Havarien,
*ohne* daß *sonderabfallpflichtige*, nicht weiter verwendbare *Abprodukte* anfallen.


## Literatur

Franke S, Koehler KF, Zaddach H (1994) Chemie der Kampfstoffe, Teil I, 493 S., Gesellschaft für Kampfmittelbeseitigung Dr. Koehler mbH, Munster und Burg.
Franke S, Katzung W, Klare H (1995) Thermisch-katalytische Spaltung, TerraTech (Mainz) 43, S. 30-33.
Klein H, Teschlock K, Hoffmann A (1991) Hochtemperaturbehandlung von toxischen Flug- und Filterstäuben, Abfallwirtschaftsjournal 3/12: 835-840.
Nowak S, Klare H (1995) Vollständige Vergasung, Umwelt Magazin 24/3: 54-55.
Silverplatter, Datenbank HSDB, Update Oktober 1995.

# Sanierungsuntersuchung, Durchführbarkeitsstudie und Sanierungsplanung für die Munitionsfabrik der U.S. Army in Milan

Nora M. Okusu, Randall J. Cerar, Hans-Ulrich Kerpen

## Einleitung

Die Munitionsfabrik der U.S. Army in Milan (MAAP – *Milan Army Ammunition Plant*) befindet sich in West-Tennessee, fünf Meilen östlich von Milan, Tennessee, und 100 Meilen nordöstlich von Memphis, Tennessee (Abb. 1). Die MAAP ist im Besitz der U.S.-Regierung und wird von der Lockheed Martin Corporation als Vertragsunternehmen betrieben. Die Munitionsfabrik wurde 1941 errichtet. Es werden dort Raketen, Zünder und Munition für Klein- und Großkaliber produziert und gelagert. Derzeit umfaßt die Anlage eine Fläche von über 9000 ha und ist weiterhin als Munitionsfabrik in Betrieb (Abb. 2).

Aufgrund der hohen Gehalte an Sprengstoffen, die im Boden und im Grundwasser gefunden wurden, sowie aufgrund der Nähe zu einem Trinkwassergewinnungsgebiet ist die MAAP der Standort mit dem gravierendsten Umweltproblemen der U.S. Army. Die Umweltstudien und umwelttechnischen Maßnahmen, die seitens des Umweltinstitutes der U.S. Army (AEC) und des Ingenieurkorps der U.S. Army, Distrikt von Savannah, im Bereich der MAAP vorgenommen wurden, erforderten deshalb die strikte Einhaltung der geltenden Gesetze und Regelungen, insbesondere des „*Comprehensive Environmental Response, Compensation, and Liability Act*" (Umfassendes Gesetz zu Umweltgefährdungen, Ausgleich und Verantwortlichkeiten) von 1980 in seiner ergänzten Fassung sowie *dem National Oil and Hazardous Substances Pollution Contingency Plan* (Nationaler Notfallplan über Verschmutzung durch Öl und schädliche Substanzen) (40 CFR, Abschnitt 300). Zusätzlich hat die MAAP mit dem U.S. Bundesamt für Umweltschutz und dem Bundesstaat Tennessee ein Abkommen (*Federal Facility Agreement*) unterzeichnet, wonach alle Umweltschutzmaßnahmen mit den zuständigen Behörden abgesprochen werden und deren Zustimmung erhalten müssen. Die genannten Regelungen und Abkommen legen die genauen Anforderungen, Vorgehensweisen und Termine für die umwelttechnischen Arbeiten fest.

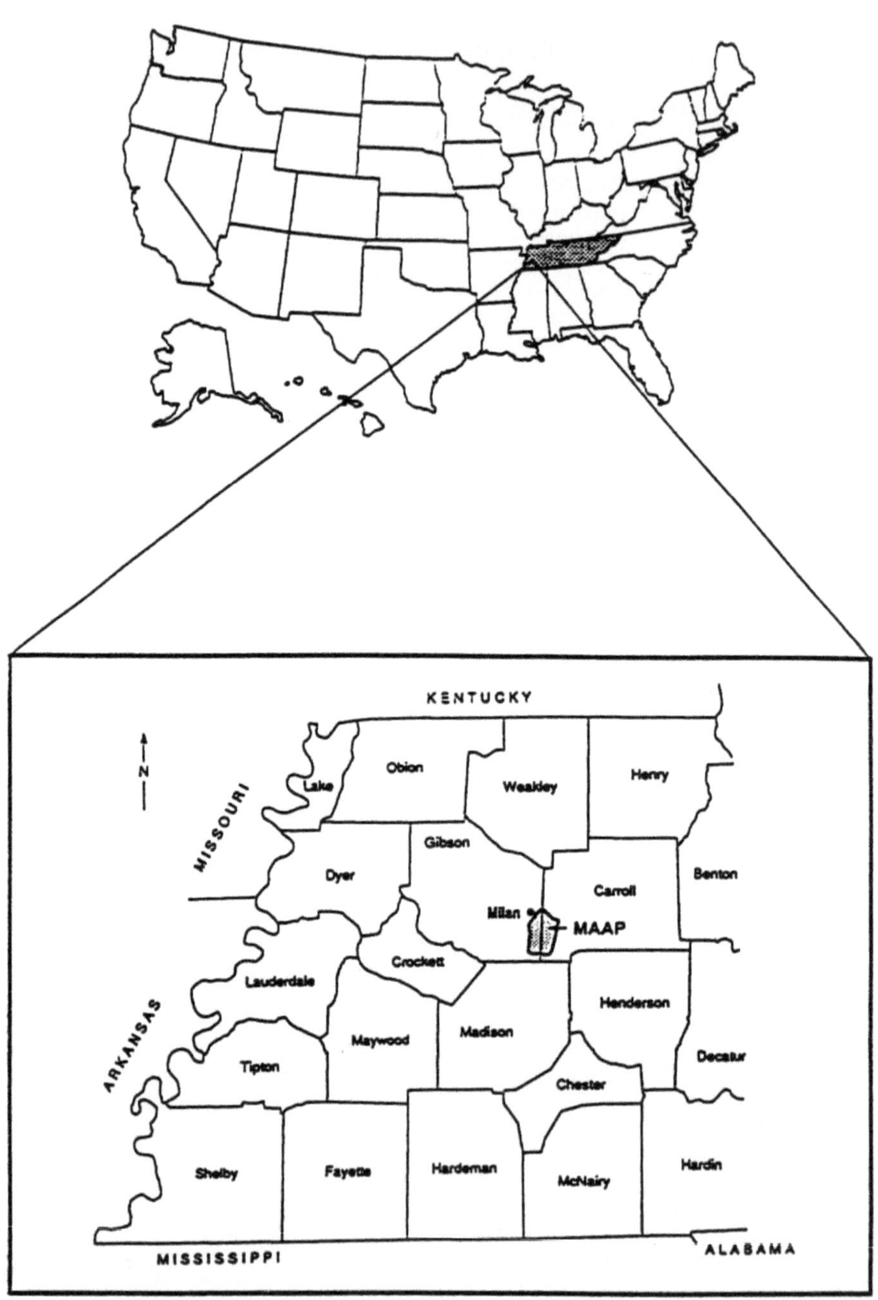



**Abb. 1.** Lage der MAAP in West-Tennessee

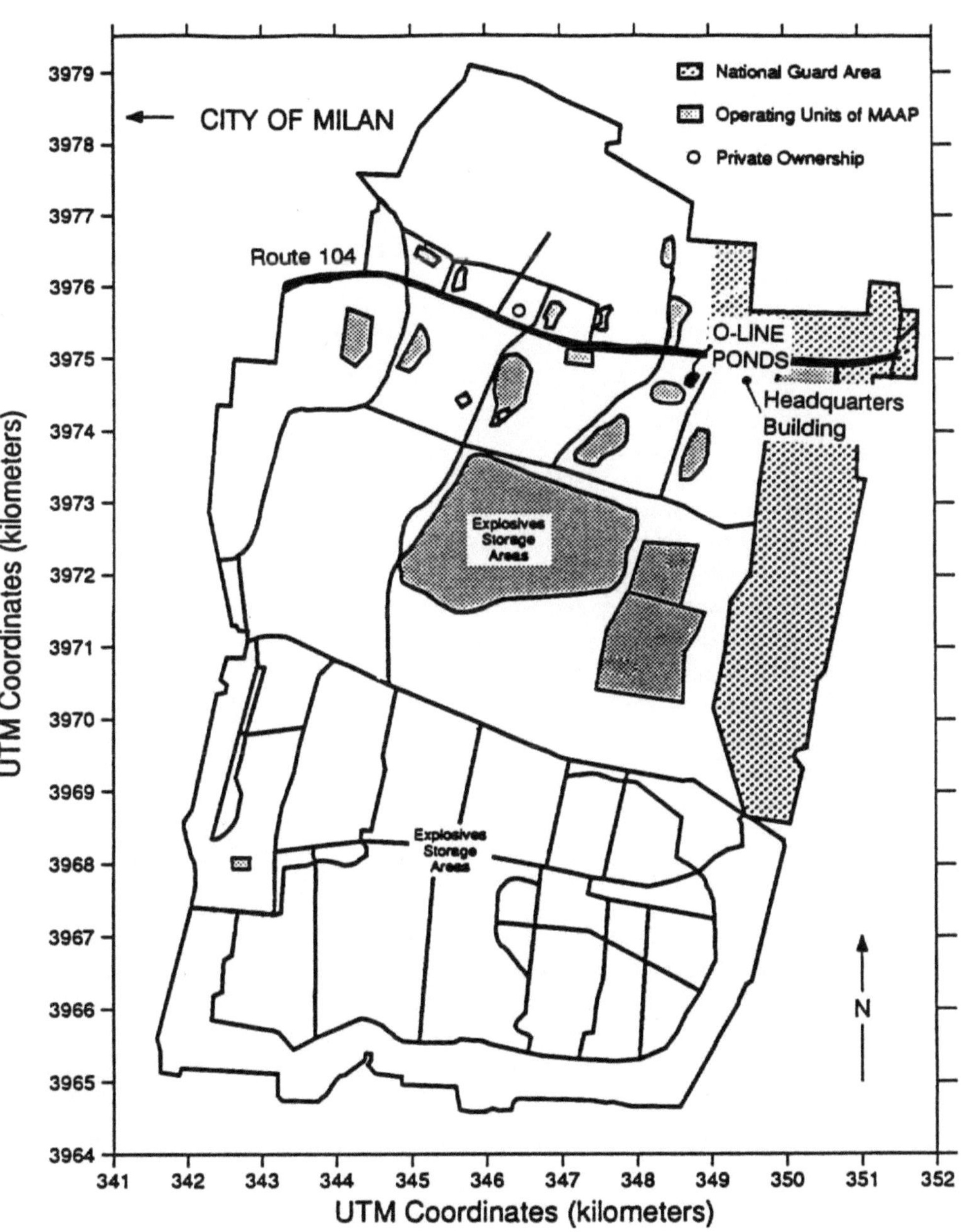


**Abb. 2.** Lage der O-Line Ponds auf dem Gelände der MAAP in Milan

Die Umweltprobleme der MAAP wurden zum großen Teil durch die frühere Vorgehensweise der Abwasserbehandlung verursacht. In der Vergangenheit wurden die Betriebsabwässer aus den Produktionsbereichen in Absetzgruben aus Beton oder in nicht ausgekleidete Teiche abgelassen, wo sich die Sprengstoffe am Boden absetzten. Von hier floß das Abwasser in die vielen nicht ausgekleideten Wassergräben, die das Gelände durchziehen. Die Gräben führen in den Rutherford Fork, einen Nebenfluß des Obion River, der schließlich in den Mississippi mündet. Inzwischen behandelt die MAAP alles bei den Produktionsprozessen anfallende und mit Sprengstoffen belastete Abwasser in einer Kläranlage mit sechs Klärbecken. (PWTFs – *Pink Water Treatment Facilities*).

Ein Hauptschadensgebiet ist das „O-Line-Ponds-Areal". Die Teiche (Ponds) in diesem Gebiet wurden von 1941-1978 mit sprengstoffbelasteten Abwässern aus der sog. O-Line gespeist. Während dieser Zeit wurden an der O-Line mehrere tausend Tonnen explosiver Stoffe, in der Hauptsache 2,4,6-Trinitrotuluol (2,4,6-TNT) und RDX, mit Heißwasser aus Patronen ausgewaschen. Das verunreinigte Wasser floß in eine Reihe nichtbefestigter Absetzteiche, die als die „O-Line Ponds" bezeichnet werden und die ein Gebiet mit einer Gesamtfläche von 21 000 m$^2$ umfassen. 1984 wurden die zuvor entwässerten Teiche mit einer mehrschichtigen schwerdurchlässigen Abdeckschicht versehen, um die weitere Wasserinfiltration in den Boden unter den Teichsohlen zu reduzieren.

ICF Kaiser Engineers, Inc. (ICF KE) führte im Auftrag der AEC von 1990-1991 eine Sanierungsuntersuchung auf dem gesamten Standort der MAAP durch [1]. Nach Abschluß dieser Studie lagen genügend Informationen über das O-Line-Ponds-Areal vor, um für dieses Gebiet eine detaillierte Durchführbarkeitsstudie gemäß den Anforderungen des *CERCLA (U.S.-Superfund-Gesetz)* erarbeiten zu können. Die Ergebnisse der Sanierungsuntersuchung ermöglichten es der Army weiterhin, die übrigen Areale nach Dringlichkeit zu gliedern.

Um die Grundwassersanierung im Hauptschadensgebiet des O-Line-Ponds-Areal zu beschleunigen, wurde das Gebiet in zwei Arbeitseinheiten (OU: operable unit ) unterteilt: OU 1 bezieht sich auf das verunreinigte Grundwasser im Bereich der O-Line Ponds sowie abströmig von diesem Gebiet; OU 2 bezieht sich auf den verunreinigten Boden, die Teichsedimente und die Oberflächengewässer. Diese Unterteilung erlaubte der Army, mit der Grundwasserreinigung zu beginnen, bevor die Sanierungsziele hinsichtlich der Bodenbelastung und der Oberflächengewässer abgestimmt und entsprechende Sanierungsstrategien erarbeitet waren.

In der vorliegenden Darstellung werden kurz der Umfang und die Ergebnisse der Feldstudien sowie die Ergebnisse der geländeweiten Risikoanalyse aufgeführt. Der weitere Teil der Darstellung wird sich mit den Zusatzstudien und den für das Hauptschadensgebiet OU 1 bereits durchgeführten Sanierungsmaßnahmen beschäftigen.

# Umfang der Sanierungsuntersuchung

Das Ziel der Sanierungsuntersuchung war es,

- das Ausmaß der Verunreinigung in den im Rahmen früherer Untersuchungen identifizierten bzw. verdächtigten Hauptbelastungsareale festzustellen,
- zusätzliche Informationen über die geologischen und hydrogeologischen Standortbedingungen zu gewinnen,
- die Transportprozesse der Kontaminanten im Grundwasser sowie die Kontaminationsfahnen zu beschreiben sowie
- die hydrologischen Charakteristika der lokalen Oberflächenwässer zu bestimmen.

Zusätzlich wurde eine Risikountersuchung durchgeführt, um die Belastungswege zu identifizieren und die Belastungskonzentration abzuschätzen. Dabei wurden aufbauend auf empirischen Daten Computermodelle eingesetzt, um das Risikopotential für Mensch und Umwelt abzuschätzen.

Im Rahmen der *Sanierungsuntersuchung* wurden u.a. Grundwassermeßstellen eingerichtet und Grundwasserproben entnommen. Zur Bestimmung der vertikalen Ausdehnung der Verunreinigungen wurden tiefenorientierte Bodenproben entnommen. Um das Transportpotential des verunreinigten Materials vom Gelände weg sowie dessen Einfluß auf das Wasserleben zu untersuchen, wurden Wasser- und Sedimentproben aus den Oberflächengewässern (u.a. Draingräben und natürliche Bachläufe) genommen. Weiterhin wurden an den eingerichteten Grundwassermeßstellen mehrere Pumpversuche zur Bestimmung der Aquiferkenndaten durchgeführt sowie sechs Meßstellen für das Oberflächenwasser installiert, um Werte für den Abfluß und die Versickerung zu bestimmen. Außerdem wurden Toxizitätsuntersuchungen an Proben aus den Sedimenten, vom Oberflächenwasser und an Bodenproben durchgeführt.

## Ergebnisse der Sanierungsuntersuchung

Die vorhandenen Informationen über die Geologie und Hydrologie des Geländes wurden durch die Auswertung physikalischer Daten vervollständigt. Untersuchungen der Grundwasserstände, Aquiferkenndaten und die Bestimmungen der Abflußraten der Oberflächengewässer führten zu einem Modell der lokalen Grund- und Oberflächenwasserinteraktion und der Art und Weise des Transportes der Kontaminationen. Die Essenz des Modells ist, daß auf dem Gelände das Oberflächenwasser im wesentlichen als Ergebnis von Niederschlägen und des Abflusses der Kläranlage auftritt. Ein großer Teil des Oberflächenwassers fließt ins Grundwasser, welches sich relativ langsam in nord-nordwestliche Richtung bewegt.

## Physiographie und Topographie des Geländes

Die MAAP liegt inmitten der östlichen Flanke des oberen Mississippi-Mündungs-gebiets in der Golf Coastal Plain [2]. Seit der Kreidezeit wurden Sedimente des Mississippi in diesem Becken abgelagert. Außerdem ist das Becken durch die Transgression und Regression des des Meeres geprägt.

Die Topographie des Geländes und seiner Umgebung ist flach bis sanft hügelig. Die Erhebungen bewegen sich zwischen einer Höhe von etwa 180 m über dem Meeresspiegel auf der Südseite und nur etwa 97 m über NN im nördlichen Gebiet. Zahlreiche Oberflächengewässer durchziehen den Standort, die zum Teil ganzjäh-rig, zum Teil nur periodisch Wasser führen (Abb. 3). Die größten sind der Ruther-ford Fork, ein Seitenarm des Obion River und des Wolf Creek. Im nördlichen Teil des Geländes fließen Drainagegräben von Süden nach Norden und werden aus dem Oberflächenabfluß und den Abwässern aus den MAAP-Kläranlage gespeist. Der Rutherford-Seitenarm fließt von Ost nach West und wird von den größten Drainagegräben gespeist.

## Geologie des Geländes

Das Liegende des Untersuchungsgebietes wird von tertiären Schichten (Memphis-Sande) der sog. Claiborne-Gruppe gebildet (Abb. 3). Die Claiborne-Gruppe ist der Hauptgrundwasserspeicher von West-Tennessee. Der Memphis-Sand ist eine mächtige Schicht terrestrischen Sandes mit eingeschalteten Schluff- und Tonlin-sen. Die Korngrößen der Memphis-Sandsedimente bewegen sich zwischen Fein- und Grobsand.

Die Dicke der Memphis-Sandschicht variiert von fast 0-275 m. In einigen Berei-chen fällt die Basis der Schicht leicht ein (um 5-10 m/km) [3]. Auf dem Gelände der MAAP wird die Mächtigkeit der Memphis-Sandschicht auf 65 m im östlichen und 110 m im westlichen Bereich geschätzt.

Im Areal der MAAP wird der Memphis-Sand von der *Flour-Island-Formation* der Wilcox-Gruppe unterlagert [3]. Diese Schicht wurde in einem der Bohrlöcher im Bereich der nördlichen Grenze in einer Tiefe von 75 m erreicht. Die Formation besteht hier aus einem steifen, hellgrauen Ton von geringer Formbarkeit.

Der Memphis-Sand ist mit Schwemmsand überlagert, dessen Mächtigkeit auf dem gesamten Gelände zwischen 3 und 6 m variiert. Die Drainagegräben und bzw. Bachläufe haben sich vielfach durch den geringdurchlässigen Schwemmsand ge-schnitten und sind somit in die gut durchlässige wasserführende Schicht des Mem-phis-Sandes eingedrungen.

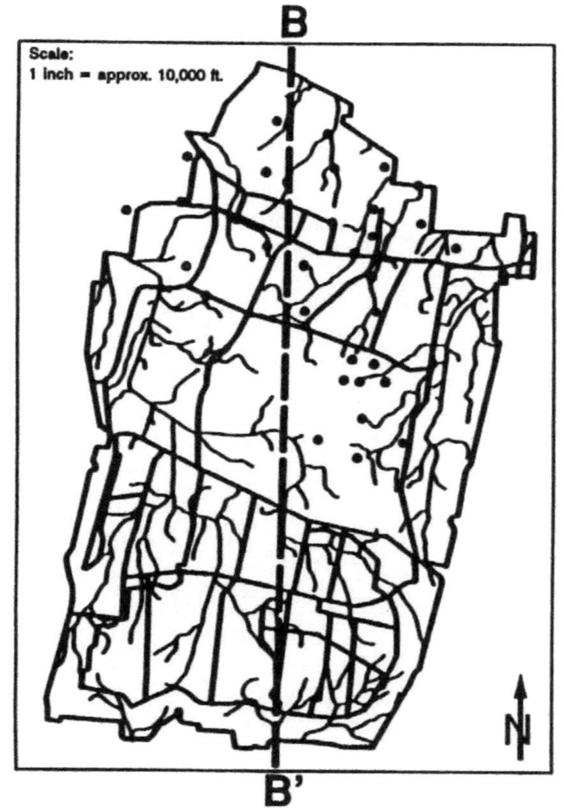


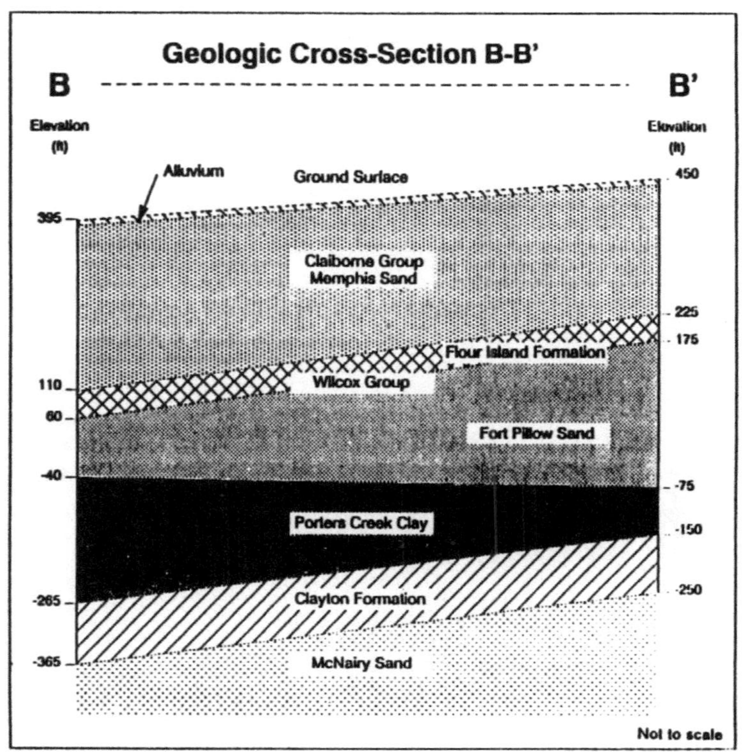


**Abb. 3.** Nord-Süd-verlaufender goelogischer Schnitt durch das MAAP-Gelände

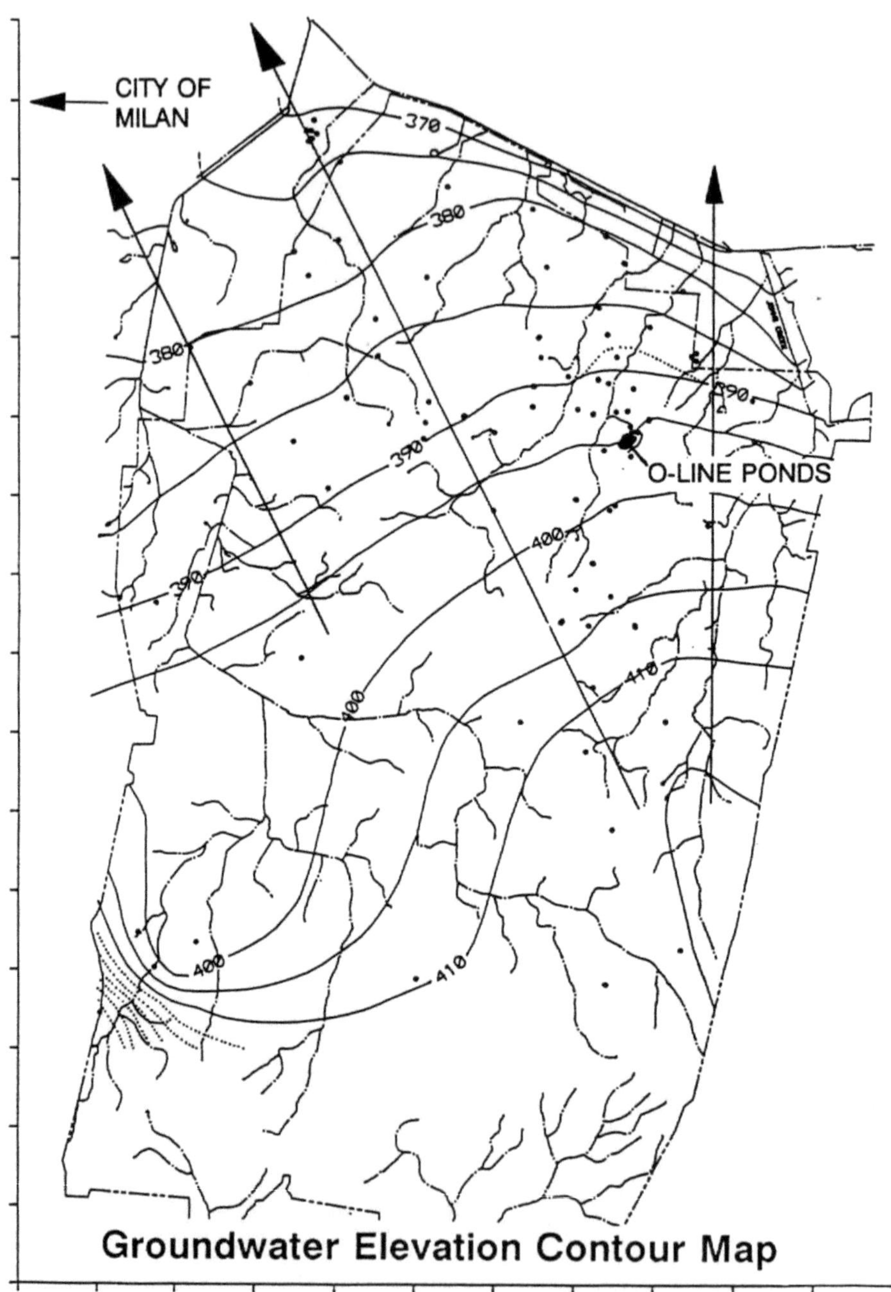


**Abb. 4.** Grundwasserisohypsenkarte

Die während der Feldstudien erstellten Schichtenverzeichnisse zeigen, daß die Hauptkomponenten des wasserführenden Materials gut sortierte Sande mit Ton- und Schluffeinlagerungen sind, deren Mächtigkeiten nur wenige Zentimeter erreichen (bis zu 15 cm). Vergleiche der Schichtenverzeichnisse von nahegelegenen Bohrungen zeigten, daß das Vorkommen und die Mächtigkeit dieser Einlagerungen über kurze Entfernungen hin starken Schwankungen unterliegen. Diese Beobachtungen führten zu einem hydrogeologischen Modell, nach dem der Untergrund des Geländes aus einem einzigen mächtigen, gut durchlässigen Aquifer besteht. In ihn sind einzelne kleinräumige, schwerer durchlässige Schichten eingelagert, die das Eindringen des kontaminierten Wassers zwar erschweren, aber nicht verhindern können.

**Hydrogeologie des Geländes**

Eine Reihe von Untersuchungen wurde durchgeführt, dabei auch Slug-Tests, Stufenpumpversuche mit Förderraten von bis zu 130 m³/h, 48-Stunden-Pumpversuche mit konstanter Förderrate und Wiederanstiegsmessungen. Die Ergebnisse dieser Aquifertests und der Vergleich mit Korngrößenanalysen an Bodenproben aus tieferen Bodenschichten ergaben einen Durchlässigkeitsbeiwert (kf-Wert) von etwa $1,7 \cdot 10^{-4}$ m/s.

Stichtagsmessungen an den Grundwassermeßstellen wurden auf dem gesamten Gelände jeweils innerhalb maximal acht Stunden durchgeführt. Die Grundwassergleichenpläne zeigen, daß der Wasserspiegel von Süden nach Norden hin abfällt, was der Neigung der Geländeoberfläche entspricht. Die Hauptgrundwasserfließrichtung liegt in Nordnordwest, das mittlere Grundwassergefälle beträgt etwa 0,15% (Abb. 4). Der Grundwasserflurabstand variiert innerhalb des Geländes von 30 m im mittleren Teil bis zu weniger als 3 m in der Nähe des Rutherford Fork des Obion River. Im Areal der O-Line Ponds beträgt der Grundwasserflurabstand ca. 14 m.

Das Grundwassergefälle führt zu einer Grundwasserfließgeschwindigkeit, die auf etwa 0,06 m/Tag geschätzt wird. Dies ist ein Durchschnittswert für das Gelände, und einige Abweichungen sind in verschiedenen Arealen der MAAP-Anlage zu erwarten. Die Auswertung der hydraulischen und topographischen Daten ergab, daß die Grundwasserneubildung in erster Linie im südlichen Teil des Geländes durch Niederschlagsinfiltration erfolgt. Oberflächennahes Grundwasser im nördlichen Teil des Geländes fließt in den Rutherford Fork, Wolf Creek und Johns Creek am östlichen Rand des Geländes.

Als Teil dieser Studie sowie im Rahmen früherer Untersuchungen wurden tiefenorientierte Grundwassermeßstellen eingerichtet, wobei jeweils zwei oder drei direkt benachbarte Bohrungen in verschiedenen Teufen verfiltert wurden. Diese Grundwassermeßstellen im nördlichen Teil des Geländes zeigten mit zunehmender

Tiefe ein abnehmendes Grundwasserpotential. Die beobachtete vertikale Potentialdifferenz ist zwar gering (im Bereich von 0,4%), kann aber sehr wichtig sein, da das horizontale Gefälle in diesem Bereich noch geringer ist (ca. 0,15%).

Aufgrund der verfügbaren Grundwasserstandsdaten wurden Grundwassergleichenpläne erstellt. Demnach fließt das Grundwasser vom ungefähren Zentrum des Geländes zum Rutherford Fork. Aufgrund der Auswertung ist weiterhin anzunehmen, daß das vertikale Gefälle überwiegend gering ist und auf dem Gelände variiert. Insgesamt liegt das vertikale Gefälle innerhalb der Anlage fast bei Null (tendenziell kein ansteigendes oder abfallendes Grundwasser). Nähert sich das Grundwasser dem Rutherford Fork, entsteht ein negatives vertikales Gefälle, das heißt, das Grundwasser neigt dazu, sich nach unten zu bewegen.

Die Daten sind noch nicht ausreichend, um die Grundwassergleichen im flachen Bereich nahe des Rutherford Fork genauer zu bestimmen. Anscheinend fließt nur ein geringer Teil des Grundwassers in den Fluß. Der Großteil bewegt sich weiter in Richtung Nordwesten zu anderen Vorflutern.

**Hydrologie des Oberflächenwassers auf dem Gelände**

Während der Sanierungsuntersuchungen wurden auch Durchflußmessungen an den Oberflächengewässern durchgeführt. Dazu wurden an sechs Stellen Stauwehre installiert und während Niederschlagsereignissen die Wasserstände gemessen und ausgewertet.

Die Analyse der Durchfluß- und Niederschlagsdaten zeigte, daß der Grundabfluß in den Gräben bei Null liegt. Das bedeutet, daß aus den Gräben der größte Teil des Wassers versickert und dem Grundwasser zugeführt wird. Ein diskontinuierlicher Abfluß entsteht durch den Zutritt von Abwässern aus der Kläranlage und durch Oberflächenabfluß während der Niederschläge.

Für den mit Meßstellen ausgerüsteten Bereich des Geländes wurde eine erste Massenbilanz erstellt, um den Verbleib und den Weg des Regenwassers zu bestimmen. Zur Bestimmung des Verhältnisses vom versickernden und vom im Grabensystem abfließenden Regenwasser wurden die Niederschlagsmessungen und die Durchflußmessungen herangezogen. Weiterhin wurden hinsichtlich des Niederschlagswassers, das das Grabensystem erreicht, die Anteile berechnet, die in den Gräben versickern oder die als Oberflächenwasser abfließen. Die Ergebnisse dieser Analysen ergaben, daß der ins Grundwasser versickernde Anteil der Niederschlagswässer im Grabensystem bis zu 90% betragen kann. Dieses Ergebnis wird unterstützt durch die Beobachtung, daß die größten Gräben sich durch die Oberfläche der alluvialen Schicht geschnitten haben und in die stark durchlässige, wasserführende Schicht eingedrungen sind.

## Ergebnisse der Studie über die O-Line Ponds

Der Aquifer besitzt eine hohe Durchlässigkeit und weist nur einen geringen organischen Stoffanteil auf. Dies bedingt eine sehr geringe Adsorption und damit ein geringes Rückhaltevermögen für die Kontaminanten im Grundwasser. Die Benutzung der O-Line Ponds führte deshalb zu einer hochgradigen Kontamination des Grundwassers sowohl unter dem Gelände als auch unmittelbar im abströmigen Bereich.

Die chemischen Analyseergebnisse der Grundwasserproben, die in den letzten drei Jahren aus den abströmigen Bereich der Teiche entnommen wurden, zeigten Konzentrationen von explosiven Stoffen mit folgenden Werten (die entsprechenden Grenz- bzw. Richtwerte der EPA sind dem gegenübergestellt; Angaben in $\mu$g/l):

| Substanz | Meßwert | Grenz-/Richtwert |
|---|---|---|
| RDX | 18 000 | 2 |
| 2,4,6-TNT | 26 000 | 2 |
| 1,3,5-Trinitrobenzol (TNB) | 2 500 | 2 |
| 2,4-Dinitrotoluol (DNT) | 220 | 0,5 |

Neben den genannten Stoffen wurden z.T. auch Schwermetalle in sanierungsrelevanter Größenordnung festgestellt. Die Kontaminanten konnten in Grundwasserproben bis in eine Tiefe von 52 m unter GOK bzw. 37 m unter Grundwasserspiegel nachgewiesen werden, d.h. die Kontamination des Grundwassers reicht bis in sehr tiefe Bereiche. Ebenso weist die Kontamination des Grundwassers auf dem Areal eine sehr große laterale Ausdehnung aufgrund zwischenliegender Kontaminationsquellen auf, insbesondere aufgrund der Drainagegräben, die früher mit ungeklärtem Abwasser gespeist wurden. Die Ergebnisse der Grundwassermessungen zeigen, daß aufgrund der Benutzung der O-Line Ponds sich das Hauptareal mit kontaminiertem Grundwasser über eine Länge von etwa 600 m erstreckt. Es wurden jedoch außerdem explosive Stoffe am abströmigen Rand des Geländes gefunden (ca. 2750 m nordwestlich) (Abb. 5 und 6).

Obwohl die O-Line Ponds eindeutig die Hauptquelle der Grundwasserkontaminationen sind, zeigt der Abstand zwischen der Fahnenspitze der Kontamination und den Ponds, daß es dazwischen weitere Kontaminationsquellen geben muß. Dieser Schluß ergibt sich aus der geringen Grundwasserfließgeschwindigkeit auf dem Gelände der MAAP. Wenn man die geschätzte Grundwasserfließgeschwindigkeit von 0,06 m/d und die Zeitspanne seit der Erbauung der Gräben (50 Jahre) zugrundelegt, beträgt die theoretische Fahnenlänge etwa 1000 m. Dieser Wert berücksichtigt weder die Adsorption und damit Zurückhaltung der Kontaminationen an der Bodenmatrix noch die Zeit für die Versickerung von den Teichsohlen bis zum Grundwasserspiegel und muß deshalb als zu hoch angesehen werden. Aufgrund dieser Ergebnisse müssen neben den O-Line Ponds die Drainagegräben ebenfalls als Kontaminationsquellen angesehen werden. Ein weiterer Beleg dafür sind die Ergebnisse der Untersuchung der Oberflächenwasserhydrologie, die zeigten, daß ein beträchtlicher Teil von den Gräben ins Grundwasser sickert.

Um den Grad der Restkontamination des Bodens im Bereich der O-Line Ponds zu untersuchen, wurden Bohrungen durch die Abdeckung und am Rand der Abdeckung bis in eine Tiefe von ca. 15 m vorgenommen. Die Ergebnisse der chemischen und physikalischen Analysen der tieferen Bodenproben zeigen, daß die Konzentration explosiver Stoffe und der Feuchtegehalt des Bodens im Bereich unter der Abdeckung sehr viel geringer ist als noch 1984, als die Abdeckung erbaut wurde. Diese Daten lassen vermuten, daß der Boden zu Zeiten der Nutzung der Gräben gesättigt war und seit der Errichtung der Abdeckung entwässerte. Dabei konnten die mäßig löslichen und nur gering am schwach organischen Boden adsorbierenden explosiven Stoffe in das Grundwasser eindringen. Die Ergebnisse der Analysen der Bodenproben von den Bohrungen im Randbereich zeigen, daß die Erde außerhalb der Abdeckung ebenfalls zu einem geringen bis mittleren Grad mit explosiven Stoffen verunreinigt ist, wahrscheinlich in Folge von Überschwemmungen der Teiche.

## Ergebnisse der Untersuchungen zu Gesundheits- und Umweltrisiken

Eine Risikoanalyse wurde durchgeführt, um die Risiken für die menschliche Gesundheit und die Umwelt abzuschätzen, die mit der Kontamination des Grundwassers, des Oberbodens, der Sedimente und – in einem geringeren Ausmaß – der Kontamination der tieferen Bodenschichten und des Oberflächenwassers durch die früheren Aktivitäten der MAAP zusammenhängen. Für die Bewertung wurden Gruppen von Chemikalien ausgewählt, die aufgrund der früheren Ergebnisse hinsichtlich ihrer Umweltrelevanz als bedeutend anzusehen waren. Für fünf Medien wurden entsprechende Chemikaliengruppen gewählt (Grundwasser, Oberbodenschicht, Unterflurschicht, Tagwasser und Sediment). Neben den o.g. explosiven Stoffen wurde eine Vielzahl von organischen und anorganischen Chemikalien auf dem Gelände der MAAP entdeckt. Explosive Chemikalien und verschiedene lösemittelartige organische Stoffe sowie anorganische Chemikalien aus der Herstellung und Produktion der Munition wurden in jedem Milieu nachgewiesen.

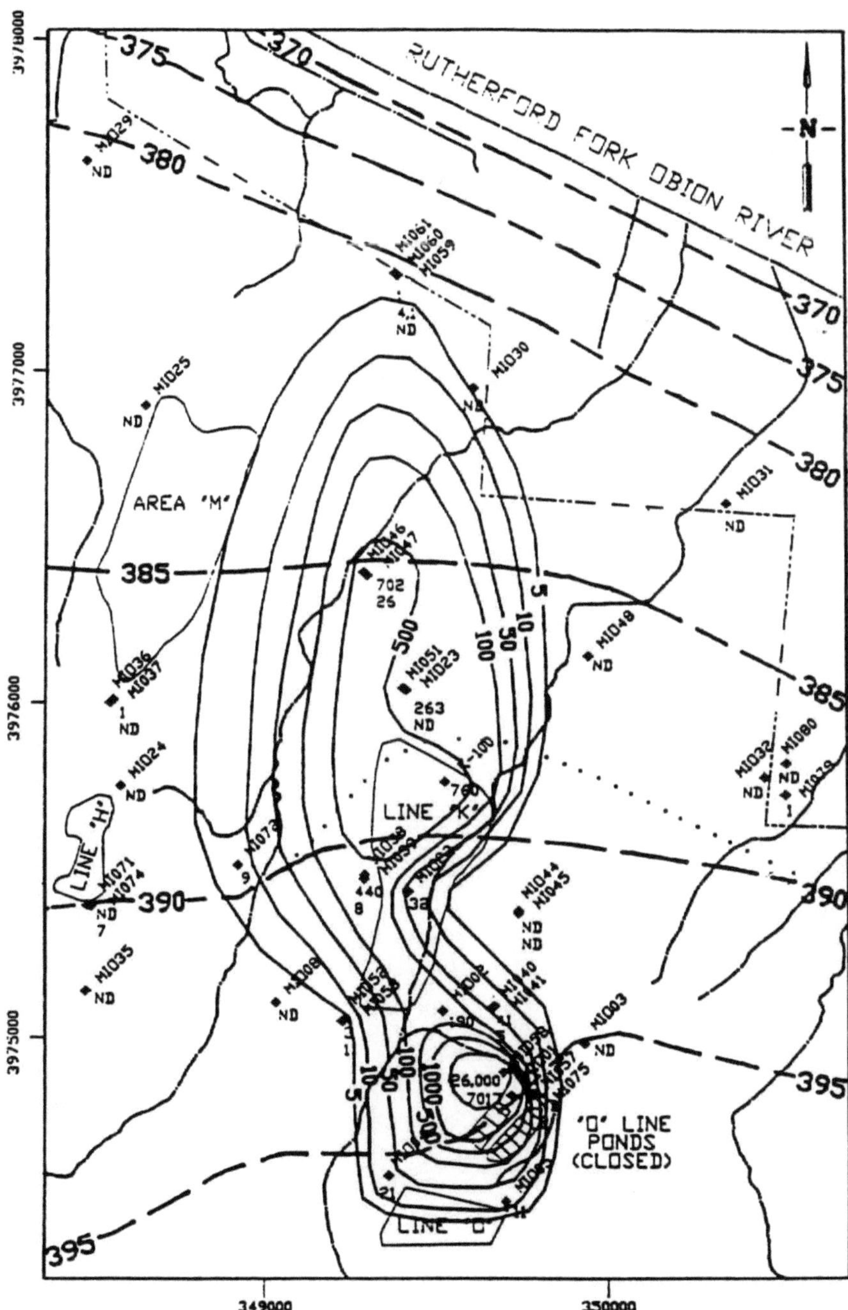



**Abb. 5.** 2,4,6-TNT-Konzentration in ppb (µg/l)

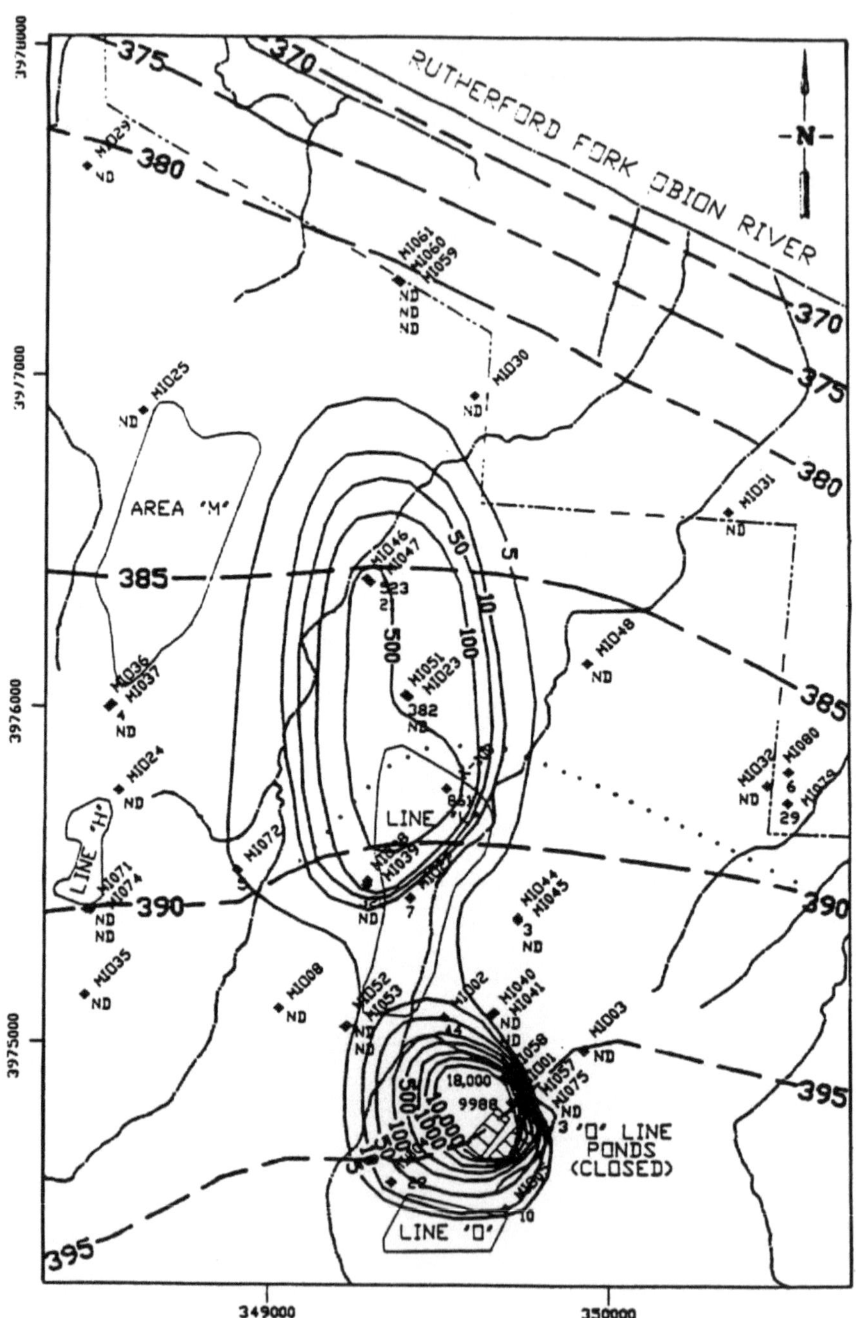


**Abb. 6.** RDX-Konzentration in ppb (µg/l)

## Analyse der Gesundheitsrisiken

Um die möglichen Gesundheitsrisiken für Menschen abschätzen zu können, wurden verschiedene Expositionspfade für eine genaue Auswertung ausgewählt sowie quantitativ bzw. qualitativ bewertet:

- Belastungen des Trinkwassers von zukünftigen Grundwassernutzern an der Grenze des Geländes der MAAP im Norden und Nordwesten sowie von aktuellen Nutzern der außerhalb des Geländes liegenden Brunnen (quantitativ);
- Belastungen über die Atemwege und die Haut durch das Benutzen von Grundwasser innerhalb von Häusern (qualitativ);
- Belastungen über die Atemwege von Arbeitern und Anwohnern durch Chemikalien, die am vom Wind aufgewirbelten Staub aus dem Bereich des „*Open Burning Ground*" (offene Feuerstellen) adsorbiert sind (quantitativ);
- Verzehr von Wild, das auf dem MAAP-Gelände erlegt wurde (quantitativ).

Da bereits einschlägige Kontrollen von Behörden auf der MAAP durchgeführt werden, wurden Belastungen dort lebender oder arbeitender Personen durch die Einnahme von Trinkwasser nicht untersucht. Mehrere Brunnen auf der MAAP werden für Nichttrinkwasserzwecke genutzt, so daß Belastungen durch leichtflüchtige Chemikalien durch Hautkontakt oder über die Atemwege denkbar sind. Diese Belastungen wurden als nicht bedeutsam eingestuft, da nur wenige flüchtige Chemikalien im Grundwasser in geringen Mengen festgestellt wurden.

Für jeden der einzelnen Expositionswege wurden Belastungsszenarien entwikkelt und die Belastungskonzentration sowie die dauerhafte tägliche Aufnahme (CDI – *chronic daily intake*) der gefährdeten Bevölkerung errechnet. In der Untersuchung wurde die anzunehmende maximale Höchstbelastung ( – *reasonable maximum exposure*) in Übereinstimmung mit den EPA-Richtlinien zur Durchführung von Risikoanalysen abgeschätzt. Für die quantitativ bewerteten Belastungswege wurde davon ausgegangen, daß die gemessenen oder errechneten Schadstoffkonzentrationen über die Dauer der angenommenen Belastung konstant bleiben würde. Weitere Belastungsparameter wurden auf der Basis von EPA-Standardannahmen und/oder der Beurteilung durch Fachleute gewählt, da keine anderslautenden standortspezifischen Informationen vorlagen.

Die quantitative Risikoanalyse beinhaltet den Vergleich der Aufnahmewege der belastungsgefährdeten Bevölkerung mit Vergleichsdosen (RfD – *reference dose*, definiert als zulässige tägliche Dosis an nichtkarzinogenen Stoffen) oder mit den Neigungsfaktoren (bei karzinogenen Stoffen), um eine nichtkarzinogene Gefährdung oder das Krebsrisiko bei einer langen Lebensdauer für möglicherweise belastungsgefährdete Bevölkerung abzuschätzen. Bei den karzinogenen Stoffen entstehen mögliche Risiken als Ergebnis der CDIs und der Neigungsfaktoren. Die Risiken werden mit der höchsten zulässigen EPA-Risikorate von $10^{-4}$-$10^{-6}$ verglichen.

Für die nichtkarzinogenen Stoffe werden potentielle Gefährdungen im Verhältnis CDI zur Vergleichsdosis dargestellt (CDI:RfD), und die Summe des Quotienten wird als der Gefährdungsindex definiert. Im allgemeinen werden Gefährdungsindizes < 1 nicht als relevant für gesundheitsschädigende Ereignisse eingestuft, und sie sind deshalb von geringerer Bedeutung hinsichtlich der Grenzwertfestlegung als Gefährdungsindizes > 1.

Die Risikoabschätzungen für jeden der ausgewählten Belastungswege werden im folgenden aufgeführt:

Für die belastungsgefährdete Bevölkerung im Norden und Nordwesten der MAAP wurden zukünftige Belastungskonzentrationen für explosive Stoffe und Metalle durch Grundwasserfließsimulation und Schadstofftransportmodelle berechnet. Für zukünftige Nutzer des Grundwassers in diesen Gebieten überstieg der Risikofaktor den Wert von $10^{-6}$ (vor allem bei Arsen, RDX und 2,4,6-TNT). Jedoch ist anzumerken, daß RDX und 2,4,6-TNT karzinogene Stoffe der Klasse C sind und das Krebsrisiko deshalb überschätzt werden könnte. Zudem war Arsen nur in geringen Konzentrationen vorhanden und kann sehr wohl noch im Hintergrundbereich liegen, womit auch das Risiko durch Arsen überschätzt werden könnte. Der Gesamtgefährdungsindizes für die Grundwasseraufnahme übersteigt den Wert 1 (vor allem durch Mangan, 1,3,5-TNB, 2,4,6-TNT und Vanadium). Für die derzeitigen Nutzer des Grundwassers im Nordwesten der MAAP liegt der Gefährdungsindex für Cadmium > 1.

Um die Forderungen der gesetzlichen Regelungen einzuhalten, muß die „maximal zulässige Belastung" vor Beginn einer Durchführbarkeitsstudie ermittelt werden. Deshalb wurden auch die Risiken im Zusammenhang mit dem Gebrauch von Grundwasser im Bereich der O-Line Ponds bewertet. Obwohl weitere Ansiedlungen in diesem Bereich aufgrund amtlicher Kontrolle vermieden werden, wurde dieses Szenario von den amtlichen Stellen als der maximal anzunehmende Fall angesehen. Die obere Grenze des Krebsrisikos in Verbindung mit der Nutzung von Grundwasser in diesem Gebiet wurde auf $2 \times 10^{-2}$ geschätzt, was deutlich über dem Bereich des zumutbaren Risikos der EPA von $10^{-6}$-$10^{-4}$ liegt.

### Untersuchungen zur Umweltgefährdung

In dieser Untersuchung wurden mögliche ökologische Folgen durch die potentiell gefährlichen chemischen Stoffe im Gelände der MAAP bewertet. Mögliche Auswirkungen auf Pflanzen, Tiere und die Wasserfauna wurden jeweils qualitativ oder quantitativ bewertet, je nach Verfügbarkeit von Informationen über Belastung und Toxizität und der Wahrscheinlichkeit signifikanter Belastung.

Potentielle Auswirkungen auf die Bodenfauna durch gefährliche Chemikalien aus Boden, Oberflächenwasser und Futter wurden bewertet. Demnach sind, basierend auf der verfügbaren Toxizitätsdaten, Auswirkungen auf das Rotwild (Indikatorspezies für die Tierwelt) durch die Aufnahme von Oberflächenwasser nicht anzunehmen. Belastungen der Erd- und Bodenlebewesen über Chemikalien im Futter, die größere Schäden verursachen könnten, werden aufgrund der Begrenzung der Kontamination auf dem MAAP-Gelände und in bezug auf die verfügbaren Futterquellen ebenfalls nicht erwartet.

Auswirkungen auf wirbellose Wasserlebewesen und Fische wurden bewertet, indem Oberflächenwasser- und Sedimentkonzentrationen in verschiedenen Oberflächenwasserproben mit den EPA-Kriterien für die Qualität des Umgebungswassers (AWQC – *ambient water quality criteria*), den Qualitätsnormen für Wasser im Staat Tennessee und anderen Toxizitätsdaten verglichen wurden. Aufgrund dieser Untersuchungen ist es offensichtlich, daß das Wasserleben auf dem MAAP-Gelände durch erhöhte Konzentrationen an anorganischen Chemikalien im Oberflächenwasser und im Sediment beeinflußt wird.

### Ergebnisse der Risikoanalyse

Die Ergebnisse der Risikoanalyse zeigen, daß das verunreinigte Grundwasser die größte Bedrohung für die menschliche Gesundheit darstellt. Sollte Grundwasser aus dem direkt abströmigen Bereich der O-Line Ponds durch Bewohner genutzt werden, würde das Gesamtkrebsrisiko bei etwa $2 \times 10^{-2}$ liegen. Selbst wenn die Schadstoffahne im Grundwassers bis in das Grenzgebiet des Standortes (etwa 2750 m in nördlicher Richtung) gelangt, zeigen die Ergebnisse des Transportmodells, daß die auftretende Verdünnung nicht ausreichen würde, um die Schadstoffkonzentrationen unter die gesundheitsgefährdenden Werte zu senken. Aus diesem Grunde hat die U.S. Army der Sanierung des Grundwassers der O-Line Ponds die oberste Priorität gegeben.

# Durchführbarkeitsstudie für die Grundwassersanierung

In der Durchführbarkeitsstudie für das Grundwasser im direkten Abstrom der O-Line Ponds wurden alle verfügbaren Verfahrenstechniken für die Entfernung der Kontaminanten – in der Hauptsache explosive Stoffe – aus dem wasserführenden Bereich untersucht. Die technischen Anforderungen an die verschiedenen Optionen werden im folgenden erläutert:

- Aufgrund der durchgeführten umfangreichen Aquifertests und der Ergebnisse des Grundwasserströmungsmodells ist von einer zu behandelnden Wassermenge von ca. 150 m$^3$/h auszugehen.

- Aufgrund der weitläufigen Ausdehnung des kontaminierten Grundwassers und
  der hohen Schadstoffkonzentrationen wurde eine geschätzte Laufzeit des Projektes von ca. 30 Jahre angesetzt. Die große Zeitspanne, die die Sanierungsanlage arbeiten muß, spielte ein große Rolle bei der Bewertung des Kosten-
  Nutzen-Verhältnisses der verschiedenen Alternativen hinsichtlich der Bewertung von Kapitalaufwand und Betriebskosten.

- Wie vom CERCLA gefordert, muß das Verfahren die Konzentration der ex-
  plosiven Stoffe auf sehr geringe Werte reduzieren, damit die menschliche
  Gesundheit und die Umwelt geschützt werden. Einzuhalten waren die Richt-
  werte, die für eine Wiederversickerung des Wassers anzusetzen waren.
- Die Vor- und Nachteile der verschiedenen Verfahrenstechniken hinsichtlich
  Kosten-Nutzen-Verhältnis, Durchführbarkeit, Langzeitwirksamkeit und
  Dauerbetrieb, Kurzzeitwirksamkeit und andere Faktoren müssen abgewogen
  werden.

- Ein wichtiger Faktor in der Auswertung des Kosten-Nutzen-Verhältnisses der
  verschiedenen Verfahrenstechniken war der jeweilige Bedarf an technischer
  Überwachung. Das Management von MAAP sowie das Bedienungspersonal
  ziehen bei weitem Verfahrenstechniken vor, die einen geringen Bedarf an
  menschlicher Arbeitskraft haben und ohne weiteres automatisiert werden
  können.

- Unter gleichen Bedingungen wurden die Verfahren bevorzugt, die einen
  geringen Anfall von gefährlichem Material oder Abfall haben.

Die Kombination einer sehr hohen Durchflußrate mit sehr hoher Schadstoffkonzentrationen begrenzt die Auswahl der in Frage kommenden Sanierungsverfahren.
Ein mögliches Verfahren für die Entfernung von explosive Stoffe aus dem Wasser
ist die Adsorption an Aktivkohle, die derzeit auf der MAAP und in vielen anderen
Munitionsfabriken für die Reinigung des Pink/Red-Wassers angewandt wird. Dieses Verfahren ist gut ausgereift und schnell verfügbar und ist zudem mit einem
geringem Kapitalaufwand verbunden. In diesem Falle jedoch würde das Verfahren
aufgrund der sehr hohen Betriebskosten und der sehr großen Mengen an kontaminierter Aktivkohle, die behandelt und entsorgt werden müßte, extrem teuer werden.
Unter Zugrundelegung der zu erwartenden hohen Belastung mit explosiven Stoffen
und der erforderlichen niedrigen Ablaufkonzentrationen würde der Verbrauch an
Aktivkohle bei etwa 700 kg pro Tag liegen. Dies würde jährliche Betriebskosten
von schätzungsweise 1,6 Mio. U.S.-Dollar bedeuten, was über eine Projektlaufzeit
von über 30 Jahren die anfänglich niedrigen Kosten bei weitem ausgleichen würde.
Aktivkohleadsorption hat weiterhin den großen Nachteil, große Mengen an verbrauchter Aktivkohle zu produzieren, die mit explosiven Stoffen gesättigt ist und
sorgfältig behandelt und entsorgt werden muß.

Andere untersuchte Techniken waren die folgenden Verfahren: UV-Oxidation,
Strippen mit Luft oder Wasserdampf, thermische Naßoxidation, aerober oder

anaerober biologischer Abbau, Umkehrosmose. Von diesen Verfahren bietet nur die UV-Oxidation deutliche Vorteile gegenüber der Aktivkohleadsorption. Es handelt sich um einen relativ schnellen Abbauprozeß, bei dem explosive Stoffe durch Oxidation aus dem Wasser entfernt werden. Die Effektivität für die Behandlung von mit Explosivstoffen kontaminiertem Wasser wurde bereits nachgewiesen und es wurde in Großprojekten für andere Schadstoffe angewandt. Insbesondere die UV-Oxidation mit Ozon stellt ein sehr wirtschaftliches Verfahren dar, es werden keine Abfallprodukte erzeugt, und man benötigt keinen Chemikalieneinsatz. Diese Ergebnisse sind detailliert in der Durchführbarkeitsstudie für das Projekt dargestellt.

Für das Entfernen der Metalle aus dem Wasser wurden zahlreiche Verfahrenstechniken ausgewertet, u.a. Ionenaustausch und verschiedene Arten von Fällungsprozessen. Die elektrochemische Fällung (Abb. 8) wurde aufgrund ihres offensichtlich guten Kosten-Nutzen-Verhältnisses und der Minimierung des Abfallanfalls für die weitere Auswertung ausgewählt. Die Vorteile der elektrochemischen Fällung sind:

- Die elektrochemische Fällung im Durchfluß kann mit geringeren Kosten durchgeführt werden als die reine chemische Fällung, als Ionenaustausch oder als alle anderen in Betracht gezogenen Systeme. Dies liegt am sehr geringen Einsatz von Reagenzien, da Eisen- und Hydroxylionen in den elektrochemischen Zellen erzeugt werden. Das System arbeitet effizient bei einem pH-Wert, der unterhalb der minimalen Löslichkeit der Metalle liegt (so wird der Einsatz von Chemikalien zur Regulierung des pH-Werts minimiert), und es fallen sehr viel geringere Mengen an Schlamm bei der Anwendung dieses Systems an als bei anderen Fällungsverfahren (was die Kosten für die Abfallentsorgung herabsetzt).

- Das System der elektrochemischen Fällung kann leicht an unterschiedliche Durchflußmengen und/oder Schadstoffkonzentrationen angepaßt werden, ohne umfangreiche Probenahmen und Analysen durchführen zu müssen. Für dieses Projekt mußte aufgrund der je nach Standort variierenden Gehalte von Metallen im Grundwasser mit Konzentrationsschwankungen im Zulauf gerechnet werden.

- Das System kann leicht automatisiert und mit relativ geringer Aufsicht durch das Betriebspersonal betrieben werden. Da die Anlage kontinuierlich laufen wird, muß durch das Bedienungspersonal eine ständige Wartung der Anlagen (UV-Oxidation, Aktivkohleadsorption und Metallfällung) erfolgen. Deshalb ist eine Automatisierung des Systems ein sehr wesentlicher Punkt.

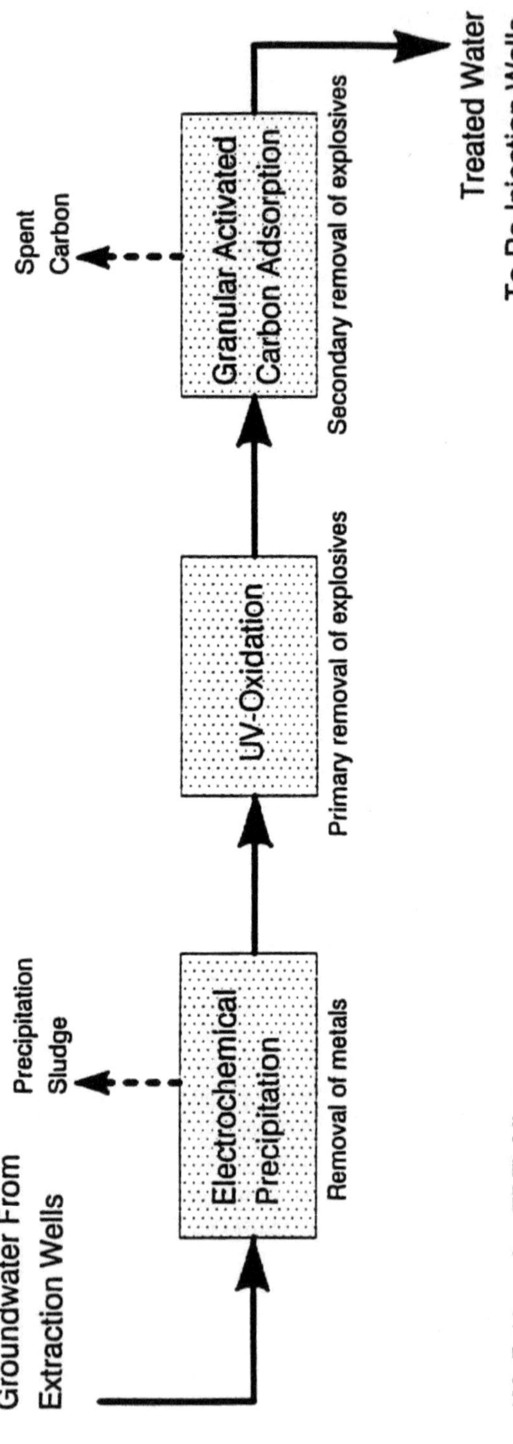


Abb. 7. Alternatives T7-Flußdiagramm

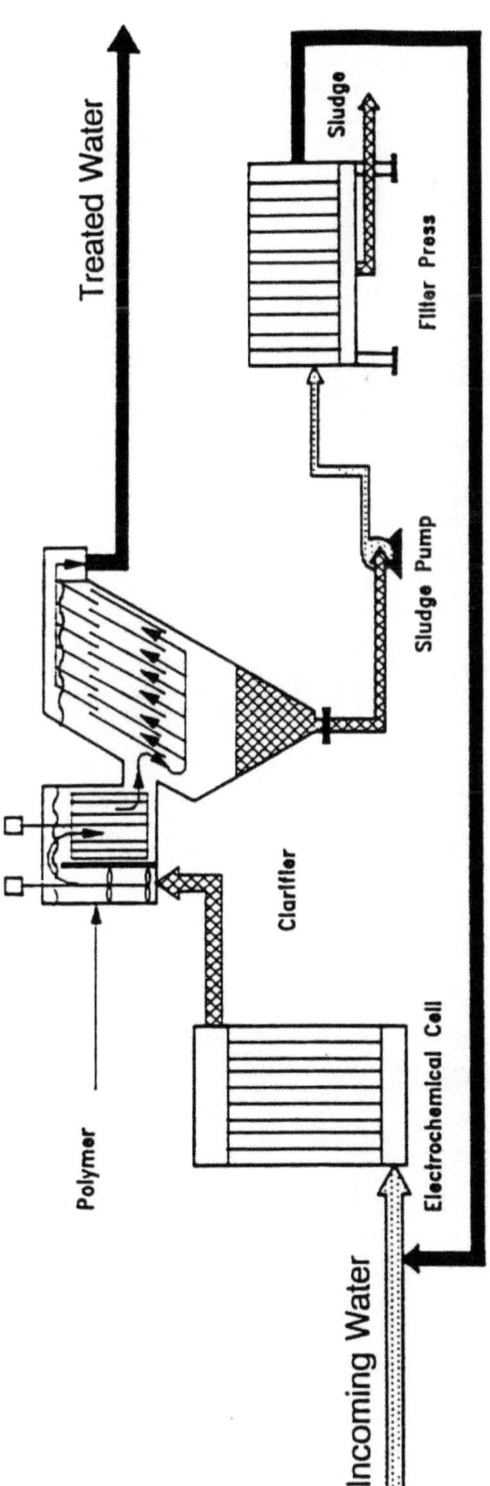


Abb. 8. Elektrochemische Fällung zur Entfernung von anorganischen Bestandteilen

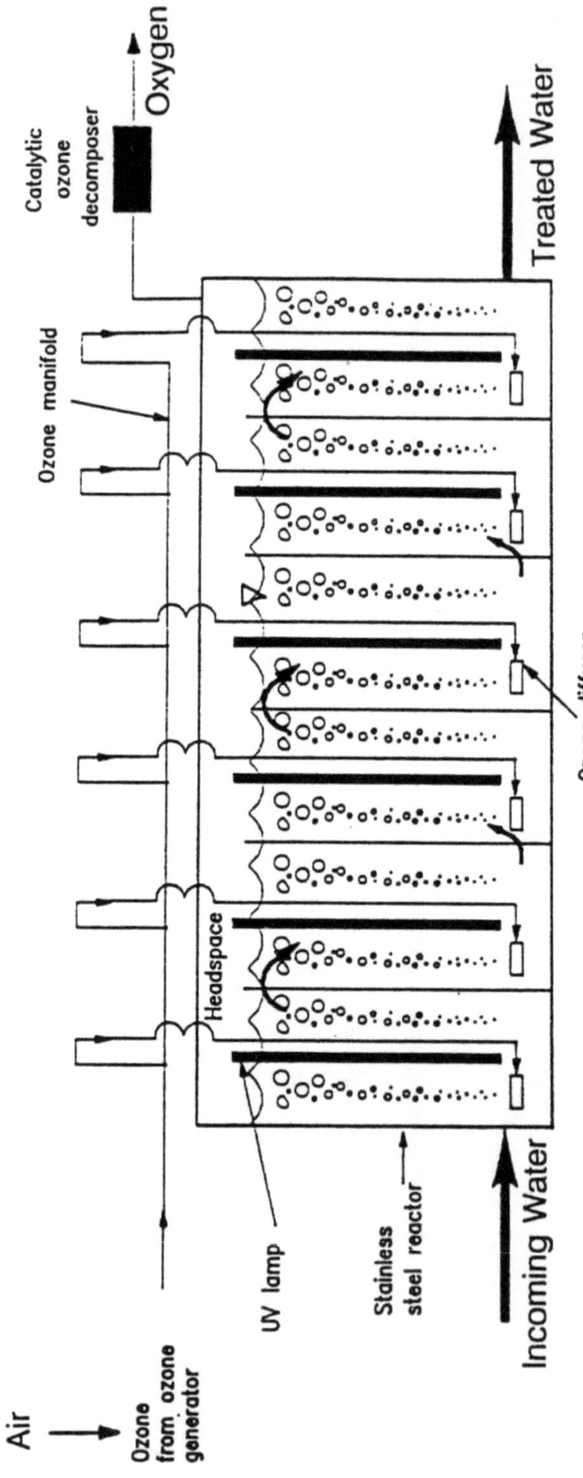


**Abb. 9.** UV-Oxidation zur Entfernung von Expolsivstoffen und anderen organischen Verunreinigungen

# Ergebnisse der Durchführbarkeitsstudie

Obwohl bekannt war, daß die UV-Oxidation (Abb. 9) die Schadstoffgehalte im Wasser kostengünstig auf niedrige Ablaufkonzentrationen reduzieren kann, waren noch keine ausreichenden Informationen zur vollständigen Bewertung der Leistungsfähigkeit des Verfahrens vorhanden. Das Verfahren war vorher noch nie bei einem Wasser mit dem gegebenen Schadstoffmix und den vorhandenen hohen Konzentrationen eingesetzt worden. Um weitere Informationen zu erhalten, führte ICF KE auf dem Gelände der MAAP Versuche im Labor- und Technikumsmaßstab durch. Grundwasser wurde aus den abströmigen Grundwassermeßstellen entnommen und anschließend eine Reihe von Versuchen durchgeführt. Insgesamt wurden 10 Tests durchgeführt, um die optimalen Betriebsbedingungen zu bestimmen (z.B. pH-Wert, Verweilzeit und Menge des zugefügten Ozons, Zugabe von Wasserstoffperoxid). Die Ergebnisse dieser Versuche wurden zur Bestimmung der kostengünstigsten Betriebsparameter benutzt, um darauf aufbauend eine genauere Kostenschätzung für die großtechnische Anlage erstellen zu können. Die Ergebnisse zeigten, daß die UV-Oxidation aus Kostengründen als alleinige Reinigungsstufe unwirtschaftlich wäre, aber sehr effektiv als Vorreinigungsstufe eingesetzt werden kann. Als Nachbehandlungsstufe zur Erreichung der niedrigen Ablaufwerte wurde Aktivkohleadsorption vorgesehen. Die Kombination beider Verfahren ergibt einen erheblichen Verfahrensvorteil.

Auch für die elektrochemische Fällung wurden Versuche im Labor- und Technikumsmaßstab durchgeführt. Die Ergebnisse belegten die Effizienz der elektrochemischen Fällung zur Reduzierung der Metallkonzentrationen unter die Sanierungszielwerte. Gleichzeitig stellt diese Variante ein kostengünstiges Verfahren dar.

Während der Auswahl und Bewertung der Sanierungsverfahren für das Gelände wurde deutlich, daß bisher UV-Oxidation oder elektrochemische Fällung für Rüstungsstandorte wenig verbreitet sind. Dies liegt daran, daß bei anderen Rüstungsstandorten in der Regel deutlich geringere Wassermengen zu reinigen sind oder die Schadstoffkonzentrationen niedriger sind.

# Ausfertigung des Entscheidungsberichts

Ein Absichtsplan wurde veröffentlicht und den Anwohnern in einer öffentlichen Versammlung vorgestellt. Dieser Absichtsplan erläuterte die Grundlagen, die zur Auswahl der Verfahrenstechniken geführt hatten. Im Anschluß an die Anhörungsphase, während der keine ablehnenden Reaktionen bekannt wurden, wurde der Entscheidungsbericht (ROD – *Record of Decision*) erarbeitet und am 30. September 1992 vom abgeordneten stellvertretenden Sekretär (*Deputy Assistant Secretary*) der U.S. Army unterzeichnet. Einverständniserklärungen von der EPA Region IV und dem Bundesstaat Tennessee sind im ROD enthalten. Vor der Unterzeichnung wurde auch das Einverständnis seitens folgender Parteien eingeholt: der *Army Material Hygiene Agency* (AEHA), der *Armament, Munitions, and Chemical Command* (AMCCOM), der *Army Material Command* (AMC) und der *U.S. Army Corps of Engineers Headquarters*.

Gemäß Superfundgesetz (CERCLA) mußte die „aktive und kontinuierliche Sanierung" innerhalb von 15 Monaten nach der Unterzeichnung des ROD beginnen. Aus Sicht der EPA Region IV war als Beginn der Sanierungsmaßnahme der Abschluß des Bau- bzw. Liefervertrages für die Sanierungsanlage zu betrachten. Deshalb wurde als Schlußtermin für diesen Vertragsabschluß der 30. Dezember 1993 festgesetzt.

## Planungsphase

Um den Stichtag 30. Dezember 1993 einzuhalten, beauftragte der Distrikt von Savannah ICF KE damit, die schnellstmögliche Verfahrensweise bei der Vorbereitung und Gestaltung der Ausschreibung zu bestimmen, um möglichst kurzfristig den Bauvertrag erteilen zu können. Aufgrund der detaillierten Projektkenntnisse von ICF KE konnten die Vor- und Nachteile verschiedener Varianten genau geprüft werden. Die Vor- und Nachteile einer „*Invitation of Bids*" (IFB, entspricht ungefähr einer Ausschreibung mit Leistungsverzeichnis nach deutscher VOB) wurden sorgfältig gegenüber einem „*Request for Proposal*" (RFP, entspricht in etwa einer Ausschreibung mit Leistungsbeschreibung, bei dem auch das detaillierte Design der Anlage dem Anbieter obliegt) abgewogen. Von besonderer Bedeutung war dabei die Frage, ob möglicherweise langwierige Verhandlungen oder Einsprüche der Anbieter den Beginn der Arbeiten verzögern und somit die Einhaltung des Stichtages durch die Army gefährden könnten.

Bei der IFB (Ausschreibung mit Leistungsverzeichnis) muß das System vollständig geplant sein. Die detaillierten Planungsunterlagen sind wesentlicher Bestandteil der Ausschreibungsunterlagen. Dazu sind vollständige Pläne und Baubeschreibungen der möglichen Anbieter für die Dienstleistungen (UV-Oxidation und elektrochemische Fällung) erforderlich, um sie bei den Ausschreibungsunterlagen berücksichtigen zu können.

Aufgrund dieser Erfordernisse für die Vorauswahl waren mögliche Probleme mit den Grundsätzen des Beschaffungsamtes der Regierung zu erwarten. Das Vertragsbüro des Distrikts von Savannah legte fest, daß die Ergebnisse der Durchführbarkeitsstudie und Verfahrensstudien nicht die Auswahl von denjenigen Anbietern rechtfertige, die an diesen Verfahrensstudien mitgearbeitet hatten und auf deren Daten die wirtschaftlichen und technischen Auswertungen der Durchführbarkeitsstudie, des Ausführungsplans und des Entscheidungsberichts basierten, da die Bundesbeschaffungsvorschriften (*Federal Acquisition Requirements* – FAR) einen „vollständigen, freien Wettbewerb" fordern.

Der Vorteil der IFB (Ausschreibung mit Leistungsverzeichnis) ist die kurze Zeit für die Auswertung der Angebote. Das Unternehmen erhält den Zuschlag, das das günstigste Angebot gemäß dem detaillierten und eindeutigen Ausschreibungspaket macht. Das Risiko eines Einspruchs ist bei dieser Ausschreibung gering.

Bei der Ausschreibung mit Leistungsbeschreibung würden nur allgemeine Baubeschreibungen des Systems benötigt. Anbietende Bauunternehmer würden ihre Qualifikationen (und die ihrer Subunternehmer) darlegen, um die technischen Spezifikationen zu vervollständigen und die Sanierung auszuführen. Dieses Vorgehen vermeidet die Auswahl der Sublieferanten durch die Verwaltungsbehörden und steht im Einklang mit den Bundesbeschaffungsvorschriften.

Der Nachteil der Ausschreibung mit Leistungsbeschreibung (RFP) ist die langwierige Auswertung der Angebote. Bereits bevor die Ausschreibung durchgeführt wird, müssen die Auswahlkriterien der Auswertung erarbeitet werden. Die Kriterien müssen eindeutig, absolut fair und unparteiisch und im Einklang mit den Bundesbeschaffungsvorschriften sein. Die Bewertung der Qualifikationen eines Unternehmens zur Durchführung eines derart komplizierten Projektes ist sehr subjektiv. Zudem kann es bei dieser Vorgehensweise zu Verzögerungen und Protesten kommen.

Letzten Endes entschied sich der Distrikt von Savannah für die Methode der Ausschreibung mit Leistungsverzeichnis (IFB), da durch die langwierige Auswertung bei einer Ausschreibung mit Leistungsbeschreibung (RFP) der Beginn der Arbeiten verzögert werden konnte. Die Einhaltung des Stichtages 30. Dezember war das wesentliche Kriterium für diese Entscheidung.

Um der Anforderung eines vollständigen und offenen Wettbewerbs gerecht zu werden, wurde ein sog. „*treat-off*" durchgeführt, um die Anbieter auszuwählen. Dazu wurde die Leistungsbeschreibung für die Anbieter von Verfahren zur UV-Oxidation und zur elektrochemischen Fällung erarbeitet. Die Ausschreibung zur Lieferung eines vollständigen Planungspaket wurde in der *Commerce Business Daily* vom 29. April 1993 bekanntgemacht. In dieser Ankündigung wurden von ICF Kaiser Engineers vollständige Baupläne inkl. Zeichnungen für ein UV-Oxidationssystem auf Ozonbasis sowie für ein System zur elektrochemischen Fällung für einen Grundwasserfluß von 150 m$^3$/h zur Entfernung von Explosivstoffen und Metallen gefordert. Die Angebotsaufforderung und die Leistungsbeschreibung beinhalteten weiterhin die minimalen technischen Anforderungen an die Angebote.

Dazu gehörten u.a. die Sichtung und Auswertung der Daten der vorhandenen Verfahrensstudien, die Durchführung eigener Studien unter Verwendung von aktuellen Grundwasserproben vom Gelände, nachvollziehbare Berechnungen zur Auslegung der großtechnischen Anlage aufgrund der Laborversuche, detaillierte Bauplanzeichnungen und Baubeschreibungen sowie Berechnungen der Gesamtkosten für eine 30jährige Laufzeit. In der Ausschreibung wurde mitgeteilt, daß das Angebot mit den geringsten technischen Erfordernissen und den geringsten Gesamtkosten unter Zugrundelegung der aktuellen Wertschätzungen, hochgerechnet auf 30 Jahre, den Zuschlag erhalten würde. In die Gesamtkosten waren die Entwicklungskosten, die Kapital- und Installationskosten sowie die Betriebskosten für 30 Jahre einzurechnen. Die Anbieter wurden aufgefordert zu einem Ortstermin, bei dem offene Fragen geklärt werden sollten und um Grundwasserproben zu entnehmen.

Von den Anbietern der UV-Oxidation wurde ein weiterer Schritt gefordert: Diese Anbieter hatten die *Gesamtkosten* für das von ihnen angebotene UV-System kombiniert mit einer nachgeschalteten Aktivkohleanlage zu errechnen (Parameter gemäß Angebotsaufforderung). Das kombinierte System mußte die Schadstoffkonzentrationen der explosiven Stoffe unter die Werte der Belastungsgrenze reduzieren. Dies gestattete den UV-Anbietern, die Vorteile und Nutzen aus einem kombinierten Betrieb von UV-Oxidation und Aktivkohleadsorption zu ziehen.

Die Labor- und Technikumsversuche, die vor der Fertigstellung des Entscheidungsberichts durchgeführt wurden, hatten nachgewiesen, daß die UV-Oxidation mit Ozon das beste Verfahren zur Entfernung der explosiven Stoffe aus dem kontaminierten Wasser darstellt. Deshalb wurde im Entscheidungsbericht festgehalten, daß ein UV-Oxidationssystem auf Ozonbasis in der Sanierung des Grundwassers eingesetzt werden soll. Da die meisten verfügbaren UV-Oxidationssysteme Wasserstoffperoxid verwenden, kam für viele Anbieter der UV-Oxidation ein Angebot nicht in Frage.

In der Angebotsaufforderung wurden genaue Daten hinsichtlich des Aktivkohleverbrauchs (d.h. Menge der adsorbierbaren explosiven Stoffe pro kg Aktivkohle) und der Kapitalkosten (Anschaffungskosten der Aktivkohleadsorptionsanlage pro Menge verbrauchter Aktivkohle in einem Jahr) angegeben. Zusätzlich wurde die Häufigkeit des notwendigen Aktivkohleaustausches spezifiziert (nicht öfter als 2mal pro Jahr). Diese Aktivkohleverbrauchswerte, die von den aktuellen Kosten der *Pink-water-Kläranlage* der MAAP abgeleitet wurden, erleichterten den Vergleich zwischen den einzelnen Anbietern der UV-Oxidation.

Es gingen Angebote von zwei UV-Oxidationssystemherstellern und einem Anbieter für elektrochemische Fällung ein (obwohl mehrere bei der Vor-Ort-Besichtigung anwesend waren). Eine vollständige Auswertung über folgende Daten wurde durchgeführt: Vollständigkeit des Angebots; Prüfung der Erfüllung der minimalen technischen Anforderungen gemäß Angebotsaufforderung; Korrektheit der maßstabsvergrößernden Berechnungen (Scale-up); Identifizierung fehlender Elemente im Gesamtsystem. Wie in der Angebotsaufforderung aufgeführt, berechnete das Team der ICF Kaiser Engineers die Kosten aller fehlenden Elemente und addierte diese Kosten dem Angebot des Anbieters hinzu. Der errechnete Wert des Systems (für eine Laufzeit des Systems von 30 Jahren bei einem jährlichen Zinssatz von 5%) wurde dann für einen Vergleich der Angebote herangezogen.

Beide angebotenen Systeme zur UV-Oxidation wurden für vollständig befunden und waren geeignet, den minimalen technischen Anforderungen zu entsprechen. Alle Berechnungen wurden auf ihre Richtigkeit hin überprüft. Innerhalb jedes angebotenen Systems wurden die fehlenden Elemente (ob vom Anbieter erkannt oder nicht) zu den Systemkosten hinzugefügt.

Von besonderem Interesse war die Tatsache, daß der UV-Oxidationssystemanbieter A etwas höhere Kapitalkosten ansetzte als der UV-Oxidationssystemanbieter B und auch etwas höhere jährliche Betriebskosten für das UV-Oxidationssystem veranschlagte. Jedoch erreichte Anbieter A eine sehr viel höhere Abbaurate der explosiven Stoffe, so daß die Kapitalkosten bei Anbieter A für das Aktivkohlesystem und dessen Betriebskosten sehr viel niedriger lagen als bei Anbieter B. Das Angebot des Anbieters A war zudem attraktiver, da es weniger Abfallstoffe produziert.

Noch bevor jegliche Auswertung bzw. Korrektur der Gesamtkosten durch ICF Kaiser Engineers vorgenommen wurde, zeigte das Angebot des Anbieters A die niedrigeren 30-Jahres-Projektkosten für den Kauf und den Betrieb der gesamten Explosivstoffsanierungsanlage (ca. 10%). Nachdem fehlende Systemelemente identifiziert wurden und den Systemen beider Anbieter zugefügt wurden, zeigte das System des Anbieters A immer noch die geringeren Gesamtkosten für das Projekt.

Das einzige Angebot für ein elektrochemische Fällungssystem entsprach den minimalen technischen Ansprüchen. Da es zudem vollständig war, wurde ihm der Zuschlag erteilt.

Die Angebote wurden ausgewertet und die Anbieter aufgrund der Auswahlkriterien der Angebotsaufforderung ausgewählt. Auf Basis dieser Vorgehensweise begründete der Distrikt von Savannah die Einbeziehung der Designunterlagen eines Anbieters in das Vertragswerk. Gleichzeitig wurde der Rest der Konstruktionsunterlagen von ICF Kaiser Engineers vervollständigt und dem Distrikt von Savannah zur Prüfung vorgelegt. Das endgültige Konstruktionspaket wurde anschließend in IFB für den Konstruktionsvertrag aufgenommen. Der Distrikt von Savannah hat den Konstruktionsvertrag erfolgreich im Dezember 1993 abgeschlossen. Somit wurde der auferlegte Termin eingehalten.

## Derzeitiger Stand des Projekts

Der derzeitige Stand des Projekts ist folgender:

- Die Grundwassersanierungsanlage für das O-Line-Ponds-Areal wurde geliefert und installiert. Derzeit werden die abschließenden Testläufe durchgeführt.

- Die Abdeckung des verunreinigten Bodens im O-Line-Ponds-Areal wurde erweitert. Dadurch wird eine weitere Verfrachtung der explosiven Stoffe vom Boden ins Grundwasser verhindert.

- Die Planungen für die Grundwassersanierungsanlage im nördlichen Geländeteil sind zu 90% abgeschlossen. Mit dem Bau der Anlage soll im Frühling oder Sommer 1996 begonnen werden.

- Ein Entscheidungsbericht zur Sanierung des durch explosive Stoffe kontaminierten Bodens innerhalb des Industriegeländes (insgesamt etwa 25 000 m$^3$) wurde von der Army und den zuständigen Behörden unterschrieben. Zur Sanierung wird der Boden abgetragen und mikrobiologisch saniert. Das Sanierungsziel wurde aufgrund der standortspezifischen Risikoanalysen festgelegt.

- Weitere Arbeiten erfolgen derzeit in den südlichen Arealen.

### Schlußbemerkungen

Die wichtigsten Schlußfolgerungen der Felduntersuchungen und der Risikoanalyse stellen sich wie folgt dar:

- Grundwasserkontaminationen in einem hohen Ausmaß und aus mehreren dazu beitragenden Quellen sind das Problem mit der größten Langzeitgefahr an der MAAP-Anlage. Die Schadstoffahne im Grundwasser erstreckt sich bis in außerhalb des Geländes liegende Gebiete, die potentielle Gesundheitsgefährdung ist unzulässig hoch.

- Das Grundwasserströmungsmodell zeigt, daß ein großer Teil des Grundwassers nicht in den Rutherford Fork fließt, sondern beinahe das gesamte oberflächennahe Grundwasser in nordwestliche Richtung unkontrolliert abfließt. Es ist deshalb dringend erforderlich, die Grundwasserqualität in diesem Bereich zu kontrollieren.

- Die Modellierung der Oberflächenabflüsse in den Drainagegräben, gekoppelt mit der Auswertung der Grundwasserfließgeschwindigkeit, erbrachte das Ergebnis, daß aus den Gräben größere Mengen kontaminierten Wassers versickerten und auch weiterhin versickern könnten. Es wird derzeit weiter an den Untersuchungen der Gräben gearbeitet.

– Die hohen Mengen an anorganischen Chemikalien, die im Oberflächenwasser
  und im Sediment gefunden wurden, könnten zu schädigenden Folgen für das
  Wasserleben führen. Weitere Untersuchungen zu den möglichen ökologischen Folgen werden derzeit durchgeführt.

Hinsichtlich der Projektsteuerung ist folgendes anzumerken:

– Die Trennung von Planungs- und Konstruktionsphase in einem Sanierungsprojekt kann den Beginn der Konstruktion eher beschleunigen als ihn verzögern, besonders wenn unvorhersehbare Fakten in Betracht gezogen werden
  müssen.

– Die Auswahl optimaler Ablaufstrukturen während der Durchführbarkeitsstudie
  und der Erarbeitung des Entscheidungsberichts vermeidet nicht unbedingt die
  Notwendigkeit weiterer Modifikationen während der Planungs- und Konstruktionsphase.

– Falls nötig, kann der Einsatz eines Subunternehmens zur Durchführung von
  Sanierungsuntersuchungen und der Erstellung einer Durchführbarkeitsstudie
  eine attraktive Alternative sein.


## Literatur

ICF Kaiser Engineers, Inc. (Dezember 1991) Milan Army Ammunition-Plant Remedial
  Investigation Report (*Untersuchungsbericht zur Sanierung der Munitionsfabrik der Ar-
  my in Milan*), erstellt für die U.S. Army Toxic and Hazardous Materials Agency (*Amt
  für toxische und gefährliche Stoffe*), Vertrag DAAA-15-88-D-0009.
Moore GK (1976) Geology and Hydrology of the Claiborne Group in Western Tennessee
  (*Geologie und Hydrologie der Claiborne-Gruppe in West-Tennessee*) Geological Survey
  Water-Supply Paper (*Geologischer Sachverständigenbericht zur Wasserversorgung*)
  1809-F, U.S. Geological Survey.
Parks WS, Carmichael JK Geology and Ground-Water Resources of the Memphis Sand in
  Western Tennessee (*Geologie und Grundwasserressourcen im Memphis-Sand in West-
  Tennessee*), Water Resources Investigations Report (*Wasserressourcen Untersuchungs-
  bericht*) 88-4182, U.S. Geological Survey.

# Die Rolle des amerikanischen Schadensersatzamts (*U.S. Army Claims Service, Europe*) bei der Umweltsanierung

Jody M. Prescott

## 1 Die Aufgabe und Rechtsstellung des amerikanischen Schadensersatzsamts in Europa, Abteilung Schadensersatzansprüche im Ausland (*Foreign Claims Branch*)

Die Abteilung für Schadensersatzansprüche im Ausland des amerikanischen Schadensersatzamts in Europa bearbeitet, prüft und erstattet alle berechtigten Schadensersatzansprüche, die gegen die U.S.-Streitkräfte in Deutschland geltend gemacht werden. Diese Aufgabe wird gemäß den Bestimmungen von Artikel VIII des NATO-Truppenstatuts wahrgenommen. In Artikel VIII werden sowohl Ansprüche des Aufnahmestaates, wie z.B. die der Bundesrepublik Deutschland, als auch Schadensersatzansprüche Dritter gegen den Entsendestaat, wie die Vereinigten Staaten, behandelt. Das NATO-Truppenstatut ermöglicht ebenfalls eine Abwicklung dieser Schadensersatzansprüche durch den Aufnahmestaat für den Entsendestaat. In Deutschland wird diese Aufgabe von den jeweiligen Ämtern für Verteidigungslasten wahrgenommen.

Artikel 41 des Zusatzabkommens zum NATO-Truppenstatut setzt die allgemeinen Grundsätze des NATO-Truppenstatuts für Deutschland um, und das Verwaltungsabkommen zwischen den Vereinigten Staaten und der Bundesrepublik Deutschland dient der Durchführung von Artikel VIII. Das Verwaltungsabkommen beschreibt die Mechanismen, die bei der Bearbeitung von Schadensersatzansprüchen gemäß dem NATO-Truppenstatut Anwendung finden. Dem Schadensersatzamt wird darin die Rolle zugewiesen, alle Schadensersatzansprüche unter dem NATO-Truppenstatut entgegenzunehmen, zu bestätigen und zu erstatten.

Die innerstaatliche rechtliche Grundlage, nach der das Schadensersatzamt diese Aufgabe erfüllt, bilden § 2734 und § 2734a, Bd. 10 des *United States Code* (U.S.C. – Offizielle Sammlung von U.S.-Gesetzen). § 2734, Bd. 10, U.S.C., trägt den Titel „Gesetz über Schadensersatzansprüche im Ausland" (*Foreign Claims*

*Act*), und § 2734a (*International Agreement Claims Act*) enthält die finanzpolitische Umsetzung internationaler Verträge mit gegenseitigen Verpflichtungen wie z.B. das NATO-Truppenstatut.

In der Richtlinie 5515.8 des U.S.-Verteidigungsministeriums (DoD) wird die Bearbeitung von Schadensersatzansprüchen einzelnen Teilstreitkräften jeweils für verschiedene Staaten mit ausschließlicher Zuständigkeit zugewiesen. In der DoD Richtlinie 5515.8 wird den U.S.-Landstreitkräften, Europa, die Zuständigkeit für Österreich, Belgien, Frankreich, Deutschland und die Schweiz übertragen. Das Schadensersatzamt der U.S.-Armee, Europa, ist die für sämtliche Schadensersatzansprüche in diesen Ländern allein zuständige Dienststelle der U.S.-Streitkräfte. Die regulären Verfahren zur Bearbeitung von Schadensersatzansprüchen werden durch internationale Abkommen und U.S.-Heeresdienstvorschriften (*Army Regulations*) festgelegt, wie die Heeresdienstvorschrift 27-20, „Schadensersatzansprüche" (vom 1. August 1995) und die Broschüre 27-162 des Heeresministeriums (*Department of the Army Pamphlet*) über Schadensersatzansprüche (vom 15. Dezember 1989).

## 2    Abteilung für Schadensersatzansprüche im Ausland: Aufbau und Bearbeitung von umweltbezogenen Schadensersatzansprüchen

Die Abteilung für Schadensersatzansprüche im Ausland besteht aus vier verschiedenen Unterabteilungen, von denen drei Abteilungen Schadensersatzansprüche Dritter gegen die U.S.-Streitkräfte bearbeiten. Jede dieser drei Unterabteilungen befaßt sich auch mit Schadensersatzansprüchen, die als „umweltbezogen" bezeichnet werden können.

### Unterabteilung *Commissions*

Die Unterabteilung *Commissions* bearbeitet Schadensersatzanträge aus unerlaubten Handlungen, die von Mitgliedern der Streitkräfte oder des zivilen Gefolges außerhalb des Dienstes begangen wurden. Beispiele für diese Art von Schadensersatzansprüchen sind Tötungsdelikte, Fälle von Körperverletzung und mutwillig zerstörte Fahrzeuge. Bestimmte „umweltbezogene" Schadensersatzansprüche können jedoch in diesem Zusammenhang auftreten. Wenn ein amerikanischer Soldat z.B. zu Hause am Wochenende das Öl und das Frostschutzmittel in seinem Privatwagen wechselt und diese umweltschädigenden Stoffe auf dem Acker eines Bauern ablädt, wäre der Bauer berechtigt, einen sogenannten „Ex-gratia-Schadensersatzanspruch" bei dem zuständigen Amt für Verteidigungslasten geltend zu machen. Dieser Schadensersatzanspruch wird als „ex gratia" bezeichnet, weil die

Vereinigten Staaten gesetzlich nicht verpflichtet sind, für diese unerlaubte Handlung, die außerhalb des Dienstes begangen wurde, Schadensersatz zu leisten.

## Unterabteilung für Manöverschäden

Die Unterabteilung für Manöverschäden bearbeitet Schadensersatzansprüche aufgrund von Schäden, die von U.S.-Truppen bei Manövern verursacht wurden. Diese Schadensersatzansprüche entstehen aus Handlungen von Personal der U.S.-Streitkräfte in Ausübung ihres Dienstes. Beispiele dafür sind Schäden an Ackerland, Wäldern und Gebäuden. Natürlich können viele dieser Schadensersatzansprüche als umweltbezogen bezeichnet werden. Die Abteilung für Schadensersatzansprüche im Ausland bearbeitet diese Fälle jedoch getrennt, denn ungleich den meisten umweltbezogenen Schadensersatzansprüchen ist es bei den Schadensersatzansprüchen aus Manöverschäden nicht notwendig, daß ein Verschulden der U.S.-Streitkräfte vorliegt, um sie haftbar zu machen.

## Unterabteilung Unerlaubte Handlungen (*Torts Section*)

Diese Abteilung bearbeitet Schadensersatzansprüche, die aus Handlungen oder Unterlassungen entstehen, die von Mitgliedern der U.S.-Streitkräfte oder des zivilen Gefolges in Ausübung ihres Dienstes oder aus einer anderen Handlung, Unterlassung oder Begebenheit, für die die U.S.-Streitkräfte verantwortlich ist, vollzogen werden. Es muß entschieden werden, ob ein Verschulden vorliegt,und die Haftung wird durch deutsches Recht festgelegt. Die von der *Torts Section* wahrscheinlich am häufigsten bearbeiteten Schadensersatzansprüche entstehen aus Verkehrsunfällen. Die finanziell bedeutendsten Schadensersatzansprüche sind jedoch solche, die aufgrund von Umweltverschmutzung entstehen, ausgehend von durch die U.S.-Streitkräfte genutzten Einrichtungen.

## 3     Verfahren

### Geltendmachung

Mit Ausnahme der Mitglieder der U.S.-Streitkräfte oder des zivilen Gefolges kann jeder eine Schadensersatzforderung für Schäden, die in Deutschland von U.S.-Streitkräften verursacht wurden, nach Maßgabe des NATO-Truppenstatuts und des Zusatzabkommens geltend machen. NATO SOFA Schadensersatzforderungen, also solche aufgrund von Schäden aus unerlaubten Handlungen oder Manövern, müssen normalerweise beim Amt für Verteidigungslasten innerhalb von drei Monaten nach Feststellung des Schadens geltend gemacht werden. Ex-gratia-Schadensersatzforderungen müssen innerhalb von zwei Jahren eingereicht werden.

Gemäß § 852, BGB, beträgt die Verjährungsfrist für Schadensersatzforderungen aus unerlaubten Handlungen 30 Jahre, wenn die geschädigte Partei von dem Schaden keine Kenntnis hat. Dieses Gesetz kann in Zukunft eine wichtige Rolle spielen. Angenommen der Geschädigte besitzt Land außerhalb einer ehemaligen militärischen Einrichtung. 31 Jahre nachdem die U.S.-Streitkräfte diese Einrichtung an das Bundesvermögensamt zurückgegeben haben, stellt der Geschädigte fest, daß Schaden an seinem Grundstück entstanden ist. Selbst wenn der Schaden durch eine Fahrlässigkeit der U.S.-Streitkräfte als Nutzer der Einrichtung entstanden ist, hat der Geschädigte aufgrund der Verjährung keine Chance, seinen Schadensersatzanspruch unter dem NATO-Truppenstatut anerkannt zu bekommen. Als Besonderheit des im Bereich der Stationierungstreitkräfte geltenden Rechts können Ansprüche nach Ablauf von zwei Jahren seit dem Zeitpunkt des schädigenden Ereignisses nicht mehr geltend gemacht werden. Die Frist beginnt zu laufen, wenn der Geschädigte bei Anwendung der im Verkehr erforderlichen Sorgfalt von dem Schaden hätte Kenntnis erhalten können.

### Überprüfung und Zuerkennung

Nachdem sie ihre eigene Prüfung der geltend gemachten Schadensersatzforderungen durchgeführt haben, leiten die Ämter für Verteidigungslasten diese an die Abteilung für Schadensersatzforderungen im Ausland zur Ausstellung einer Dienstlichkeitsbescheinigung (*scope certificate*) weiter. Mit Ausstellen dieser Dienstlichkeitsbescheinigung bestätigt das Schadensersatzamt entweder, daß die Beteiligung der U.S.-Streitkräfte an dem Vorfall in Ausübung des Dienstes oder außerhalb des Dienstes erfolgte oder daß die U.S.-Streitkräfte gar nicht daran beteiligt waren.

Als weitere Art der Dienstlichkeitsbescheinigung kann die sogenannte Dienstlichkeitsbescheinigung für Ausnahmefälle (*scope exceptional certificate*) ausgestellt werden. Mit dieser Art von Bescheinigung bestätigen die U.S.-Streitkräfte, daß ihre Beteiligung in Ausübung des Dienstes erfolgt ist. Bevor jedoch aufgrund dieser Bescheinigung Zahlungen seitens der Verteidigungslastenverwaltung an den Geschädigten erfolgen, hat das Schadensersatzamt das Recht, die Akten zur Einsicht anzufordern. Diese Art von Bescheinigung wird am häufigsten in wichtigen umweltrelevanten Fällen ausgestellt.

In Fällen, in denen die Beteiligung der U.S.-Streitkräfte in Ausübung des Dienstes erfolgte, haben die Ämter für Verteidigungslasten die alleinige Befugnis, über die Berechtigung der Schadensersatzforderungen zu entscheiden. Sie entscheiden, ob die U.S.-Streitkräfte nach deutschem Recht haftbar sind (d.h. dem Grunde nach), und sie können den Geschädigten Geldbeträge zuerkennen (d.h. der Höhe nach). Die Geschädigten können die Entscheidungen der Verteidigungslastenverwaltung entweder akzeptieren oder die Angelegenheit in einem Rechtsstreit vor Gericht entscheiden lassen.

In Fällen, in denen die Beteiligung der U.S.-Streitkräfte außerhalb des Dienstes erfolgte (ex gratia), können die Ämter für Verteidigungslasten lediglich eine Empfehlung an das Schadensersatzamt aussprechen, ob ein Anspruch besteht, und – wenn ja – den zu zahlenden Betrag vorschlagen. Die Unterabteilung *Commissions* befindet über die Ex-gratia-Fälle abschließend und kann dabei die Empfehlungen der Ämter für Verteidigungslasten entweder akzeptieren oder ablehnen. Tatsächlich werden oft höhere Summen zuerkannt, als von den Ämtern für Verteidigungslasten empfohlen.

### Erstattung

Nachdem sie Zahlungen an die Geschädigten geleistet haben, stellen die Ämter für Verteidigungslasten Erstattungsanträge beim Schadenseratzamt. Nach den Bestimmungen über Kostenaufteilung im NATO-Truppenstatut zahlen die Vereinigten Staaten der Bundesrepublik normalerweise 75% der zuerkannten Entschädigung. Ex-gratia-Schadensersatzanträge werden zu 100% aus U.S.-Mitteln bezahlt.

## 4    Umweltbezogene Fälle

Seit dem Inkrafttreten des NATO-Truppenstatuts und dessen Ausführungsabkommen für die Vereinigten Staaten und die Bundesrepublik Deutschland hat das Schadensersatzamt den U.S.-Anteil aus Schadensersatzforderungen aufgrund von Umweltschäden bezahlt. In den vergangenen 12 Jahren hat sich jedoch die Art der umweltbezogenen Schadensersatzforderungen geändert.

In der Vergangenheit ging es bei den Schadensersatzforderungen meistens um Verschmutzung durch Treibstoff oder Oberflächenschäden in Naturschutzgebieten. Heute jedoch ist bei den Schadensersatzforderungen häufig verschmutztes Grundwasser mit im Spiel, ein Schaden, der nur sehr schwer und mit hohen Kosten behoben werden kann. Bei solchen Schadensersatzforderungen beschränken wir uns nicht nur darauf, die Rechnung zu bezahlen.

Wir sind sehr besorgt über diese Fälle und koordinieren unsere Bemühungen mit denen der verschiedenen Ämter für Verteidigungslasten und den Geschädigten, um sicherzustellen, daß die bestmöglichen Technologien für Sanierungsmaßnahmen angewendet werden und daß diese wirkungsvoll und kostenwirksam eingesetzt werden.

## 5    Abschließende Bemerkungen

Unsere Dienststelle und die Ämter für Verteidigungslasten finanzieren derzeit ein Dutzend laufender Sanierungsprojekte in Deutschland. Keines davon ist bis jetzt abgeschlossen, einige, wie z.B. das Mannheim-Käfertal-Projekt, laufen bereits seit einigen Jahren. Wir erwarten in der Zukunft weitere Schadensersatzforderungen im Zusammenhang mit erheblichen Umweltschäden, wenn die Liegenschaften an die Bundesrepublik zurückgegeben und bis dahin nicht erkannte Umweltschäden entdeckt werden. In Einklang mit den Grundsätzen der U.S.-Armee, Verantwortung für die Umwelt zu zeigen, freuen wir uns darauf, mit den verschiedenen deutschen Behörden auf Bundes-, Landes- und lokaler Ebene, und mit den Geschädigten zusammenzuarbeiten, um diese Schäden so schnell und wirksam wie möglich zu beheben.

# Total Quality Management und Umweltaudits im militärischen Bereich

Willi Ningelgen

## 1      Einführung

Der folgende Beitrag stellt die weiteren praktischen Erfahrungen mit *„Umwelt-auditing"* und *„Total Quality Management"* mit Schwerpunkt im Bereich konta-minierte Standorte und Altlasten auf von der U.S.-Luftwaffe genutzten Liegen-schaften vor und fügt sich nahtlos an einen vom Autor vor zwei Jahren gehaltenen Vortrag im Umweltinstitut Offenbach an.

Die Grundlagen des damaligen Vortrags lagen in der Darstellung eines Um-weltmanagementsystems (UMS) für die Umweltabteilung. Das UMS hat zwei grundlegende Ziele:

Einmal sollen die Umweltserviceleistungen (Projektconsulting, Projektfinanzie-rung etc.) unserer Abteilung gegenüber unseren übergeordneten (Pentagon) wie nachgeordneten (Flugplätze europaweit) Dienststellen optimiert und verbessert werden. Zum anderen soll im Sinne einer „Controllingfunktion" die Implementie-rung der einzelnen Umweltprogramme auf Hauptquartier- und Flugplatzebene überwacht und, wenn notwendig, forciert werden. Der folgende Beitrag soll die praktische Umsetzung des UMS in den vergangenen beiden Jahren aufzeigen.

## 2      Die grundlegenden Voraussetzungen des USAFE (*United States Air Force Europe*)- Umweltmanagementsystems (UMS)

Basis unseres UMS sind die Studien und Veröffentlichungen von Coopers & Ly-brand TQM (*Total Quality Management*) Consultants, ergänzt durch den Audit-prozeß der U.S.-Luftwaffe. Ergänzt wird dieses UMS momentan mit Erkenntnissen des Ökocontrolling, unter dem Aspekt „Informationsmanagement" und *„Relative Risk Management"*. In den USA wird zwischenzeitlich jede Entscheidung bei Sanierungen im Altlastenbereich von einer *„Risk Based Cleanup Approach*

(REBECA)" bereits im Vorfeld gesteuert. Hier wird vor allem dem Aspekt der eigentlichen Gefährdung der menschlichen Gesundheit große Aufmerksamkeit gewidmet. Ich sehe diese Entwicklung auch auf Europa zukommen. Hauptgründe dafür liegen in einer momentan noch weitverbreiteten Unkenntnis über die tatsächliche Gefährdung durch bestimmte Stoffe und in den, vor allem zukünftig, noch wesentlich begrenzter zur Verfügung stehenden öffentlichen Geldmitteln.

## 2.1    Der PDAC-Zyklus

Eine wichtige Grundlage und ein typisches Merkmal unseres TQM ist der sogenannte **PDAC**(**P**lan **D**o **A**ct **C**heck)-Zyklus, der ergänzt mit den Mitteln des Ökocontrolling (Steuerung und Umsetzungskontrolle) folgendes Aussehen hat (Abb. 1):

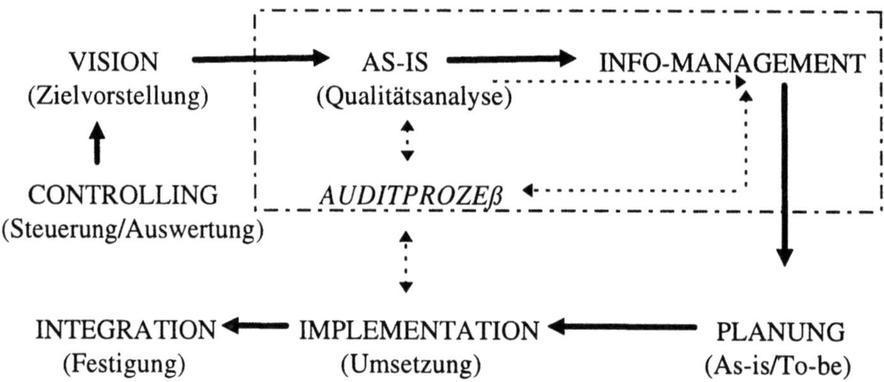


**Abb. 1.** Der PDAC-Zyklus

Im kleinen Zyklus spiegelt sich das operative oder projektbezogene Management und im großen Zyklus das strategische Management zur Optimierung vernetzter Prozesse wider.

## 2.2    Der Auditprozeß im Altlastenbereich der U.S.-Luftwaffe Europa

Zwischenzeitlich haben sich für viele Bereiche Auditierungsprozesse entwickelt. Interessanterweise gibt es für den Gesamtkomplex Altlasten noch keine vernünftigen Konzepte. Es war also für den Bereich „kontaminierte Standorte und Altlasten" eine Überprüfungs-, sprich Auditierungskonzeption zu entwickeln. Ich benutzte dazu den Modellansatz der U.S.-Luftwaffe, das sogenannte „*Four-Slide-Review-Prozeßauditkonzept*". In dieser Konzeption verbinden sich die klassischen TQM-Ansätze mit den Erkenntnissen der Auditierungsprinzipien. Die „*Four Slide Review*" wird für alle unsere Umweltprogramme angewendet. Ich möchte Ihnen nachfolgend das Prinzip und seine praktische Umsetzung erläutern.

# 3    Die „*Four Slide Review*" als Auditierungsinstrument im Altlastenmanagement

Wie betont, handelt es sich um ein *Prozeßaudit*. Wichtigste Voraussetzung eines jeden Audits ist einmal seine *Zweckbestimmung* (Was will ich eigentlich überprüfen?) und zum anderen die Anwendung *überprüfbarer Standards* (Wie und an was messen wir die Effizienz oder den Reifegrad?). Die Überprüfbarkeit muß gewährleistet sein, und diese Rahmenbedingungen müssen bekannt und anerkannt sein, ansonsten ist eine Auditierung unmöglich. Sollte es keine Rahmenbedingungen in Form von überprüfbaren Vorschriften geben, behilft man sich im innerbetrieblichen Management mit dem Erarbeiten von Qualitätsstandards über das TQM-Prinzip der Vision. Ich möchte das *Visionsprinzip* nachfolgend noch einmal kurz darstellen, da in vielen Umweltprogrammen (vor allem mit ökonomisch-ökologischer Ausrichtung) Rahmenbedingungen fehlen oder momentan erarbeitet werden (Abb. 2).

**1.Schritt:**  Programme und Dienstleistungen definieren
Was machen wir (ich) eigentlich?

**2.Schritt:**  „*Customer Relations*"
Wer möchte, wer kann etwas von uns (mir) wollen
(unter-/übergeordnet)?

**3.Schritt:**  „*Customer Expectations*"
Was wird von uns (mir) erwartet (Input, Output, Qualität)?

**4.Schritt:**  Entwickeln einer „Vision"
Wo bin (stehe) ich?? ⟶ Wo will ich hin??
AS-IS ⟶ TO-BE

**5.Schritt:**  „SWOC" Analyse
*Strength   Weaknesses   Opportunities   Constraints*

**6.Schritt:**  Erste Beurteilung und Überprüfung von **Schritt 4**

**7.Schritt:**  Korrektur der „Vision"

**8.Schritt:**  Umsetzung im *PDAC-Zyklus* (s. Abb. 1)

**Abb. 2.** Das Visionsprinzip im TQM

## 3.1    Die Auditzweckbestimmung

Die strategischen Vorgaben kamen von unserer militärischen Führung. Man war bestrebt, dem TQM vor allem im Management und in der Beachtung von Vorschriften der USA und der Gastländer breiten Raum zu geben. Daraus ergaben sich dann zwei grundlegende Aufgaben:

– einmal die „*Accountability of Management*", d.h. die Effizienz des Altlastenmanagements, sowohl auf der *Führungsebene* (HQ USAFE) wie auch auf der eigentlichen Bearbeitungsebene (Air Base) überprüfbar zu machen,

und zum anderen

– die „*Compliance*", d.h. die Übereinstimmung mit und die Einhaltung von Gesetzen, Vorschriften und Standards grundsätzlich zu überprüfen.

Damit hatten sich zwei Auditzielbestimmungen herauskristallisiert mit einer Unterteilung in der Effizienzbeurteilungsebene:

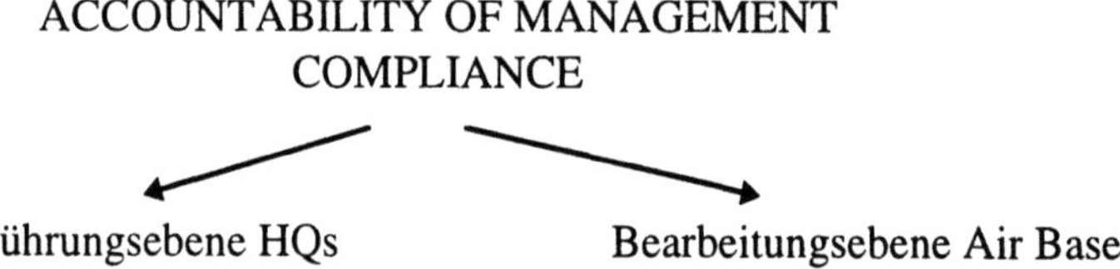



## 3.2    Das Erarbeiten von nachprüfbaren Standards

Nächster wichtiger Schritt ist die Bereitstellung oder Erarbeitung nachprüfbarer Standards als Rahmen und Gradmesser für die Auditierung. Sollten keine Standards bestehen, sind sie über das Visionsprinzip (s. Abb. 2) zu erarbeiten. Für das Altlastenprogramm lagen die Parameter in Form der geforderten Abwicklungsart der einzelnen Programmphasen bereits vor. Sie besteht aus den nachfolgend beschriebenen Elementen (Abb. 3).

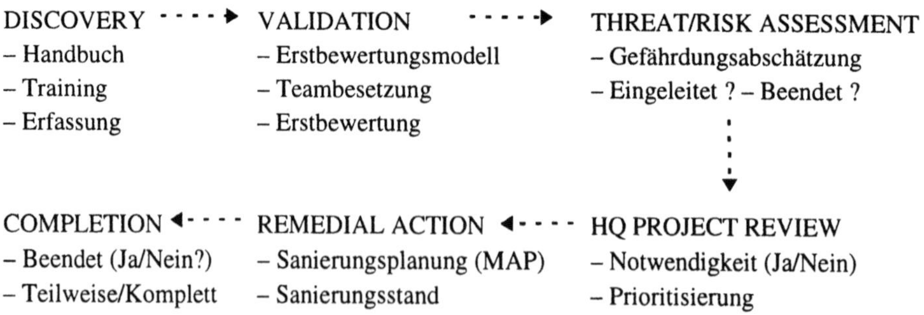



**Abb. 3.** Elemente und Abwicklung des „USAFE-Kontaminierte-Standorte-und-Altlastenprogramms"

### 3.3    Die Systematik der Beurteilung

Die Beurteilung oder Einstufung des Reifegrades oder der Effizienz der einzelnen Beurteilungselemente erfolgt über die Ampelfarben.

| | |
|---|---|
| **Rot** | *major deficiencies* |
| **Gelb** | *minor problems* |
| **Grün** | *meets standards* |

Diese Systematik ist sehr übersichtlich und erlaubt eine einfache Überprüfung (Auditierung) des Altlastenmanagements sowohl auf der Führungsebene (HQ USAFE), wie auf der Sachbearbeitungsebene (Air Base).

### 3.4    Das „Altlastenprogramm" als TQM-Zyklus

Aus den vorher genannten Grundlagen hat sich folgender „*Four-Slide-Review*"-TQM-Zyklus ergeben (Abb. 4).

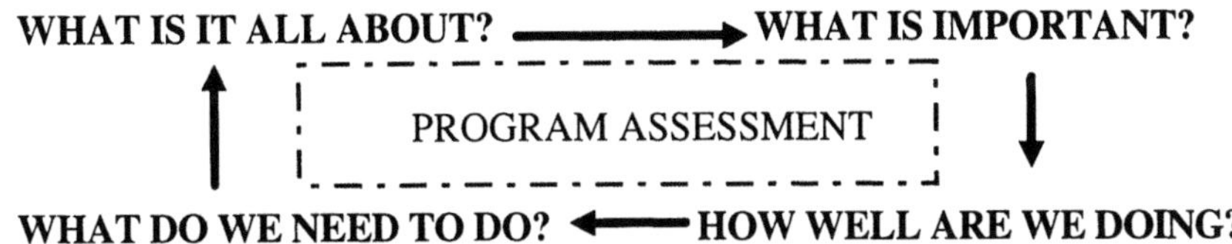


**Abb. 4.** Die „*Four-Slide-Review*"

## 4    Die praktische Umsetzung der „*Four Slide Review*"

In der Quartalspraxis (alle drei Monate wird der momentane Programmstatus gezeigt) werden die in Abb. 4 gezeigten „vier Managementabschnitte" einer nach dem anderen angegangen und bearbeitet. Sie werden dabei auf „Overhead-Folie" nacheinander erläutert, und die in der jeweiligen Managementphase erfolgten Fortschritte im Arbeits- und Umsetzungsprozeß des Altlastenprogramms werden mit dem leitenden Offizier (Oberst) diskutiert.

Auf Grund der übersichtlichen und immer wiederkehrenden Fragestellungen ist diese Form des Programmauditing ein hervorragendes Führungsinstrument und eventuelle „*Deficiencies*" (fehlende Aktionen oder Verzögerungen) werden sofort erkannt. Man ist also jederzeit über den Stand des Altlastenprogramms, also über den jeweiligen Reifegrad, bestens informiert. Nachfolgend möchte ich die einzelnen Managementabschnitte etwas näher beschreiben.

**Slide 1 – *What is it all about?* (Um was geht es, was wollen wir?)**

- *Goal* (langfristiges Ziel)
  *Beispiel*: Es ist sicherzustellen, daß unsere Liegenschaften frei von Kontaminationen sind, welche die menschliche Gesundheit und Sicherheit, und die
  uneingeschränkte Nutzung des Bodens beeinträchtigen!

- *Objectives* (kurzfristige Ziele)
  *Beispiel*: Alle Gefährdungsabschätzungen sind bis zum Kalenderjahr 1998
  abzuschließen!

- *Policy* (Vorgehen)
  *Beispiel*: Beschreibung der für das entsprechende Programm maßgebenden
  Vorschriften und Gesetze!

**Slide 2 – *What is important?* (Was ist wichtig?)**

- Beschreibung des Umfangs aller als beurteilungsrelevant für den Reifegrad
  und die Qualität des Altlastenprogramms ermittelten Aktivitäten.
- Gezeigt am Beispiel der *Discovery*- und der *Validation*-Programmphase.

| *Discovery*<br>(Verdachtsflächenerfassung) | | *Validation*<br>(Erstbewertung) | |
|---|---|---|---|
| **O-Gelb** | Training des Erfassungs-<br>Teams abgeschlossen? | **O-Gelb** | Bewertungsteam<br>zusammengestellt? |
| **O-Grün** | Sind alle Verdachts-<br>flächen (sites) erfaßt? | **O-Grün** | Wurden alle sites<br>erstbewertet? |
| **O-ROT** | Würde bedeuten, es ist gar nichts passiert ! | | |

**Slide 3 – *How well are we doing?* (Wie erfolgreich sind wir?)**

- Wieviele kontaminierte „*sites*" wurden erfaßt?
- Welche „*sites*" wurden einer Erstbewertung unterzogen?
- Für welche „Kont. Bereiche/*sites*" müssen Gefährdungsabschätzungen
  durchgeführt werden?
- Welche „*sites*" sind als Altlasten (*Confirmed Contaminated Sites* – CCS)
  anzusehen?
- Wurden die Maßnahmen mit dem Gastland abgestimmt?
- Sind alle „CCS" finanziert? Welche nicht?
- Für welche „CCS" ist die Sanierungsplanung beauftragt/eingeleitet?
- Hat die Sanierung begonnen?
- Wie ist der Stand der Sanierung (Fertigstellungstermine)?
- Hat die lokale/regional zuständige Genehmigungsbehörde den Erfolg der
  Sanierung bestätigt?

**Slide 4 –** *What do we need to do?* **(Was ist noch zu tun?)**

- Überwachung verbessern!
- Finanzierung beschleunigen!
- Datenaustausch HQ-Base verbessern!
- Orientierungswerte diskutieren!
- Leitsätze für Ausschreibung und Vergabe entwickeln/veröffentlichen!
- Ausbildung vertiefen!
- Zeitplanung verbessern!

*Program assessment!* **(Überblick)**

- Zentrales Ergebnis und die Zusammenfassung von *Slide 1-4* ist immer das
  sogenannte *„Program assessment"*, welches in einer leicht überschaubaren
  Übersicht die Stärken und Schwächen im jeweiligen Programm aufzeigt.

| *Bases* | *Disco* | *Validation* | *Risk Assessment* | *Remedial Action* |
|---------|---------|--------------|-------------------|-------------------|
| Paris AB | O-Grün | O-Grün | O-Grün | O-Gelb |
| London AS | O-Grün | O-Grün | O-ROT | O-ROT |
| Berlin AB | O-Grün | O-Grün | O-ROT | O-ROT |
| New York | O-Grün | O-Gelb | O-ROT | O-ROT |

# 5    Zusammenfassung

Ich habe versucht, Ihnen heute den TQM- und Auditierungsprozeß der U.S.-
Luftwaffe Europa am Beispiel unseres Altlastenprogramms näherzubringen. Auf
die Stärken und Schwächen dieses TQM-Prinzips wurde im Beitrag näher eingegangen. Zusammenfassend darf ich festhalten: Die *„Four Slide Review"* ist zur
Überprüfung der Effizienz des Managements von Umweltprogrammen hervorra-
gend geeignet. Defizite in der Programmumsetzung werden sehr deutlich, und man
gewinnt wichtige Erkenntnisse zur Verbesserung des Managements. Die *„Four
Slide Review"* ist nicht geeignet, den *Inhalt* eines Umweltprogramms zu beurteilen. Die Inhalte von Umweltprogrammen müssen einer gesonderten, spezifisch auf
diese Fragestellung abgestimmten Auditierung unterworfen werden. Es handelt
sich in diesen Fällen mehr um technische Fragestellungen. Die *„Four Slide Review"* fragt nach dem „Ob" und „Wann", also mehr nach der zeitlichen Umsetzung

einer Maßnahme und nicht nach der Art der Umsetzung. Auf unser Altlastenbeispiel bezogen heißt das, die Art der Durchführung einer Verdachtsflächenerfassung wird nicht auditiert, sondern die Tatsache, daß sie überhaupt durchgeführt wird, und in welchem zeitlichen Rahmen. Sicherlich erfaßt man auch bis zu einem gewissen Grad Programminhalte, wenn die Standards festgelegt werden.

# GOE

## GESELLSCHAFT FÜR ORGANISATION UND ENTSCHEIDUNG

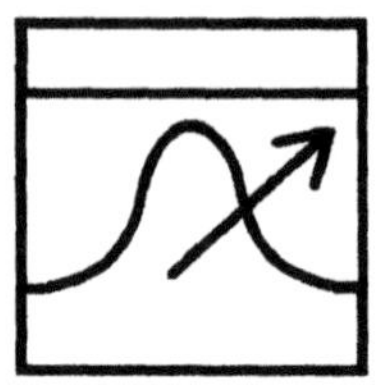

Wissenschaftliche Analyse - Beratung - Schulung
in den Bereichen Umwelt, Soziales, Gesundheit und Wirtschaft

---

## Ökologische und ökonomische Lösungen:

- Planung von Untersuchungen im Umweltbereich

- Optimierung der Probenahme bei Altlasten

- Statistik, explorative Datenanalyse und Datenerhebung

- Risikoanalysen und epidemiologische Studien

- Prozeßoptimierung und Energiebilanzierung für Klärwerke

- Abwassermonitoring

- Qualitätsmanagement und Qualitätskontrolle

---

| | |
|---|---|
| Apfelstraße 119 | Wiesenstrasse 11 |
| D-33611 Bielefeld | CH-8700 Küsnacht/ZH |
| Tel.: 0521 - 8752222 | Tel.: 01-9103704 |
| Fax: 0521 - 8752288 | Fax: 01-9103704 |

# Europäische Kooperation zur effizienten Umweltsanierung

## Eine Partnerschaft, die mehr gesunde Umwelt schafft.

Viele Sanierungs- und Umwelt-Projekte lassen sich heute schnell und wirtschaftlich nur noch mit leistungsstarken Verbundpartnern und -Systemen lösen.

ECOTECHNIEK und RUT haben darum auf europäischer Basis eine Kooperation gegründet, um die Umwelt besser zu schützen und die Zukunft wieder ein Stück sicherer zu machen.

ECOTECHNIEK gehört zu den größten niederländischen Unternehmen der Umwelttechnologie, Abfallentsorgung und umwelttechnischen Produktion. ECOTECHNIEK ist Mitglied im Verbund der Königlichen Volker Stevin (KVS).

RUT ist ein Unternehmen der RAG UMWELT GmbH und seit 1986 in der Altlastensanierung tätig.

In gemeinsamen Projekten sind bisher über 350.000 t Boden erfolgreich gereinigt worden.

## Wir sind kompetent für:

**ECOTECHNIEK:**
- Zwei leistungsfähige Anlagen zur thermischen Bodensanierung, die den Standard deutscher Vorschriften (17. BImSchV) erfüllen.
- Techniken zur thermischen und biologischen Bodenreinigung.
- Grundwasserreinigung.
- Sammeln und Aufarbeiten chemischer Klein- und Industrieabfälle.
- Anaerobe Vergärung organischer Abfallstoffe.
- Thermische und kaltchemische Immobilisierung von Altlasten.

**RUT:**
- Ausgefeilte Sanierungslogistik mit bundesweitem direkten Kontakt zum Kunden.
- Boden-Recycling.
- Recycling von Teeren.
- Handling, Aufbereitung und Entsorgung von Schwerstkontaminationen.
- Grundwasserreinigung.
- Vorort-Sanierung von Lösemittel- oder Quecksilberschäden mit der Mobil-Anlage Terra-Por.
- Zwei Bodensanierungsanlagen nach dem Verfahren TERRA-THERM in Sachsen und NRW (in Vorbereitung).

### Ihre Ansprechpartner in Deutschland.

## Unsere Kooperation. Auf einen Blick.

Das kann sie Ihnen bieten:

1. Erprobte Techniken zur Boden- und Wassersanierung.

2. Komplette Dienstleistungspakete inkl.
   - Abwicklung von Genehmigungsanträgen für Sanierungsmaßnahmen.
   - Boden-Aushub, -Transport und -Wiedereinbau.
   - Bodenverwertung.
   - Reinigung von belastetem Boden und Grundwasser.

---

ECOTECHNIEK B.V.
Postfach 13 30
NL-3600 BH. Maarsen

RUT West
Gleiwitzer Platz 3
46236 Bottrop
Telefon: 0 20 41 / 166 - 6 00
Telefax: 0 20 41 / 166 - 6 12

RUT Süd
Darmstädter Straße 190
64625 Bensheim
Telefon: 0 62 51 / 78 85 44
Telefax: 0 62 51 / 78 86 45

1/95

# UMWELTTECHNIK MERTIG

- CONTIMESS
  *das prozessorgestützte Meßsystem*
- Bodenluftabsaugungen
- Vakuum-Probenahmepumpen
- Bodenluft-Filtersysteme
- Brunnenköpfe
- Sonderanfertigungen
- Mechanische Werkstatt

Dipl. Ing. W. Mertig
Am Hohlacker 24
60435 Frankfurt
Tel. 069 - 5400401
Fax. 069 - 5400401

SIE HABEN DIE AUFGABE.
WIR ERARBEITEN DIE LÖSUNG.
                    GEMEINSAM.

BAU UND EINSATZ VON BODENLUFT-ABSAUGANLAGEN FÜR LEICHTFLÜCHTIGE
STOFFE:
- Planung, Installation, Inbetriebnahme und Überwachung,
- konventionelle Absauganlagen mit Hochdruckventilatoren oder
  Seitenkanalverdichtern,
- Verkauf von Bodenluftfiltern und Aktivkohlefiltern,

CONTIMESS, das prozessorgesteuerte Meßsystem:
- kontinuierliche Messdatenerfassung physikalischer Betriebsparameter an Sanierungsanlagen. Qualitätssicherung im
  Sanierungsverlauf.

HERSTELLUNG SPEZIELLER ANLAGENTEILE:
- Meß- und Probenahmestutzen,
- Wasserabscheider mit Kondensatdekontaminierung.

BAU VON MESSGAS-PROBENAHMESYSTEMEN:
- Luftprobenahme mit Vakuumpumpen für z.B. Headspace-Verfahren,
  in 12 Volt und 220 Volt Ausführung, Unterdruck 0 bis 400 mbar,
  Fördervolumen bis 13,5 l/min,
- Reparatur- und Austauschservice,
- Anfertigung spezieller Adapter für die Probenahme.

BAU VON PACKERN FÜR BODENLUFT- UND GRUNDWASSERBRUNNEN:
- Packer zur teufenorientierten Beprobung in GW-Pegeln,
- Packer zur teufenorientierten Absaugung in Luftbrunnen
  (Ausführungen in Einzelfertigung nur kundenspezifisch).

HERSTELLUNG VON BRUNNENKÖPFEN:
- Brunnenköpfe für GW-Brunnen, aus denen gleichzeitig Wasser
  abgepumpt und Bodenluft aus dem Absenktrichter abgesaugt wird.

BAU VON SCHLAUCHPUMPEN ZUR GRUNDWASSER-BEPROBUNG:
- Schlauchpumpen in 12 V oder 220 V Ausführung,
  bei Ruhewasserspiegeln von mehr als 6 Metern auch mit
  12/24 Volt Unterwasserpumpenunterstützung (ab 2 Zoll
  Pegeldurchmesser).

SOLLTEN SIE SPEZIELLE TECHNISCHE AUFGABENSTELLUNGEN BEI EINEM
SANIERUNGSPROJEKT HABEN, WENDEN SIE SICH AN UNS.

# DYWIDAG-Umweltschutztechnik
# Hauptniederlassung Frankfurt

## Leistungsspektrum

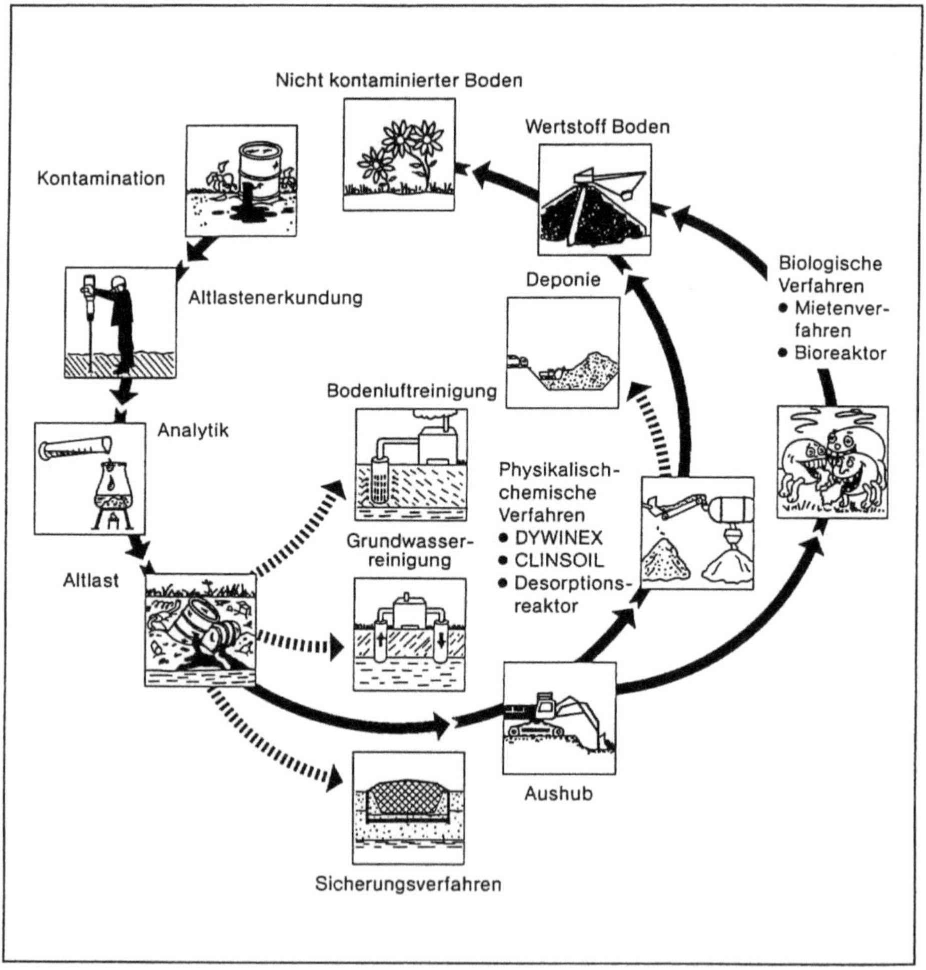

Dyckerhoff & Widmann AG
Hauptniederlassung Frankfurt
Walter-Kolb-Straße 5 - 7
60594 Frankfurt / Main
Tel.: 069/96227-117
Fax: 069/96227-420

**wir bauen auf Ideen**

Seit 1985 in mehr als 1000 Projekten Erfahrung auf dem Gebiet der Erkundung, Bewertung, Gefährdungsabschätzung und Sanierung von Industriestandorten, Gewerbegebieten, Altdeponien, militärisch genutzten Geländen und sonstigen Grundstücksflächen.

- **Erkundung von Verdachtsflächen**
- **Gründungsmaßnahmen**
- **Erstellung von Leistungsverzeichnissen und Ausschreibungsunterlagen**
- **Grundwasser-, Boden- und Bodenluftsanierung, Sicherungsmaßnahmen**
    - Konzeptionierung, Installation, Überwachung
- **Innovative Verfahren der Sanierungstechnik**
    - Bodenluftabsaugung mit katalytischer Oxidation der Abluft
    - Bodenluftabsaugung mit Kreislaufführung der Bodenluft
    - Bodenluftabsaugung mit gleichzeitiger Grundwasserstrippung
    - Ölabschöpfbrunnen mit Skimmern oder Scavenger Pumpen
    - Grundwassersanierung mit Naßoxidation
    - Grundwassersanierung mit Modul-Stripper
    - Grundwassersanierung mit Grundwasserzirkulationsbrunnen
    - Bodenreinigung durch mikrobiologische Verfahren
    - Bodensanierung in Entgasungsmieten
- **Konzeptionierung und Durchführung von Aushub- und Abbrucharbeiten**
- **Verwertung/Entsorgung im Rahmen von Aushub- und Abbrucharbeiten**
- **Oberbauleitung, Fachbauleitung**
- **Gerichtsgutachten**

**Hauptsitz: Gattenhöferweg 29**
**D-61440 Oberursel**
**Tel: 06171-58 92-0**
**FAX: 06171-58 92-40**

# AB UMWELTTECHNIK
## GMBH



<u>ABU-Bodenwäsche</u>

## Vielversprechende Entfrachtungsraten bei Rüstungsaltlasten

**Die ausgereifte Technologie moderner Bodenwaschanlagen wird immer öfter auch erfolgreich zur Aufbereitung bodenfremder Problemmaterialien eingesetzt (Bauschutt, Schornsteinabbruchmaterial, Straßenkehricht). Aufgrund ihrer Vielseitigkeit, aber vor allem wegen ihrer besonderen Umweltverträglichkeit wird die Bodenwäsche zunehmend zu einer Alternative zur Deponierung von Altlasten.**

Daß diese Art der Bodenaufbereitung auch erfolgreich für militär(techn)ische Altlasten und Rüstungsaltlasten genutzt werden kann, ergaben Laborsimulationen, die die AB Umwelttechnik GmbH (ABU) durchgeführt hat. So konnten für sprengstofftypiche Verbindungen (STV) wie zum Beispiel TNT Schadstoffentfrachtungen > 97,5 Prozent nachgewiesen werden. Das zeigt, daß eine umweltgerechte Sanierung dieser Altlasten unter dem Einsatz des speziellen Waschverfahrens der ABU angeboten werden kann.

Der Bedarf an bewährten Sanierungstechniken ist insofern erforderlich, als sich die Zahl der bereits 1992 in der BRD ermittelten militär(techn)ischen und Rüstungsaltlasten auf 4.015 belief. Etwa die Hälfte davon liegen in den östlichen Bundesländern. Allein 825 Objekte der GUS-Streitkräfte, insgesamt ein Gebiet von 23.000 km², werden geräumt. Die Sanierungsko-

sten werden auf ca. 25 Millionen Mark geschätzt. Für die ABU sind Rüstungsaltlasten ein Beispiel für die intensive Weiterentwicklung ihrer Technologien.

Das von ABU entwickelte innovative Reinigungsverfahren der Bodenwäsche wird seit 1990 mit Erfolg bundesweit angewendet. Bei mehr als 850 Projekten hat ABU inzwischen rund 550.000 Tonnen kontaminierten Erdreichs gereinigt. AB Umwelttechnik verfolgt bei der Bodensanierung den Grundsatz „Altlasten verwerten - Rohstoffe gewinnen". Mit Hilfe der ABU-Techniken werden die Bestandteile der Böden so weit wie möglich zu vielseitig verwendbaren Baustoffen (Sand, Kies, Schotter) verarbeitet. Damit bleibt wertvoller Deponieraum erhalten. Das ABU-Verfahren ist in der Lage, sowohl organisch wie anorganisch belastete Böden oder bodenähnliche Materialien wie Bauschutt erfolgreich zu reinigen und als Rohstoff wiederaufzubereiten.

ABU ist an drei Standorten präsent: Lägerdorf (Schleswig-Holstein), Coswig (Sachsen-Anhalt) sowie München. Semi-mobile ABU-Anlagen werden direkt vor Ort eingesetzt. Für jeden Sanierungsfall erarbeitet ABU kundenorientiert und flexibel ein eigenes Konzept. Die ABU-Dienstleistungen werden in Zusammenarbeit mit zuverlässigen Partnern ergänzt durch die mikrobiologische und thermische Sanierung.



*Die Standorte von ABU in Deutschland verfügen über günstige Verkehrsanbindungen*

# Immunologische Schnelltests
## Vor-Ort-Analytik organischer Umweltschadstoffe

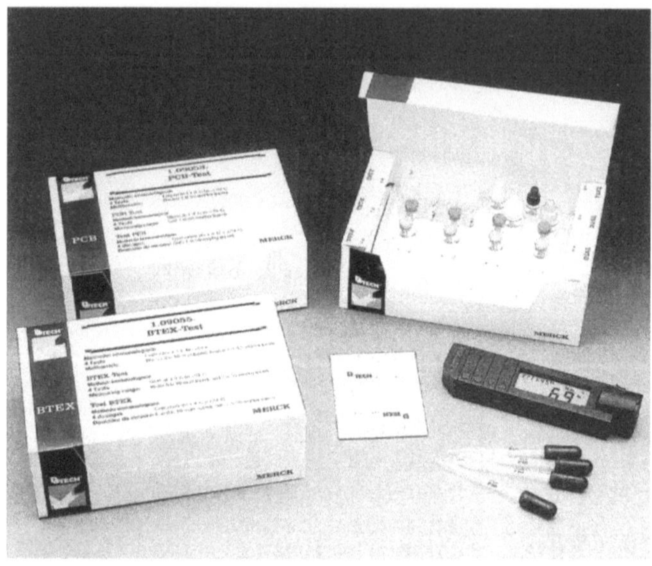

| Analyt | Matrix | Meßbereich |
|---|---|---|
| **BTEX** | Boden | 2,5 - 35 mg/kg |
| | Wasser | 0,6 - 10 mg/l |
| **PAK** | Boden | 0,6 - 25 mg/kg |
| | Wasser | 8,0 - 250 µg/l |
| **PCB** | Boden | 1,0 - 25 mg/kg |
| | Oberflächen | 10 - 250 µg/100 cm$^2$ |
| **RDX** | Boden | 0,5 - 6,0 mg/kg |
| | Wasser | 5,0 - 60 µg/l |
| **TNT** | Boden | 0,5 - 5,0 mg/kg |
| | Wasser | 5,0 - 60 µg/l |

**Schnell**
Ergebnisse vor Ort in wenigen Minuten
Kein Warten auf Laborergebnisse

**Einfach**
Wenige Arbeitsschritte
Gebrauchsfertige Reagenzien
Keine Vorkenntnisse erforderlich

**Mobil**
Laborunabhängig einsetzbar
Alle notwendigen Materialien in der Packung enthalten
Haltbar bei Raumtemperatur

**Zuverlässig**
Vergleichbar mit Standardmethoden
Erkennung unbelasteter Proben mit 99 %iger Sicherheit
Von der EPA empfohlen (Environmental Protection Agency)

**Wirtschaftlich**
Niedriger Preis pro Test
Weniger Proben fürs Labor
Zeitersparnis reduziert Kosten

*D TECH®. Immunologische Schnelltests*

*Merck KGaA · 64271 Darmstadt*
*Telefon 06151/723000 · Telefax 06151/727714*

# MERCK

# Firmenprofil

<table>
<tr><td>

**UIO**   **UMWELTINSTITUT OFFENBACH GmbH**

Nordring 82 B, 63067 Offenbach a.M.
Tel.: 069-810679; Fax: 069-823493

| | |
|---|---|
| Geschäftsführer: | Dr. Lutz Schimmelpfeng |
| | Herbert Pfaff-Schley |
| Gründung: | 1988 |
| Rechtsform: | GmbH |
| Registergericht: | Offenbach a.M., HRB 7165 |
| Mitarbeiter: | 20 |

</td></tr>
</table>

Das Umweltinstitut Offenbach arbeitet mit zwei unternehmerischen Schwerpunkten: Zum einen werden Dienstleistungen in den Bereichen Erfassung, Darstellung und Untersuchung von Umweltauswirkungen angeboten. Zum anderen werden regelmäßig Fachtagungen und Seminare zu aktuellen Umweltthemen durchgeführt.

## DIENSTLEISTUNGSBEREICH

**Bereich Altlasten**

Erfassung, Erkundung und Untersuchung von altlastenverdächtigen Flächen

Durchführung von Rammkernsondierungen

Messungen, Probenahmen, Analysen

**Bereich Umweltverträglichkeitsprüfungen**

Anlagen- und Planungs-UVP

Festlegung des Untersuchungsrahmens

Durchführung von Umweltverträglichkeitsuntersuchungen

Behördenmanagement

Öffentlichkeitsarbeit, Mediationsverfahren

**Bereich Standortplanung**

Standortsuche, Standortbewertung

Stellungnahmen zu bestehenden Planungen

**Bereich Messungen**

Raumluftmessungen, Faserbestimmungen

Lärmmessungen, Emissionsmessungen

**Bereich Umwelt-Audit**

Praktische Unterstützung bei der Durchführung von Öko-Audits

Umsetzung des Umweltmanagementsystems im Unternehmen

**Bereich EDV**

*ALADIN* Geographisches *Altl*asten-*D*okumentations-und *In*formationssystem

*ÖKO-AUDITOR* Software zur Durchführung von Öko-Audits nach der EG-Öko-Audit-Verordnung

## FORTBILDUNGSBEREICH

**Umweltbetriebsprüfer und Umweltgutachter**

Modular aufgebautes Fortbildungskonzept nach der EG-Öko-Audit-Verordnung

**Einwöchige Seminare:**

Betriebsbeauftragte/r für Abfall

Betriebsbeauftragte/r für Gewässerschutz

Betriebsbeauftragte/r für Immissionsschutz

Beauftragte/r für die Bearbeitung von Altlasten

Beauftragte/r für die Umweltverträglichkeitsprüfung

**Zweitägige Fachtagungen zu den Themen:**

Altlasten

Rüstungsaltlasten

Grundwasserschadensfälle

Wasser/Abwasser

Umweltverträglichkeitsprüfung

Umwelt-Audit

Abfallwirtschaft

**Inhouse-Schulungen**

Umweltschutz, Umweltmanagement

Firmen- und branchenspezifische Umweltberatung

# Umweltbetriebsprüfer / Umweltgutachter

### Fortbildungskonzept des Umweltinstituts Offenbach nach EG-Öko-Audit-Verordnung

**UMWELTINSTITUT OFFENBACH GmbH**
Nordring 82 B
63067 Offenbach am Main
Telefon: (069) 81 06 79
Telefax: (069) 82 34 93

Seit April 1995 gilt europaweit die EG-Öko-Audit-Verordnung. Sie betont die Eigenverantwortung der Industrie für die Bewältigung der Umweltfolgen ihrer Tätigkeit und fordert aktive Konzepte zur kontinuierlichen Verbesserung des betrieblichen Umweltschutzes.

Regelmäßige Umweltbetriebsprüfungen und Begutachtungen sind zentraler Bestandteil des in der Verordnung geforderten Umweltmanagementsystems.

Die EU-Kommission hat durch diese Verordnung ("über die freiwillige Beteiligung gewerblicher Unternehmen an einem Gemeinschaftssystem für das Umweltmanagement und die Umweltbetriebsprüfung") zwei völlig neue Berufsbilder geschaffen:

## Umweltbetriebsprüfer und Umweltgutachter

Aufgaben und Qualifikationen der Umweltbetriebsprüfer und -gutachter ergeben sich einerseits aus der Verordnung selbst, den relevanten Normen und aus den Bestimmungen des Umweltauditgesetzes (UAG). Auf dieser Basis hat das Umweltinstitut Offenbach ein modulares Fortbildungskonzept entwickelt, das der "Deutschen Akkreditierungs- und Zulassungsgesellschaft für Umweltgutachter (DAU)" zur Anerkennung vorgelegt ist und der Vorbereitung auf die Zulassungsprüfung für Umweltgutachter dient.

Aufbauend auf den gesetzlich definierten Einzelnachweisen der Fach/Sachkunde als Betriebsbeauftragte für Abfall, Gewässerschutz und Immissionsschutz werden die Fachkenntnisse über "Methodik und Durchführung der Umweltbetriebsprüfung" vermittelt.

Umweltbetriebsprüfer belegen zudem das Modul "Kommunikation im Betrieblichen Umweltschutz". Umweltgutachter belegen das Modul "Betriebliches Management und Organisation des Umweltschutzes".

---

### Pflichtmodule für Umweltbetriebsprüfer und Umweltgutachter

**Modul 1:** Betriebsbeauftragte/r für Abfall - 5-täg. Sachkunde-Seminar

**Modul 2:** Betriebsbeauftragte/r für Gewässerschutz - 5-täg. Fachkunde-Seminar

**Modul 3:** Betriebsbeauftragte/r für Immissionsschutz - 5-täg. Fachkunde-Seminar

**Modul 4:** Methodik und Durchführung der Umweltbetriebsprüfung (Umwelt-Auditor) - 5-täg. Sem.

---

### sowie zusätzlich:

| Pflichtmodul für Umweltbetriebsprüfer | Pflichtmodul für Umweltgutachter |
|---|---|
| **Modul 5**: Kommunikation im betrieblichen Umweltschutz - 4-tägiges Praxisseminar *(für Umweltgutachter freiwillig)* | **Modul 6**: Betriebliches Management und Organisation des Umweltschutzes - 4-tägiges Seminar *(für Umweltbetriebsprüfer freiwillig)* |

### Fordern Sie die aktuellen Termine und das ausführliche Kursprogramm an !

---

Das Umweltinstitut Offenbach hat die **Software "Öko-AUDITOR"** zur praktischen Unterstützung des gesamten Audit-Prozesses entwickelt. Sie führt den Anwender durch die Umweltprüfung und zeigt die nach EG-Verordnung zu bearbeitenden Aufgaben an. Ebenso erhältlich ist ein **"Leitfaden zur Umsetzung des EG-Öko-Audt-Systems im Unternehmen"**. Fordern Sie Informationen an!

Umweltinstitut Offenbach, Nordring 82B, 63067 Offenbach,

Telefon (069) 81 06 79, Telefax (9069) 823493

# Geographisches Altlasten-Dokumentations- und Informationssystem
## *ALADIN*® Version 2.0
### - neue Version mit erheblich reduzierten Preisen! -

**ALADIN**®, das *AltLA*sten-*D*okumentations- und *IN*formationssystem liegt jetzt in der Version 2.0 vor. Mit der neuen Version wurden auch **anwendungsspezifische Variationen** und **neue Preise** eingeführt.

Das Geographische Informationssystem **ALADIN**® **2.0** ist eine Anwendung für PCs unter WINDOWS 3.x, WINDOWS-NT oder WINDOWS 95 auf Basis von ArcView 2.1.

Die Anwendung ist auch zusammen mit dem Bohrprofilsystem TK-PLOT zur Darstellung von Bohrprofilen erhältlich.

**ALADIN**® 2.0 ist eine Zusammenfassung zahlreicher Einzelfunktionsmodule zur komfortablen und zweckmäßigen Erfüllung umweltrelevanter Aufgaben und geht über die reine altlastenspezifische Betrachtungsweise weit hinaus.

**ALADIN**® 2.0 ist erhältlich als

**ALADIN**®**-BUIS**
für den Aufbau oder die Ergänzung eines **Betrieblichen Umweltinformationssystems (BUIS)**. Für mittlere bis größere produzierende Betriebe als Hilfsmittel zur Erfüllung ihrer umweltpolitischen Aufgaben.

**ALADIN**®**-KOMM**
für den Aufbau oder die Ergänzung eines **Kommunalen Umweltinformationssystems (KOMM)**. Für kommunale, regionale und Landes-Behörden als Hilfsmittel zur Erfüllung ihrer umweltpolitischen Aufgaben.

**ALADIN**®**-CONSULT**
für den Aufbau oder die Ergänzung von spezifischen Umweltinformationssystemen, wie sie bei **Umwelt-Consulting-Büros** oder im Auftrag von Behörden oder Firmen tätigen Büros benötigt werden.

## **ALADIN**® ist als Demo-Version verfügbar.

## Weitere Informationen zur Anforderung der Demo-Version sind beim Umweltitutinstitut Offenbach erhältlich.

# UMWELTINSTITUT OFFENBACH GmbH

**Nordring 82 B**
**63067 Offenbach am Main**
**Telefon: (069) 81 06 79**
**Telefax: (069) 82 34 93**

---

## O  Beauftragte/r für die Bearbeitung von Altlasten

Absender:

Fünftägiger Zertifikats-Grundkurs zur Erlangung der Fachkenntnisse für die Erfassung, Erkundung, Untersuchung und Sanierung von Altlasten.

**Fortbildungsveranstaltung im Hinblick auf den Nachweis der erforderlichen Sachkunde nach dem Referentenentwurf für ein Bundes-Bodenschutzgesetz.**

Die explosionsartig gestiegene Zahl von Altlastenverdachtsflächen stellt die Behörden vor enorme Aufwendungen für die Erfassungs-, Untersuchungs- und Sanierungsmaßnahmen. Die Sachbearbeiter, aber auch die Mitarbeiter der beauftragten Ingenieurbüros, sind oftmals durch die Begriffsvielfalt, die unterschiedlichen Rechtsgrundlagen, die verschiedenen Untersuchungsschritte und Sanierungsverfahren sowie mit der praktischen Umsetzung ihrer Fachkenntnis überfordert. Das Umweltinstitut Offenbach bietet einen fünftägigen Zertifikatskurs an, der grundlegend das Fachwissen der Altlastenbearbeitung vermittelt. Angesprochen werden sowohl kommunale Mitarbeiter als auch Mitarbeiter aus Industrie, Gewerbe und Ingenieurbüros.

---

## O Umweltbetriebsprüfer und Umweltgutachter

Seit April 1995 gilt europaweit die **EG-Öko-Audit-Verordnung**. Regelmäßige Umweltbetriebsprüfungen sind zentraler Bestandteil des in der Verordnung geforderten Umweltmanagementsystems. Die EU-Kommission hat durch diese Verordnung zwei völlig neue Berufe geschaffen: **Umweltbetriebsprüfer und Umweltgutachter.**

Ihre Aufgaben ergeben sich aus der Verordnung selbst und aus den Bestimmungen des Umweltauditgesetzes. Auf dieser Basis hat das Umweltinstitut Offenbach ein Fortbildungskonzept entwickelt. Aufbauend auf den gesetzlich definierten Einzelnachweisen der Fachkunde als Betriebsbeauftragte für Abfall, Gewässerschutz und Immissionsschutz werden die Fachkenntnisse über "Methodik der Umweltbetriebsprüfung" sowie über "Betriebliches Management und Organisation des Umweltschutzes" vermittelt.

Das Konzept wurde der "Deutschen Akkreditierungs- und Zulassungsgesellschaft für Umweltgutachter (DAU) zur Anerkennung vorgelegt und dient neben der Ausbildung zum Umweltbetriebsprüfer der Vorbereitung auf die Zulassungsprüfung für Umweltgutachter.

---

## O  Beauftragte/r für die Vorbereitung und Durchführung der Umweltverträglichkeitsprüfung (UVP)

**Allgemeine Verwaltungsvorschrift zur UVP, Investitionserleichterungs- und Wohnbaulandgesetz, EG-Richtlinie über die integrierte Vermeidung und Verminderung der Umweltverschmutzung (IVU-Richtlnie)**

Nach wie vor bestehen seitens der Projektträger, der Gutachter und der Behörden Unsicherheit in Bezug auf Prüfverfahren, Art und Umfang der Umweltverträglichkeitsuntersuchung, Ablauf und Bewertung der Ergebnise. Das einwöchige Praxis-Seminar wird diese Themenkomplexe grundlegend aufarbeiten. Neben Referenten aus Ingenieurbüros werden Behördenvertreter ihre spezifischen Probleme und Anforderungen darstellen. Intensiv werden dabei die juristischen Grundlagen erarbeitet, insbesondere die gesetzlichen Änderungen der vergangenen Jahre.

---

## O  Grundwasserschadensfälle

**Untersuchung, Probenahme und Sanierung**

Tagung mit begleitender Ausstellung

---

## O  Betriebsbeauftragte/r für Gewässerschutz, Immissionsschutz

**und Abfall** Zertifikats-Kurse zur Erlangung der gesetzlich geforderten Sach- bzw. Fachkunde

# Die größte Zeitschrift **Europas** für Angewandte **Geographie!**

## STANDORT

berichtet über aktuelle Entwicklungen der Angewandten Geographie und verwandter Fachgebiete.

### Inhalt Heft 4/95:

Tarner; Wittke; Mager; Marquardt-Kuron:
**STANDORT-Gespräch: Geographen in der Politik**

Franck:
**Arbeitslosigkeit und Region**

Henkel:
**Arbeitsplätze im ländlichen Raum**

Helmstädter:
**Beschäftigtenstruktur deutscher Großstadtregionen**

Klecker:
**Arbeitsmarkt für Geographen**

Klecker; Marquardt-Kuron:
**45 Jahre DVAG**

**Herausgeber**
Deutscher Verband für Angewandte Geographie e.V. (DVAG), Bonn; Mitglied im Zentralverband der Deutschen Geographen

**Schriftleitung**
A. Marquard-Kuron
P. M. Klecker
**Redaktionsassistentin**
M. Huch

Springer

rb.3332.MNTZ/E/1

**Ziel des DVAG ...**

... ist die Interessenvertretung der Angewandten Geographie und somit all jener, die Geographie in der Praxis als querschnittsorientierte Anwendung und Umsetzung geographischer Erkenntnisse in Gesellschaft, Wirtschaft, Planung, Politik und Verwaltung begreifen.

Der DVAG vertritt die Interessen der Berufstätigen und Studierenden und engagiert sich dafür, die Leistungen der Angewandten Geographie als Anbieter praxisnaher Lösungsmöglichkeiten zur Vorbereitung und Umsetzung unternehmerischer und politischer Entscheidungen noch weiter in das Bewußtsein der Öffentlichkeit zu rükken.

Dadurch fördert der DVAG Bedeutung und Image der Geographie und somit der Geographinnen und Geographen.

**Leistungen des DVAG ...**

... sind Fachtagungen und Weiterbildungsveranstaltungen, die im Dialog mit Fachleuten und Interessenten anderer Disziplinen aktuelle Themen in Diskussionen, Vorträge und Workshops aufgreifen.

... sind in bestimmten Fachgebieten kontinuierlich tätige Facharbeitsgruppen (FAG), die Stellungnahmen erarbeiten und Fachtagungen organisieren. Die FAGs sind fachliche Anlaufstelle für Mitglieder und Interessenten.

... sind Regionale Arbeitsgruppen (RAG), die Ansprechpartner des DVAG vor Ort. In Studienfragen sind die RAGs in Kooperation mit den Geographischen Instituten Kontaktstelle für die Studierenden. Die RAGs führen in regelmäßigen Abständen Diskussionsveranstaltungen und Exkursionen durch.

... sind Publikationen, in denen Tagungs- und Diskussionsergebnisse dokumentiert werden. Nachrichten und Trends aus allen Bereichen der Angewandten Geographie erscheinen vierteljährlich im STANDORT – Zeitschrift für Angewandte Geographie.

DEUTSCHER VERBAND FÜR
ANGEWANDTE GEOGRAPHIE

**Die 1700 Mitglieder des DVAG ...**

... nutzen das Netzwerk beruflicher Kontakte und Anregungen durch aktive und berufsfeldbezogene Mitarbeit in RAGs und FAGs.

... erhalten Service- und Beratungsleistungen in allen Fragen der Angewandten Geographie einschließlich Arbeitsmarkt, Studium und Praktikum.

... beziehen kostenlos den STANDORT – Zeitschrift für Angewandte Geographie und ermäßigt die Schriftenreihen Material zur Angewandten Geographie und Material zum Beruf der Geographen.

... nehmen vergünstigt an allen Veranstaltungen des DVAG–Tagungs- und Weiterbildungsprogramms teil einschließlich Geographentag und geotechnica.

... sind in allen Bereichen von Wirtschaft, Politik und Verwaltung, als Freiberufler, in Forschungsinstitutionen und Hochschulen, in Verbänden und Stiftungen tätig.

**Der DVAG ...**

... wurde 1950 von Walter Christaller, Paul Gauss und Emil Meynen als Verband Deutscher Berufsgeographen gegründet.

... ist Mitglied in der Deutschen Gesellschaft für Geographie e.V., in der die etwa 8.000 Mitglieder der geographischen Fachverbände und Gesellschaften Deutschlands vertreten sind.

**Deutscher Verband für
Angewandte Geographie e.V. (DVAG)**
Königstraße 68
53115 Bonn
☎  0228 / 914 88 11
🖷  0228 / 914 88 49

# Veröffentlichungen des DVAG

Der Deutsche Verband für Angewandte Geographie (DVAG) dokumentiert regelmäßig die
Ergebnisse seiner Tagungen in der Reihe "Material zur Angewandten Geographie"
(MAG) – Bezugsanschrift: DVAG, Königstraße 68, 53115 Bonn, Fax 0228 / 914 88 49 –.
In den letzten Jahren sind darin erschienen:

**MAG 20**  **Umweltplanung – Reparaturunternehmen oder
ökologische Raumentwicklung?**
hrsg. 1991 im Auftrag des DVAG von Burghard Rauschelbach und Jan Jahns

**MAG 21**  **Die Vereinigten Staaten von Europa – Anspruch und Wirklichkeit**
hrsg. 1991 im Auftrag des DVAG von Arnulf Marquardt-Kuron,
Thomas J. Mager und Juan-J. Carmona-Schneider

**MAG 22**  **Die Region Leipzig–Halle im Wandel – Chancen für die Zukunft**
hrsg. 1993 im Auftrag des DVAG von Juan-J. Carmona-Schneider und
Petra Karrasch

**MAG 23**  **Raumbezogene Informationssysteme in der Anwendung**
hrsg. 1995 im Auftrag des DVAG von Peter Moll

**MAG 24**  **Umweltschonender Tourismus –
Eine Entwicklungsperspektive für den ländlichen Raum**
hrsg. 1995 im Auftrag des DVAG von Peter Moll

**MAG 25**  **Umweltverträglichkeitsprüfung – Umweltqualitätsziele – Umweltstandards**
hrsg. 1994 im Auftrag des DVAG von Thomas J. Mager, Astrid Habener und
Arnulf Marquardt-Kuron

**MAG 26**  **Angewandte Verkehrswissenschaften – Anwendung mit Konzept**
hrsg. 1995 im Auftrag des DVAG von Arnulf Marquardt-Kuron und
Konrad Schliephake

**MAG 27**  **Regionale Leitbilder – Vermarktung oder Ressourcensicherung?**
hrsg. 1995 im Auftrag des DVAG von Burghard Rauschelbach

**MAG 28**  **Land unter – Bedeutungswandel und
Entwicklungsperspektiven "Ländlicher Räume"**
hrsg. 1995 im Auftrag des DVAG von Frank Hömme

**MAG 29**  **Stadt- und Regionalmarketing – Irrweg oder Stein der Weisen?**
hrsg. 1995 im Auftrag des DVAG von Rolf Beyer und Irene Kuron

**MAG 30**  **Regionalisierte Entwicklungsstrategien**
hrsg. 1995 im Auftrag des DVAG von Achim Momm, Ralf Löckener,
Rainer Danielzyk und Axel Priebs

**MAG 31**  **UVP und UVS als Instrumente der Umweltvorsorge**
hrsg. 1995 im Auftrag des DVAG von Werner Veltrup und
Arnulf Marquardt-Kuron

If you have any concerns about our products,
you can contact us on
**ProductSafety@springernature.com**

In case Publisher is established outside the EU,
the EU authorized representative is:
**Springer Nature Customer Service Center GmbH**
**Europaplatz 3, 69115 Heidelberg, Germany**

Printed by Libri Plureos GmbH
in Hamburg, Germany